高等职业教育新形态教材

建筑装饰工程 BIM 应用

主　编　杨佳佳　黄晓明　张　杰　覃懿莹
副主编　蒙良柱　王唯佳　张　龙　翁素馨
　　　　李　玲

中国建材工业出版社
北　京

图书在版编目（CIP）数据

建筑装饰工程BIM应用/杨佳佳等主编；蒙良柱等副主编．--北京：中国建材工业出版社，2024.12

ISBN 978-7-5160-3620-4

Ⅰ.①建… Ⅱ.①杨… ②蒙… Ⅲ.①建筑装饰一建筑设计一计算机辅助设计一应用软件一教材 Ⅳ.①TU238-39

中国版本图书馆CIP数据核字（2022）第239029号

建筑装饰工程BIM应用

JIANZHU ZHUANGSHI GONGCHENG BIM YINGYONG

主　编　杨佳佳　黄晓明　张　杰　覃懿莹

副主编　蒙良柱　王唯佳　张　龙　翁素馨　李　玲

出版发行：中国建材工业出版社

地　　址：北京市西城区白纸坊东街2号院6号楼

邮　　编：100054

经　　销：全国各地新华书店

印　　刷：北京联兴盛业印刷股份有限公司

开　　本：787mm×1092mm　1/16

印　　张：14.25

字　　数：350千字

版　　次：2024年12月第1版

印　　次：2024年12月第1次

定　　价：49.00元

本社网址：www.jskjcbs.com，微信公众号：zgjcgycbs

请选用正版图书，采购、销售盗版图书属违法行为

前言

现今，建筑装饰工程技术正处于前所未有的发展阶段。为了贯彻党的二十大精神、坚决打赢关键核心技术攻坚战、加快实施数字化转型的重要举措和具体行动，我们应聚焦建筑业共性关键核心技术和国家重大战略需求，持续加强关键核心技术攻关，加快科技创新成果应用，促进成果优化完善和迭代升级，充分发挥数字化转型协同创新平台桥梁纽带作用，广泛普及建筑装饰工程BIM技术。BIM（Building Information Modeling，建筑信息模型）作为一种全新的建筑行业设计、施工、管理手段，正逐步改变着传统建筑行业的生产方式。建筑装饰工程行业将继续加大科技创新力度，推动BIM技术不断取得突破，为实现建筑业高质量发展做出更大贡献。

建筑具有艺术、科技和实用的属性，构成了城市风景线，是城市文化的象征。建筑信息模型（BIM）作为一项革新技术，深刻地影响着建筑装饰工程的各个方面。它不仅仅是一种工具，更是一种全新的思维方式，将建筑的设计、施工和管理紧密地融合在一起，为整个建筑生命周期提供了全面的数据支持。在这个背景下，从业者对于建筑装饰工程中BIM应用的深入学习变得尤为迫切。

本书在内容编排上共设置五个模块，包括建筑装饰工程BIM技术应用点设定、建筑装饰项目BIM技术的项目实施计划、建筑装饰工程BIM技术的建模工作计划、建筑装饰工程BIM技术的建模与应用、建筑装饰工程BIM技术的协同与交付。

本书通过系统性的探讨，展示了BIM技术在提升工作效率、降低成本、促进沟通以及优化设计方面的巨大潜能。本书不仅关注BIM技术理论知识的介绍，更注重将理论与实际建筑装饰工程应用相结合。本教材可用作本科、高等职业教育建筑装饰工程、建筑工程、建筑设计及相关专业学生和专业技术人员用书，主要特色如下：

（1）内容广泛而简洁，全面拓宽知识面。本书旨在帮助学生全面了解BIM技术的各个方面，包括建模、协作、数据管理、可视化和模拟等多个方面。这一特色确保学生在学习过程中不仅对BIM技术有深入的理解，还能够轻松理解和吸收知识。

（2）强调BIM的实际应用与职业素养。本书强调BIM技术的实际应用，鼓励学生将所学知识与实际工程项目相结合。这有助于培养学生的职业素养，使他们在职业生涯中能够更好地应对挑战，提高工作效率，降低成本，并与团队协作。

（3）符合学习规律，激发学生积极性。本书遵循学生的认知规律，使学生通过完成任务和目标来学习知识和技能。这有助于激发学生的学习兴趣和积极性，使他们更加乐于学习并真正掌握所学内容。

（4）融入实际工作，注重实践性。将教学内容融入建筑装饰工程领域的实际工作，强调 BIM 技术的实践性和适应性，以便学生能够将所学知识直接应用到实际项目中，为其职业生涯做好充分准备。

（5）循序渐进，培养职业技能。按照学生的认知规律和职业发展节奏编排内容，使学生能够逐步提升他们应用 BIM 技术的能力。

本书在编写的过程中得到许多专家学者的指导和帮助，在此表示诚挚的谢意。书中所涉及的内容难免有疏漏与不够严谨之处，希望读者和专家能够积极批评指正，以待进一步修改。

编者

2023 年 12 月

目 录

模块1　建筑装饰工程BIM技术应用点设定

任务1.1　建筑工程项目BIM技术应用架构

任务描述

建筑信息模型（BIM）技术在建筑装饰工程管理中的应用目标包括优化结构、完善流程、预估经济效益和提高经济性。其特点为一体化、参数化、可视化，可实现全过程管理。技术应用目标点主要针对成本预算与工程量估算的精确对接、运维与管理的协同、可出图性等方面进行设定。

知识准备

BIM技术是一种可以广泛地应用于工程设计、建造、管理的数据化工具。借助BIM技术可以实现从工程项目前期策划到后期维护的全过程的信息共享和传递，极大地提高了工程施工企业的工作效率，在节约成本、缩短工期、提高安全性能等方面也有突出贡献。

借助BIM技术可以对所设计的建筑物的受力进行模拟，例如对设计中更改某一结构之后的整体受力情况进行模拟，避免因设计不合理导致的事故；对建筑物的紧急疏散进行模拟，确保在遇到紧急情况时，紧急通道的可靠性和合理性。

建筑工程的设计通常不是一蹴而就的，而是在设计、施工、运营过程中不断优化实现的。在这个不断优化的过程中，借助BIM技术可以全面地兼顾建筑物的各种受力情况，有效控制造价成本。

1.1.1　BIM技术的主要价值

1.1.1.1　优化建筑的立体结构

在建筑工程管理过程中，运用BIM技术对施工前、中、后各个阶段进行模拟，能够增强管理人员对各类信息数据的分析能力，从而增强管理工作的科学性与可行性。

例如，将建筑工程设计图与BIM技术进行有效结合，以三维立体的形式呈现建筑的效果，不仅对建筑的尺寸、结构等基本要素进行完整呈现，同时对建筑的内部设计，如管线等进行具体体现，明确建筑施工的重点及可能存在的安全隐患。针对建筑施工的重要问题，组织施工单位和设计单位进行有效协商，优化设计方案。同时，建筑管理部门在以 BIM 技术为基础的三维效果图中可以增加进度模型，并且要求各个施工部门按照施工安排定期上报施工进度与施工数据，然后管理人员结合相应数据建立施工模型，便于相关施工单位查看施工进度，并对施工目标进行有效标记，以保证建筑施工能够按期顺利完成。除此之外，可以将 BIM 模型与造价软件相结合，便于工程管理人员及时查看施工成本情况，有效掌握耗材使用情况，减少施工资源浪费，以提升建筑工程的经济性。

1.1.1.2 完善施工事件处理流程

"建筑工程管理中应用 BIM 技术，可以对传统施工管理方式进行创新。通过虚拟建模进行试验工作，有利于及时发现在进行实际建造过程中可能存在的不足情况，避免施工过程中的资源浪费情况，有利于顺利开展建筑工程施工项目。"① 由于建筑施工的复杂性，建筑管理部门在施工前会按照施工方案对建筑施工进行划分，但在后期的建筑施工中难免会出现问题，因此如何能解决施工中所出现的各种问题就成了影响工程进度的一个难题。如果施工部门能够创新管理技术，快速解决施工中所出现的各种问题，就可以保证施工效率。将 BIM 技术应用于建筑工程管理过程中，能够针对建筑各个实用性功能进行模拟分析，所以在施工过程中建筑管理人员可以通过模拟相关流程，尤其是各类突发性危机事件的处理流程，完善各类事件处理流程的设计，提升建筑的使用安全性。

以施工阶段为例，可以利用 BIM 技术模拟分析建筑的光照模式和热能传导过程，将各种施工效果全面探查并充分整合，从而有效模拟和预演整个建筑施工流程，及早发现功能问题或安全隐患，并采取措施加以解决。还可以通过建筑的 BIM 模型监测各类管道破裂、漏水、漏电等危险情况，迅速定位问题发生点，采取有针对性的修复措施，确保建筑使用的安全性。另外，对于火灾、地震等自然灾害，可基于 BIM 技术有效地模拟逃生路径，以防止危险事件发生时造成不必要的人员伤害。

此外，在施工过程中会有一些施工难度大且极易出现安全问题的施工环节，这时建筑管理人员可以在使用 BIM 技术建立三维立体图形时对施工危险区域进行重点标注，并且制定事故处理预案。通过上述措施的落实可以充分发挥 BIM 技术的作用，有效避免施工中出现重大安全问题。

1.1.1.3 准确预估工程经济效益

建筑施工最注重的就是经济效益，而由于施工中对于后期建筑经济效益影响的因素较多，如果施工管理人员在施工过程中忽视了经济效益影响因素，就可能会造成重大的经济损失，所以在建筑施工管理中管理人员应当积极采取先进的预估方式，确保经济效益。而利用 BIM 技术，能够实现对工程造价的准确预估和优化计算，准确控制建筑工程的施工成本；也可以准确预估建筑工程的经济效益，提高建筑工程的经济性，因此在经济效益预估中应加强对 BIM 技术的运用。

在施工前，施工管理人员应当先运用 BIM 技术对施工方案的合理性进行检验，并

① 刘世豪．探究 BIM 技术在建筑工程管理中的应用［J］．居舍，2020（32）：67-68.

且在检验完成后将各类建筑工程管理信息数据输入到 BIM 模型中，借助预先输入的数据相关性，有效验证各类信息数据的科学性与吻合性，从而全面掌握施工阶段的具体情况，明确各类施工材料消耗情况。如果建筑人员在施工中发现建筑材料存在浪费情况，还可以运用 BIM 技术检验造成材料浪费的主要原因，进而解决问题，以保证建筑资源得到有效利用，降低生产成本。

另外，建筑工程监督管理部门、资金管控部门可以借助 BIM 技术，了解施工进度及资金的使用情况，在保障建筑施工质量的前提下，合理控制预算，保障建设资金的正常流转，提高资金使用效率。

1.1.2　BIM 技术的基本特性

1.1.2.1　一体化

基于 BIM 技术可以进行从设计到施工再到运营的一体化管理，贯穿工程项目的全生命周期。对设计单位来说，BIM 采用三维数字技术，实现了可视化设计。因为实现了图纸和构件的模块化（图元），并且有功能强大的族和库的支持，设计人员可以方便地进行模型搭建。采用 BIM 技术以后，枯燥的制图变成了一个类似搭积木的工作，过程和结果都更加直观，更有趣味性。搭建的三维模型能够自动生成平面、立面和剖面等各种视图和详图，将设计人员从抽象、烦琐的空间想象中解脱出来，提高了工作效率，减少了错误的发生。

另外，BIM 与很多专业设计工具能够很好地对接，这使得各专业设计人员能够对 BIM 模型进行进一步的分析和设计；同时，BIM 模型是项目各专业相关信息的集成，实现了各专业的协同，避免冲突，降低成本。

1.1.2.2　参数化

参数化建模是通过参数（变量）而不是数字建立和分析模型，简单地改变模型中的参数值，就能建立和分析新的模型。

BIM 的参数化设计分为两个部分："参数化图元"和"参数化修改引擎"。"参数化图元"指的是 BIM 中的图元是以构件的形式出现，这些构件之间的不同，是通过参数的调整反映出来的，参数保存了图元作为数字化建筑构件的所有信息；"参数化修改引擎"提供的参数更改技术使用户对建筑设计或文档部分做的任何改动，都可以自动地在其他相关联的部分反映出来，采用智能建筑构件、视图和注释符号，使每一个构件都通过一个变更传播引擎互相关联。构件的移动、删除和尺寸的改动所引起的参数变化会引起相关构件的参数产生关联的变化，任一视图下所发生的变更都能参数化地、双向地传播到所有视图，以保证所有图纸的一致性，无须逐一对所有视图进行修改，从而提高了工作效率和工作质量。

1.1.2.3　可视化

借助 BIM 技术，设计师可以将图纸上的设计图通过三维立体图的方式呈现，直观地看到所有结构件的大小、位置，乃至不同的结构件之间的互动性和反馈性，提高工作效率。

1）设计可视化

传统的 CAD 设计（计算机辅助设计）通常使用线条来呈现设计成果，各个构件的信息在图纸上用平、立、剖三视图的方式来表达。在这种方式下，建筑专业人员需要根据工程制图知识来想象最终建成后的形状。对于简单的项目，这种线条表示可能是足够的。然而，对于复杂的建筑造型而言，依靠二维图纸进行空间想象的效率较低，难度较大。

引入了 BIM 技术后，设计师能够采用全新的思维方式来高效地完成建筑设计。BIM 技术使得业主（即最终用户）真正摆脱了技术壁垒的束缚，随时可以直接获取项目信息。这不仅大大减少了业主与设计师之间交流的障碍，也让设计师能够更好地展现和传达他们的设计意图。总之，BIM 的出现为建筑设计带来了革命性的变化，使整个设计和沟通过程更加高效、精确。

通过 BIM 工具可以制作高度逼真的效果图，甚至能够达到与美术作品相媲美的程度。BIM 工具具有多种可视化的模式，一般包括隐藏线、带边框着色和真实渲染这三种模式。此外，BIM 还具有漫游功能，通过创建相机路径，并创建动画或一系列图像，可向客户进行模型展示。

2）施工可视化

利用 BIM 工具，可以生成建筑设备模型、周转材料模型和临时设施模型等，用于模拟施工过程、确定施工方案并进行施工组织。在建筑设备模型中，包括但不限于挖掘类机械（如单斗挖掘机、抓铲挖掘机、拉铲挖掘机等）、装载运输类机械（如推土机、运输卡车等）、压实平整类机械（如平整机、压实机等）、吊装类机械（如塔式起重机、汽车起重机、施工升降机等）以及其他类型的机械设备。周转材料模型包括施工模板模型、脚手架模型等。临时设施模型涵盖了各种生产设施和生活设施。通过创建这些模型，可以在计算机上进行虚拟施工，从而实现施工组织的可视化。

利用 BIM 的可视化特性，可以将复杂的构造节点全方位地呈现出来，便于施工。

3）机电管线碰撞检查可视化

在传统的施工方法中，对机电管线碰撞检查的方法主要有两种：①把不同专业的 CAD 图纸叠在一张图上进行观察，根据施工经验和空间想象力找出碰撞点并加以修改；②在施工的过程中边做边修改。这两种方法均费时费力，效率很低。但在 BIM 模型中，可以提前在真实的三维空间中找出碰撞点，并由各专业人员在模型中调整好碰撞点或不合理处后再导出 CAD 图纸，这样可使效率提高很多。

1.1.2.4 仿真性

1）建筑物性能分析仿真

利用 BIM 技术，设计师在设计过程中赋予所创建的虚拟建筑模型大量建筑信息（几何信息、材料性能、构件属性等）。只要将 BIM 模型导入相关性能分析软件，就可得到相应分析结果，使得原本 CAD 时代需要专业人士花费大量时间输入大量专业数据的工作，可自动轻松完成，从而大大降低了工作周期，提高了设计质量。

性能分析主要包括以下四方面。

(1) 能耗分析：通过对建筑能耗的计算和评估，可以深入了解能源使用情况，为进一步进行能耗性能优化提供基础。这种分析不仅有助于降低能源成本，还能减少对环境的影响，从而实现可持续发展的目标。

(2) 光照分析：在建筑和小区规划中，光照性能是一个重要的考虑因素。通过对日照情况进行详细分析，可以优化建筑布局，改善室内光照条件，优化景观设计，以提升居住环境的品质。同时，对室内光源、采光以及景观可视度进行分析，有助于创造更加舒适和宜人的空间。

(3) 设备分析：在机电设计中，各种管道、通风设备、负荷分布等因素都需要精确的计算和分析。这些模型输出不仅可以指导设计优化，还能进行冷热负荷计算，确保建筑在各种气候条件下的舒适性。此外，通过模拟气流组织，可以有效提高室内空气质量，提高居住环境的舒适度。

(4) 绿色评估：在规划和设计阶段，进行综合性的绿色评估可以推动建筑的可持续发展。通过分析与优化设计方案，实现节能、高效的建筑设计。遮阳与太阳能的合理利用，以及建筑的采光和照明分析，都有助于减少能源消耗。另外，室内自然通风、室外绿化环境、声环境和雨水采集利用等方面的分析，也都能够进一步提升建筑的环境品质和可持续性。

2) 运维仿真

(1) 设备运行监控。采用 BIM 技术可以实现对建筑物设备的搜索、定位、信息查询等功能。在运维 BIM 模型中，在对设备信息集成的前提下，运用计算机对 BIM 模型中的设备进行操作，可以快速查询设备的所有信息，如生产厂商、使用寿命期限、联系方式、运行维护情况以及设备所在位置等。通过对设备运行周期的预警管理，可以有效地防止事故的发生，利用终端设备和二维码、RFID 技术，迅速对发生故障的设备进行检修。

(2) 能源运行管理。对于商业地产项目，有效地进行能源的运行管理是业主在运营管理中提高收益的一个主要方面。通过 BIM 模型可以更方便地对住户的能源使用情况进行监控与管理，并配备传感功能的能源使用记录表，在管理系统中及时做好信息的收集处理，通过能源管理系统自动对能源消耗情况进行统计分析，并且可以对异常使用情况进行警告。

3) 施工仿真

(1) 施工方案模拟、优化。通过 BIM 可对项目重点及难点部分进行可建造性模拟，按月、日、时进行施工安装方案的分析优化，验证复杂建筑体系（如施工模板、玻璃装配、锚固等）的可建造性，从而提高施工计划的可行性。对项目管理方而言，可直观了解整个施工安装环节的时间节点、安装工序及疑难点。而施工方也可进一步对原有安装方案进行优化和改善，以提高施工效率和施工方案安全性。

(2) 工程量自动计算。BIM 模型作为一个富含工程信息的数据库，可真实地提供造价管理所需的工程量数据。基于这些数据信息，计算机可快速地对各种构件进行统计分析，大大减少了烦琐的人工操作和潜在错误，实现了工程量信息与设计文件的统一。通过 BIM 所获得的准确工程量统计，可用于设计前期的成本估算、方案比选、成本比较，以及开工前预算和竣工后决算。

(3) 施工进度模拟。当前建筑工程项目管理中常用表示进度计划的甘特图，专业性强，但可视化程度低，无法清晰描述施工进度以及各种复杂关系（尤其是动态变化过程）。而通过将 BIM 与施工进度计划相链接，把空间信息与时间信息整合在一个可视的 4D 模型中，可直观、精确地反映整个施工过程，进而可缩短工期、降低成本、提高效益。

1.1.2.5 协调性

建筑工程通常需要设计单位、施工单位、业主三者交流沟通。借助 BIM 技术可以将设计以及施工中所有细节直观地呈现出来，提高沟通效率，避免因为沟通的问题拖慢工程进度。

第一，设计协调与优化。通过 BIM 的三维可视化界面和自动检测功能，设计团队能够对建筑物内的机电管线和设备进行逼真的布局模拟和安装方案展示。这不仅有助于发现潜在的碰撞和冲突问题，还能够迅速调整楼层净高、墙柱尺寸等参数，从而有效避免传统设计中常见的缺陷，提升整体设计质量，减少后期修改的需求，同时还能降低项目成本和风险。

第二，综合进度规划与施工协同。现代项目要想在施工阶段实施更高效的方案，需要在设计阶段就引入专业的施工人员参与。精良的 BIM 设计模型需要结合实际施工经验进行调整，这可以极大地缩短施工前期的准备时间，帮助各个层面的人员更深入地理解设计意图和施工方案。

第三，成本预算与工程量估算的精确对接。过去，工程造价的计算需要耗费大量时间，而且精确度难以保证。采用 BIM 技术能够极大地节约时间成本，帮助施工方、监理、预算员和客户等各方更好地规划项目预算。此外，自动化的工程量估算能够快速高效地完成，预测工期也更加准确，特别是在设计阶段就能计算出详尽的成本信息，更好地满足甲方的需求和利益。

第四，运维与管理的协同。BIM 系统整合了来自多方面的信息，包括厂家价格数据、竣工模型、维护信息以及施工阶段的深化图纸等。这使得 BIM 系统能够将大量的图纸、报价单、采购清单和工期计划等数据统一管理，为项目提供直观、实用的数据支持，有助于基于这些信息进行运维和管理的协调工作。

1.1.2.6 可出图性

BIM 技术不仅可以对建筑设计进行全面的分析，还可以对建筑物进行全方位的可视化展示，并出具各种专业图纸、深化图纸，使工程表述更加详尽。

1）碰撞报告

将建筑、结构、电气、给排水、暖通五个专业的 BIM 模型整合后，进行管线碰撞检测，可以输出综合管线图（经过碰撞检查和设计修改，消除相应错误以后）、综合结构留洞图（预埋套管图）、碰撞检查报告和建议改进方案。

2）构件加工指导

（1）构件加工图出图。通过 BIM 模型对建筑构件的信息化表达，可在 BIM 模型上直接生成构件加工图，不仅能清楚地传达传统图纸的二维关系，而且对于复杂的空间剖面关系可以清楚表达，还能够将离散的二维图纸信息集中到一个模型中，这样的模型能够更加紧密地实现与预制工厂的协同和对接。

（2）构件生产指导。BIM 建模是对建筑的真实反映。在生产加工过程中，BIM 信息化技术可以直观地表达出配件的空间关系和各种参数情况，自动生成构件下料单、派工单、模具规格参数单等生产表单，并且通过可视化的直观表达帮助工人更好地理解设计意图，形成 BIM 生产模拟动画、流程图、说明图等辅助培训的材料，有助于提高工人生产的准确性。

（3）通过 BIM 实现预制构件的数字化制造。借助工厂化、机械化的生产方式，采用集中、大型的生产设备，将 BIM 信息数据输入设备，可以实现机械的自动化生产，大大提高工作效率和生产质量。例如，现在已经实现了钢筋网片的商品化生产，符合设计要求的钢筋在工厂自动下料、自动成型、自动焊接（绑扎），形成标准化的钢筋网片。

理解练习

1. 单选题

扫码查看答案解析

（1）在建筑工程管理过程中，BIM 技术的应用主要是为了增强管理人员对哪个方面的能力？

A. 数据收集与总结　　B. 规划与设计

C. 施工前准备　　D. 质量控制

（2）在建筑工程管理过程中，运用 BIM 技术进行模拟主要发生在项目的哪个阶段？

A. 施工前　　B. 施工中

C. 施工后　　D. 施工中和施工后

（3）运用 BIM 技术对建筑工程进行模拟能够增强管理工作的哪个方面？

A. 工作效率　　B. 工作质量

C. 科学性与可行性　　D. 建筑设计

（4）BIM 技术在建筑工程管理中的应用主要有什么作用？

A. 提高施工效率和资源利用率　　B. 加强建筑工程安全管理

C. 降低建筑施工成本　　D. 加快建筑工程进度

（5）为什么建筑管理人员可以通过 BIM 技术模拟突发性危机事件的处理流程？

A. 模拟流程可以提升建筑的使用安全性　　B. 模拟流程可以降低建筑施工成本

C. 模拟流程可以加快建筑工程进度　　D. 模拟流程可以减少建筑设计错误

2. 多选题

（1）建筑施工中忽视经济效益影响因素可能导致的后果是什么？

A. 重大的经济收益　　B. 重大的经济损失

C. 工程进度延误　　D. 建筑质量下降

(2) BIM 技术在建筑施工管理中的作用是什么？

A. 实现对工程造价的准确预估和优化计算　　B. 准确控制建筑工程的施工成本

C. 准确预估建筑工程的经济效益　　D. 提高建筑工程的涂料质量

(3) BIM 技术可以实现从设计到施工再到运营的一体化管理的好处有哪些？

A. 可视化设计　　B. 提高工作效率

C. 减少设计人员的想象空间　　D. 增加错误发生的可能性

(4) BIM 与其他专业设计工具能够很好地对接的好处是什么？

A. 加强各专业设计人员之间的协同　　B. 避免冲突

C. 增加成本　　D. 提供更多分析和设计选项

(5) 参数化建模在 BIM 中的作用是什么？

A. 通过参数建立和分析模型

B. 可以简单地改变模型中的参数值，建立和分析新的模型

C. 仅适用于图元的建立

D. 只能在文档部分进行参数修改

(6) BIM 中的参数化设计包含哪两个部分？

A. 参数化图元　　B. 参数化修改引擎

C. 参数保存引擎　　D. 智能建筑构件

3. 思考题

(1) BIM 技术在工程设计中的应用范围是什么？

(2) BIM 技术如何提高工程施工企业的工作效率？

(3) BIM 技术如何在节约成本和缩短工期方面做出贡献？

任务工单

<table>
<tr><th colspan="2">任务 1.1　建筑工程项目 BIM 技术应用架构</th></tr>
<tr><td colspan="2">多业务集成应用点设定清单</td></tr>
<tr><td>工作组名称</td><td></td></tr>
<tr><td>成员及分工</td><td></td></tr>
<tr><td>完成时间</td><td></td></tr>
<tr><td>类别</td><td>集成应用点</td></tr>
<tr><td>1. 不同专业模型的集成应用</td><td>（如建筑专业模型、结构专业模型的集成应用。）</td></tr>
<tr><td>2. 不同业务模型的集成应用</td><td>（如算量模型和 4D 进度计划模型、放线模型、三维扫描验收模型的集成应用。）</td></tr>
<tr><td>3. 不同阶段模型的集成应用</td><td>（如设计模型和合约模型、施工准备模型、施工管理模型、竣工运维模型的集成应用。）</td></tr>
<tr><td rowspan="2">4. 与其他业务或新技术的集成应用</td><td>（与非现场业务的集成应用，例如幕墙、钢结构的装配式施工，将设计 BIM 模型和数据，经过施工深化，直接传到工厂，通过数字机床对构件进行数字化加工。）</td></tr>
<tr><td>（与其他非传统建筑专业的软硬件技术集成应用，如 3D 打印、3D 扫描、3D 放线、GIS 等技术。）</td></tr>
</table>

任务 1.1 建筑工程项目 BIM 技术应用架构任务工单二维码

任务 1.2 建筑装饰工程设计阶段 BIM 应用目标点设定

任务描述

能对设计阶段 BIM 应用点进行设定，包括空间布局设计、方案设计建模、参数化方案设计、装饰方案的设计比选、方案经济性比选、可视化表达设计、建筑装饰声学分析、室内采光分析、室内通风分析、安全疏散分析等。

知识准备

1.2.1 方案设计中的 BIM 应用

装饰方案设计是装饰设计师在建筑结构的基础上进行空间设计的过程，主要设计内容是空间布局设计，包含室内空间功能划分、室内交通流线规划、空间形态的把握，另外还有装饰造型、色彩、材料的设计及陈设的搭配，目的是形成最初的方案效果，对满足建筑的实用性、美观性、经济性的要求起到重要作用。过去，装饰方案设计除了用手绘来表达设计成果，一般要用 CAD 来绘制平立面，还要用 3ds Max 来建模，用渲染器进行渲染，最后用 Photoshop 等图像软件做后期处理，有多个工作流，过程比较复杂漫长。

“建筑信息模型（BIM）在建筑行业正得到广泛应用，特别是在设计阶段。”① 应用 BIM 后，方案设计工作主要是：建立装饰方案设计模型，并以该模型为基础输出效果图和漫游动画，清晰表达装饰设计意图，同时为装饰设计后续工作提供依据及指导性文件。方案设计在 BIM 应用中主要体现在：空间布局设计、参数化方案设计、方案设计比选（装饰设计元素形态设比选、装饰材料比选、陈设艺术品比选）、方案经济性比选、可视化方案设计表达等方面。应用 BIM 技术，可以将装饰方案设计工作的多个工作流合而为一；参数化功能可以实现构件自动修改。另外，各种方案比选功能，能让设计师专注于设计本身。

1.2.1.1 方案设计建模的内容

在方案设计阶段，首先要有上游的建筑 BIM 模型以及结构和机电模型，并在此基础上建模。但在既有建筑改造装饰工程中，一般没有原有建筑设计 BIM 模型，这就需要参考原有二维图纸呈现的建筑物信息，或到现场测量尺寸，利用这些原始数据提供的信息建立现有建筑的现状模型，同时将其他专业的现状模型创建出来。在新建、改建、

---

① 丁熠，潘在怡，郭红领．集成 BIM 的建筑项目设计模式与流程研究［J］．工程管理学报，2023，37(02)：122.

扩建工程的建筑装饰项目中，装饰设计师可以利用上游建筑设计 BIM 模型，在现状 BIM 模型的基础上，依据装饰设计要求，在三维环境中划分室内空间，做好模型拆分，在各类建筑空间内按照室内的不同部位，分别建立墙体饰面、地板装饰面、天花等装饰表皮，将其围合成一个或多个整体空间，另外添加门窗装饰、栏杆扶手、家具、灯具、织物、饰品、电器、绿化等，形成装饰方案的大致效果。本阶段对图纸深度要求不高，因此对 BIM 模型细度要求也不高。

1.2.1.2 方案的参数化设计

参数化设计是一个选择参数建立程序、将建筑设计问题转变为逻辑推理问题的方法，它用理性思维替代主观想象进行设计，它将设计师的工作从实现意象设计推向了推理设计，探讨思考推理的过程，提高了运算量；另外，它使装饰设计师重新认识应用计算机 BIM 软件辅助设计规则的可能性和可变性，丰富了设计手段。

参数化设计在建筑装饰辅助设计上可以实现局部变量的修改来完成设计意图的全局变更。例如，Grasshopper 是 Rhinoceros 的一款编程插件，它具有节点式可视化数据操作、动态实时成果展示、数据化建模操作等特点，如 Rhinoceros 的参数化建模功能。

1.2.1.3 装饰方案的设计比选

装饰设计师利用 BIM 技术，可以在设计过程中，在 BIM 方案模型上直接观察建筑的原始空间形态和空间尺度，在此基础上进行可视化设计，分析研究空间的功能分区和联系以及交通流线，有利于设计师对功能设计的合理性推敲和调整、完善；同时，可以对空间内设计方案的设计元素形态、材料、陈设等进行比选，为装饰方案评估提供多种设计比选形式，协助业主、设计师选出最优方案。

第一，空间设计元素形态比选。设计师利用 BIM 技术，可以比对室内空间设计元素的形态。如利用 Revit 的设计选项功能，可以在一个建筑空间内或在同一部位，建立多种形状的装饰构件族，加载设计选项，可以切换选项方案来比对一个室内空间内装饰构件的多个形态，找出最适合该空间或该部位的造型选项。利用 BIM，在空间设计中，形态设计比选快速、方便。

第二，装饰材料比选。利用 BIM 技术，基于室内外空间模型和 BIM 设计软件丰富的色彩和材质库，装饰设计师可以设置和修改所有建筑空间内外构件表皮的装饰材料，对其呈现的质感、形状、色彩、光泽、肌理、纹理等各种效果进行比选配置，营造出符合设计师追求的空间品质，塑造出环境的个性特征。

第三，陈设艺术品比选。装饰设计师利用 BIM 技术，在室内外空间模型环境中，自己设计制作或载入各类构件库、资源库中制造商提供的装饰产品 BIM 元素，对家具、灯具、织物、饰品、绿化等陈设艺术品进行规划和模拟，进行合理化分析布局，反复比较选择，使空间陈设最终更符合设计方案的风格定位，更加真实可实现。

1.2.1.4 方案经济性比选

方案经济比选是寻求合理的经济技术方案的必要手段，也是项目可行性评估的重要环节。BIM 模型是包含了设计相关信息的参数化信息模型，一个 BIM 模型就是一个整体的数据库，所有统计表等都从数据库中提取，可以做到快速、准确地导出明细表等相关信息。利用 BIM 模型，在装饰设计方案满足设计功能和采用合理先进技术的条件下，装饰造价员可以对多个装饰设计方案导出相关的工程量数据，对不同方案进行数据参数对比，选出更经济更合理的方案，满足业主的不同需求。

1.2.1.5　设计方案的可视化表达

可视化是创造图像、图表或动画来进行信息沟通的各种技巧，基于 BIM 模型的可视化表现，内容更加丰富。可视化设计不仅减少了可视化重复建模的工作量，而且提高了模型的精度与设计（实物）的吻合度。应用 BIM 方案模型，装饰设计师可进行面积指标分析、视觉效果分析，直接输出三维视图、制作场景漫游视频动画，或直接在场景中进行虚拟漫游，与业主等项目各方参与者进行更有效的方案验证和外部沟通；同时，利用 BIM 方案模型，对空间环境、陈设、材质等进行仿真渲染，可以得到真实呈现装饰设计效果的效果图。

在传统工作流中，装饰设计方案还要制作彩色的平立面展示图。传统的做法效果图建模的同时用 CAD 二维图纸结合平面设计软件出方案图，是两条工作流的方式。用 BIM 软件建立 BIM 模型，模型还可以输出彩色的二维图纸，彩色平面、立面方案图，各角度剖切图，还能导出彩色三维透视图，并可以拥有多种显示方式和效果。

目前，BIM 模型可以达到模拟的效果，但与虚拟现实（VR）相比在视觉效果上还是有一定差距，VR 能弥补 BIM 视觉表现真实度的短板。BIM 与 VR 主要是数据模型与虚拟影像的结合，在虚拟表现效果上进行更为深度的优化与应用。BIM 模型为 VR 提供了极好的表现内容与落地应用的真实场景。虽然当前 VR 还处于发展中，但已经被迅速应用于装饰工程的设计方案体验：可以让人在方案设计过程中，进入虚拟空间，直观感受空间的设计效果。

1.2.2　初步设计中的 BIM 应用

初步设计是在方案设计基础上进行初步技术设计的过程，主要工作内容是对装饰方案进行室内性能分析、根据分析结果调整方案等工作，其目的是论证装饰方案的技术可行性和经济合理性。以往在装饰行业的既有建筑改造装饰工程中，除了极个别企业，装饰企业一般不使用软件进行建筑物的性能分析，不仅难以满足建筑功能和性能的要求，而且很少考虑利用自然条件节能。由于功能不合理、性能达不到使用要求而导致建筑物及内装饰返工拆改，资源浪费严重。另外，新建改建扩建工程的装饰项目，虽然在建筑设计阶段已经进行了建筑性能的初步分析，但进入装饰设计阶段，装饰设计方要根据之前分析的结果和实际需求在装饰方案确定后进行进一步的分析调整。因此，对有重大改造的建筑、一些特殊和重要的空间，有必要应用 BIM 技术进行方案的室内性能分析和技术可行性论证。

初步设计 BIM 应用工作任务，主要是在方案设计模型的基础上，利用当前的分析工具进行室内性能分析，包括自然环境（采光、通风、热环境、空气质量等）分析、人工照明分析、声学分析、疏散分析、人体工程学分析、使用需求量分析、结构受力计算分析等；协调装饰与其他各专业之间的技术矛盾，依据成果修改调整方案，使室内设计成果符合绿色建筑的要求，满足室内使用功能，让人们的生活居住环境更节约资源、健康可控、安全环保、科学合理。

1.2.2.1　初步设计建模的内容

装饰初步设计阶段，BIM 的建模内容主要是依据方案设计模型，将其按照各类分析软件的分析需求将其调整、修改或转为各类格式的、可顺利进行性能分析的子模型。同时，在得出分析结果后，要修改和细化方案设计模型，得到初步设计模型。

1.2.2.2　室内采光分析

自然采光决定了建筑室内环境的质量。它关系到人体的健康和生活的舒适，并有助于减少人工照明，从而间接减少能源的消耗。采光分析已经成为绿色建筑设计的一项重要手段。采光设计参考采光分析的成果，充分利用天然光，创造良好的光环境，这在我国电力紧张的情况下，对于节约能源有重要的意义。

室内采光分析软件有很多，通常采用 Ecotect 建筑生态辅助设计软件。室内采光分析可以帮助设计师了解室内采光情况，分析每一个功能房间的自然光环境，帮助设计师调整建筑形体，以及室内功能区的分布，将非主要功能区如楼道、走道、厕所等设置在自然光照不足的区域。甚至可以帮助设计师思考如何通过适当的措施，如在材料选择上增加增强采光材料或在室内设计时设置光反射的墙和顶棚等，改善室内自然光环境。同时可以在能耗模拟中更准确地估计灯具的使用率，计算照明能耗。

1.2.2.3　室内通风分析

自然通风是一种经济实用的通风方式，自然通风分析是绿色建筑设计时的重要参考，尤其是在夏热冬暖和夏热冬冷地区，它既能满足室内舒适条件，改善室内空气品质，降低新风使用量和空调的使用时间，达到节约能源目的。最佳的自然通风设计是使自然风能够直接穿过整个建筑，或通过风井、中庭的烟囱效应，把室内热空气通过风井、中庭顶部的排气口排向室外。在某些地区可以通过自然通风设计和模拟分析，把建筑的底层打造成无空调区域，既能满足室内舒适条件，改善室内空气品质，又能实现有效被动式制冷，达到节约能源目的。

室内自然通风分析可以使用计算流体力学 PHOENICS 软件。PHOENICS 是世界上第一套计算流体与计算传热学商业软件，PHOENICS 软件推出的 FLAIR 模块是英国 CHAM 公司针对建筑及暖通空调专业设计的 CFD 专用模块，具有较强的专业性。

1.2.2.4　室内声学分析

室内声学分析是分析、研究声音在室内空间的传播以及仿真模拟室内的音质效果。分析对象主要包括室内空间、室内界面几何形状及尺寸和界面材料的声学特性等，其目的是为室内空间营造良好的音质效果。音质效果的评价标准分为主观感受、客观参数两类。音质设计的标准需根据空间的功能需求来确定。

随着计算机科学技术的发展，室内建筑声学计算机仿真模拟分析成为一种声学分析的高效、全面、直观的分析工具。其中，声学模拟软件 Odeon 因为其可靠的计算模拟结果和简便的操作，在全世界范围内已经得到了行业的广泛认可。Odeon 模拟的基本思路是通过一定的方法模拟声场的脉冲响应，以求得任意点或区域的声学参数，基于室内几何和表面性质，可预测、图解并试听室内声学效果。该软件结合了虚源法和声线追踪法。利用 Odeon 软件进行模拟分析，首先要对待模拟的建筑进行三维建模，模型的建立可以用 Rhinoceros 和 SketchUp，也可以用 Odeon 软件自带的 CAD 接口直接导入 CAD 图纸文件。为了提高工作效率以及模拟仿真的科学性、真实性，声学模拟软件以 Rhinoceros、SketchUp 等软件建立的模型结合使用，可以做到无缝对接。

利用 BIM 技术辅助建筑装饰声学分析，BIM 模型中的装饰造型（包括天花造型、墙体造型等）、材料信息、座位布置等都可以为装饰声学分析提供相关数据。

1.2.2.5 安全疏散分析

疏散分析是建筑设计评估的重要组成部分，其分析对象为人员疏散时间及疏散通行的状况。工作内容是通过对建筑物的具体功能定位，确定建筑物内部特定人员的状态及分布特点，并结合紧急情况和具体位置设计，计算分析得到不同条件下的人员疏散时间及疏散通行状况预测。其目的是制定最优的疏散预案，保障人们的生命安全。

例如，通过 BIM 模型结合应急疏散预案软件 PathFinder，可生成最优应急疏散方案，通过高品质 3D 效果模拟现场情况。PathFinder 是一套智能人员紧急疏散逃生评估系统，与 Revit 模型 dxf 格式文件交换无障碍，并可导入 Revit 出的模型效果图、平面、剖面图等，不会发生部分模型丢失的状况。Pathfinder 具有运动仿真、3D 可视化效果，结合 BIM 模型能展示真实的图形效果。Pathfinder 可根据定制人群、更真实模拟现实情况。每个模型中的角色类型代表了真实的一类人（如不同大小和不同的行走速度）及其不同行为（如出口退出、等待、航点等）。每个人可以根据自身特点和本地环境中的路径做出决定。PathFinder 分析多方因素后，依照现实情况设定相应选项，形成最优疏散路线，生成各楼层、各房间应急疏散路线图。

理解练习

1. 单选题

（1）装饰设计师利用 BIM 技术可以在设计过程中直接观察建筑的原始空间形态和尺度，并进行可视化设计和分析研究。这主要有利于什么方面？

扫码查看答案解析

A. 装饰材料的比选和配置

B. 空间功能分区和联系的研究

C. 空间交通流线的分析

D. 室内空间设计元素形态的比选和调整

（2）BIM 模型的可视化设计相比传统的工作流，有哪些优势？

A. 减少了重复建模的工作量，提高了模型的精度与设计的吻合度

B. 提供了更多的可视化效果和展示方式

C. 可以进行面积指标分析和视觉效果分析

D. 能够实时交互和与项目各方进行有效的沟通和验证

（3）BIM 与虚拟现实（VR）的关系是什么？

A. BIM 模型为 VR 提供了表现内容和落地应用的真实场景

B. VR 可以完全替代 BIM 在可视化方面的应用

C. BIM 模型在视觉效果方面优于 VR

D. VR 可以在实际装饰设计中直观感受空间的设计效果

（4）BIM 的初步设计建模内容主要是基于什么模型进行调整、修改或转换？

A. 施工模型　　B. 方案设计模型

C. 结构模型　　D. 建筑模型

（5）采光分析在绿色建筑设计中的作用是什么？

A. 提高室内环境质量　　B. 减少人工照明的需求

C. 节约能源　　D. 所有选项都是

（6）室内采光分析软件通常采用的是哪个建筑生态辅助设计软件？

A. AutoCAD　　B. Revit

C. Ecotect　　D. SketchUp

2. 多选题

（1）在方案设计阶段，建模的内容主要包括哪些方面？

A. 利用二维图纸呈现建筑物信息

B. 利用现场测量尺寸建立现有建筑的现状模型

C. 创建其他专业的现状模型

D. 利用上游建筑设计 BIM 模型进行装饰设计

（2）BIM 应用工作任务的主要内容包括以下哪些方面？

A. 自然环境分析　　B. 人工照明分析

C. 建筑结构设计　　D. 建筑外观效果分析

（3）BIM 应用工作任务的目的是什么？

A. 协调各专业之间的技术矛盾　　B. 使室内设计成果符合绿色建筑要求

C. 实现自然环境的完美控制　　D. 确保结构受力计算的准确性

3. 思考题

（1）装饰方案设计的主要设计内容有哪些？

（2）为什么在装饰行业的既有建筑改造装饰工程中很少使用软件进行建筑物的性能分析？

任务工单

<table>
<tr><th colspan="2">任务 1.2　建筑装饰工程设计阶段 BIM 应用目标点设定</th></tr>
<tr><th colspan="2">设计阶段 BIM 应用正向设计图纸内容清单</th></tr>
<tr><td>工作组名称</td><td></td></tr>
<tr><td>成员及分工</td><td></td></tr>
<tr><td>完成时间</td><td></td></tr>
<tr><td>类型</td><td>图纸内容</td></tr>
<tr><td rowspan="11">建筑</td><td>（图纸目录）</td></tr>
<tr><td>（设计说明、工程做法表）</td></tr>
<tr><td>（立面图）</td></tr>
<tr><td>（剖面图）</td></tr>
<tr><td>（楼梯详图、电梯、扶梯、步道详图、卫生间详图、坡道详图）</td></tr>
<tr><td>（墙身详图）</td></tr>
<tr><td>（门窗详图）</td></tr>
<tr><td>（节点详图）</td></tr>
<tr><td>（防火分区平面图）</td></tr>
<tr><td>（管综剖面图）</td></tr>
</table>

续表

类型	图纸内容
结构	（图纸目录）
	（设计说明）
	（桩图、基础图、地下室设备基础）
	（模板图、梁板桩平法施工图）
	（楼梯详图）
	（墙身大样图）
	（汽车坡道详图）

任务 1.2 建筑装饰工程设计阶段 BIM 应用目标点设定

任务工单二维码

任务 1.3 建筑装饰工程施工准备阶段 BIM 应用目标点设定

任务描述

了解 BIM 技术在施工中的应用，包括施工现场测量、施工可行性分析、施工模拟、工艺优化等。理解在施工现场测量中，利用 BIM 技术用于长度、角度、高差等基本工作的测设以及建筑物细部点平面位置和高程位置的测设。在施工可行性分析中，BIM 技术可以用于碰撞检查和净空分析控制等手段，优化施工工艺、施工顺序，以提高施工的可行性。在施工模拟中，BIM 技术可以用于推演专项方案，提前发现设计漏洞、图纸缺陷、施工方案缺陷等问题，并进行调整。在工艺优化中，BIM 技术可以用于机电管线优化调整和净高优化，确保满足建筑物使用要求。

知识准备

1.3.1 施工现场测量中的 BIM 应用

施工现场测量主要工作有长度的测设、角度的测设、建筑物细部点平面位置的测设、建筑物细部点高程位置的测设和侧斜线的测设等。测角、测距、测高差是测量的基本工作。

建筑装饰装修施工数据测量、平面控制测量必须遵循“由整体到局部”的组织实施原则，以避免放样误差的积累。大中型的建筑装饰装修施工项目，要先充分复核，用施工现场土建提供的建筑物施工控制网，以建筑物平面控制网的控制点为基础，测设各个空间内装饰面的主控制轴线。传统建筑装饰装修施工放线的工具有激光投线仪、全站仪、经纬仪、水准仪等。

建筑装饰装修施工数据测量是避免由于施工误差导致的尺寸偏差影响精装模型，利用传统测量方法或三维扫描等方法，为 BIM 模型搭建提供原始数据并获取原建筑模型的过程。现场尺寸数据的复核对于 BIM 与建筑装饰装修工程的结合尤为重要。

1.3.2 施工可行性分析中的 BIM 应用

施工可行性分析及优化是指为使深化设计模型与现场施工对接，在已建立的深化设计模型的基础上，利用 BIM 碰撞检查、净空分析控制等手段，优化施工工艺、施工顺序，以提高施工的可行性。

工程中实体相交定义为碰撞，命名为硬碰撞；实体间的距离小于设定公差，影响施工或不能满足特定要求也定义为碰撞，命名为软碰撞。

硬碰撞指的是所建模型构件在空间关系中存在着交集或交叉重叠现象。这种碰撞类型在设计阶段极为常见，发生在综合天花、空调管道和给水排水管道等之间。这种碰撞是必须避免的，其会在施工中导致各种管线无法安装，造成返工，延长周期，大幅提高施工成本。

软碰撞指的是实体与实体在空间上并不存在交集，间距小于设计时设定公差，即被认定为软碰撞。该类型碰撞检查主要出于安全、施工便利等方面的考虑，相同专业间有最小间距要求，不同专业之间也需设定最小间距的要求，同时还需检查管道设备是否遮挡了墙上安装的插座、开关等。

碰撞检查在 BIM 技术中担任着非常重要的角色。一个项目中不同专业、不同系统之间会有各种构件交错穿插，尤其在做机电相关工作过程中很容易出现管线交叠重复的情况，从而影响进度和成本。通常情况下，设计人员会在施工前做碰撞检查，但图纸具有的局限性并不能全面反映碰撞的各种情况。为避免这些不必要的问题，利用 BIM 技术的可视化功能进行碰撞检查，可以及时发现设计漏洞并及时调整、反馈，提早解决施工现场问题，以最快速的方式解决问题，提高施工效率，减少材料和人工的浪费。

1.3.3　施工模拟中的 BIM 应用

施工模拟是指利用 BIM 技术，把施工方对施工整体方案或项目难点所指定的专项方案在虚拟环境中进行推演，分析不合理施工环节，从而对方案进行优化。

施工方案模拟的目的是提前发现设计漏洞、图纸缺陷、施工方案缺陷、大型设备调用冲突、物料调配不合理、人员安排不合理、施工重大风险和安全隐患等问题，从而在施工前及时进行调整。

一般施工工艺模拟指的是将施工中某一个环节所使用的工艺工法的具体流程在三维软件中进行模拟，进而对工艺流程进行验证、规范、优化。

施工模拟的制作流程因模拟类型不同而不同，以施工整体施工方案模拟为例，流程为：①打开已建立的施工深化模型；②按需调整构件材质；③导入施工进度计划文件（如 project 文件）；④将模型按照施工顺序、使用进度计划分局进行分组，并新建集合；⑤将施工进度计划各个阶段信息上传到信息模型集合，根据实际进度和施工计划的变化，及时更新；⑥确定任务类型，选择构造阶段、拆除阶段或者临时设备；⑦按需添加特色效果，如灯光效果、镜头旋转、漫游路径等；⑧导出视频或截图。

1.3.4　工艺优化中的 BIM 应用

建筑工程项目设计阶段，建筑、结构、装饰、幕墙及机电安装等不同专业的设计工作往往是独立进行的。在施工进行前，施工单位需要对各专业设计图纸进行深化设计，确保各专业之间不发生碰撞，满足净高要求。传统的二维管线综合深化设计通常将设计院提供的各个专业进行叠加，然后人工对照建筑、结构等专业将机电管线优化调整。这种方式效率低，剖立面图需要逐个绘制，很难避免碰撞，特别是在大型建筑管线复杂区域和设备机房内的设备管线布置中，往往二维深化设计图纸无法达到预期效果，普遍存在因管线碰撞而返工的情形，出现材料浪费、拖延工期、增加建造成本的现象。采用 BIM 技术，将建设工程项目的建筑、结构、幕墙、机电等多专业物理和功能特性统一在模型里，利用 BIM 技术碰撞检查软件对机电安装管线进行碰撞检查，净高优化，确保满足建筑物使用要求。

同样，在整个建筑装饰装修工程的过程中，一些建筑装饰物件是需要有向外的扩展空间的，这些空间不存在于物体上，容易被忽略，但这些外扩空间是必须预留的，传统的设计工具不能够对这些空间进行有效的处理，因此容易造成软碰撞。但通过 BIM 模型，可以对这些空间进行自定义，将这些空间预留出来，满足建筑装饰装修的要求，检测软碰撞是否存在，从而减少软碰撞对工程的影响。

应用 BIM 技术进行碰撞检查及净空优化，可以提高施工图设计效率，有效避免因碰撞而返工的现象。利用 BIM 技术，可以对各专业模型进行整合检查，发现位置碰撞点，优化隐蔽工程排布以及安装设备的末端点位分布，对室内净高进行检查并优化调整。尤其是对于地下室、设备机房、天花、管道井等管线复杂繁多的区域采用 BIM 技术进行管线综合深化设计，效果更明显。

理解练习

1. 单选题

扫码查看答案解析

（1）建筑装饰装修施工现场主要工作包括以下哪项？

A. 温度的测设　　B. 压力的测设

C. 长度的测设　　D. 质量的测设

（2）建筑装饰装修施工数据测量必须遵循什么原则？

A. 由大到小　　B. 由上到下

C. 由整体到局部　　D. 由外到内

（3）为 BIM 模型搭建提供原始数据并获取原建筑模型的过程是什么？

A. 精装模型　　B. 施工测量

C. 测角、测距、测高差　　D. 复核现场尺寸数据

（4）施工模拟的制作流程如下，其中不包括什么？

A. 打开已建立的施工深化模型　　B. 调整构件材质

C. 导入施工进度计划文件　　D. 导出施工模拟视频或截图

2. 多选题

（1）在 BIM 技术中，碰撞检查的主要目的是什么？

A. 发现设计漏洞并及时调整、反馈

B. 提高施工效率，减少材料和人工的浪费

C. 控制施工顺序，提高施工的可行性

D. 避免施工中的硬碰撞和软碰撞

（2）硬碰撞和软碰撞在施工中的区别是什么？

A. 硬碰撞会导致各种管线无法实际安装，造成返工，延长周期，大幅提高施工成本

B. 软碰撞出于安全、施工便利等方面的考虑，需要检查最小间距和设备遮挡情况

C. 硬碰撞是指所建模型构件在空间关系中存在着交集或交叉重叠现象

D. 软碰撞是指实体与实体在空间上并不存在交集，间距小于设计时设定的公差

（3）施工模拟的目的是什么？

A. 提前发现设计漏洞和图纸缺陷

B. 发现施工方案缺陷和大型设备调用冲突

C. 分析不合理施工环节和物料调配不合理

D. 处理人员安排不合理和施工重大风险安全隐患

3. 思考题

（1）为什么传统的二维管线综合深化设计方式效率低？采用 BIM 技术能够解决什么问题？

（2）在建筑装饰装修工程中，为什么外扩空间容易被忽略，而传统的设计工具不能有效处理这些空间？BIM 模型如何解决这个问题？

任务工单

任务 1.3　建筑装饰工程施工准备阶段 BIM 应用目标点设定		
施工准备阶段 BIM 应用方案编制清单		
工作组名称		
成员及分工		
完成时间		
编制目的	成果形式	展现内容
重要节点展示	节点图片	（节点设计、主要材质、尺寸标注、重要文字说明）
结构展示	爆炸图	（节点构造组成、主要构配件形式）
施工工艺展示	工艺图片	（施工工艺操作步骤、各步骤注意事项、各步骤前置条件和完成标准。）
		（图片数量取决于步骤划分，步骤的划分应能保证完成的展示施工工艺的全过程。）
	工艺视频	（施工工艺操作步骤、各步骤注意事项、各步骤前置条件和完成标准。）
		（视频画幅应以宏观展现工艺操作为主，细部操作采用画中画形式表达。）
施工方案完整模拟	模拟视频	（施工方案部署：场地及交通组织部署、材料运输部署、人员安排部署。）
		（施工方案设计：各阶段工作内容模拟、主要工况展示、工况衔接表达。）
方案深化设计配合	深化图纸	（方案编制中深化设计成果的建模、节点设计、加工图、拼装图制作。）

任务 1.3 建筑装饰工程施工准备阶段 BIM 应用目标点设定

任务工单二维码

任务 1.4　建筑装饰工程施工过程阶段 BIM 应用目标点设定

任务描述

了解 BIM 技术在建筑装饰装修工程中的应用，理解 BIM 技术是如何提高施工效率和质量，减少设计变更。包括：通过三维协同设计消除专业间的冲突碰撞，确保施工图设计质量；可视化施工交底可以在软件的三维空间中以点、线、面数据表达三维空间和物体，并能在形成的模型上附加其他数据信息；施工智能放线可以在施工现场放线阶段，对构件进行预制加工；在施工进度管理中，BIM 技术可以通过直观真实、动态可视的施工全程模拟和关键环节的施工模拟展示多种施工计划和工艺方案的实操性，从而择优选择最合适的方案；用于优化装饰施工的临时设施、场地、进行虚拟施工以及基于 VR 的安全教育等方面。

知识准备

1.4.1　设计变更管理中的 BIM 应用

拿到图后，通过对图纸整合了解施工过程整体情况，当发生设计变更的时候，宜应用 BIM 技术对设计进行深化与优化，通过多专业的三维协同设计消除专业间的冲突碰撞，确保施工图设计质量。

建筑室内外饰面层及空间陈设构成了建筑装饰装修工程，但是相对于其他专业工程，设计变更尤其频繁。装修工程中项目变更就是将原有的建筑装饰装修项目通过设计变更改为要进行实际施工的项目。有的是因为材料不能满足施工要求需要进行变更，有的是施工工艺达不到要求需要进行变更，有的是业主不能理解设计师的设计意图，通过对效果图的简单理解，需要建筑装饰装修工程单位提供理想效果方案，而不是 BIM 三维效果直接真实模拟建造完成效果。

通常项目装饰建设单位，采用 BIM 技术后，通过 BIM 建模，使之呈现设计师的设计意图，完美表达设计效果，得到设计师确定，这样很大程度上可以减少设计变更。

由于建筑装饰装修施工过程繁杂，交叉施工专业多，设计变更不可避免且变更量相对其他专业偏多，建筑装饰装修单位会根据设计变更情况，创建施工过程中“变更模型”，在项目建造过程中，不断完善施工模型，通过跟其他的模型整合，最终形成深化模型。通过 BIM 技术，设计变更有效体现在施工过程中，使施工有效进行，通过将变更内容融合到深化模型中，为施工过程模型提供有效数据，为后期竣工模型的绘制提供了有效保障。

1.4.2 可视化施工交底中的 BIM 应用

传统建筑装饰装修项目管理中的技术交底通常以文字描述为主，施工管理人员以口头讲授的方式对工人进行交底。这样的交底方式存在较大弊端，不同的管理人员对同一道工序有着不同的理解，口头传授的方式也五花八门，特别是新工艺及复杂工艺，施工班组不容易理解。

BIM 可视化施工交底是一种利用 BIM 模型及 CG（计算机图形图像）技术，通过在软件的三维空间中以点、线、面数据表达三维空间和物体，并能在形成的模型上附加其他数据信息，最终以图像、动画等方式进行三维说明为主的施工交底形式。

1.4.2.1 BIM 应用于可视化施工交底的优势

当建筑本身所包含的数据非常庞大，人脑无法处理这些抽象的数据时，就需要把数据转换成图形图像以表达更复杂的数据内容，这就是可视化技术诞生的原因之一。建筑图纸从千百年前的单张手绘图到现今成套的 CAD 图纸，建筑信息量随着建筑结构和建筑功能的日趋复杂而变得非常庞大，慢慢出现了平面的图纸难以表述清楚的情况，这便出现了三维图纸和三维模型。相较于传统平面图纸从各个立面、平面、剖面进行正投影，三维模型可以更直观地表达更复杂建筑结构、进出关系，甚至是空间体量、材质、光照等。从本质上来说，这是更深一步地挖掘了人类视觉系统的信息处理能力，弥补了人脑对抽象数据处理能力的不足。通过这样的方式交底，工人会更容易理解交底的内容，交底也会进行得更彻底，既保证了工程质量，又避免了施工过程中容易出现问题而导致返工等。

建筑装饰装修专业对于可视化交底的需求更为明显，作为工程的最后一个环节，业主最终看到的建筑的“面层”基本都是建筑装饰装修的施工内容，而这些“面层”及其相关的结构层用传统图纸很难表述清楚，即使通过 BIM 模型，也很难直接表达装饰面的材料、材质、光泽、灯光环境等信息，这时，BIM 可视化施工交底就显得非常必要了。

1.4.2.2 BIM 应用于可视化施工交底的流程

第一，建立三维模型。一般直接使用施工图深化阶段所得到的 BIM 模型，这样的模型一般已经满足可视化交底使用，但在一些特殊的专业节点，仍需要建立更加精细的模型来达到可视化交底的要求。

第二，转换模型。模型简单轻量化可直接在 Navisworks 等 BIM 专业软件中完成，其优点是不用转换模型格式，容易制作切、剖面，减少工作流程，但这些专业 BIM 软件的渲染功能不够完美，虽在功能上具备一定程度的渲染能力，但渲染效果不理想且非常耗时，当设计师渲染要求较高或者需制作动画时就必须根据不同软件使用不同的文件格式进行转换后导入软件进行下一步工作。

第三，设定参数。利用渲染功能生成的三维可视化图像能在视觉上给予更直接的感受，但要达到更接近于真实情况的结果，则需要进行大量的参数设定。例如，需要表现材质的就要确定材质类型、纹理图案等信息，有样品最佳；需要模拟灯光阴影的要确定现场采光环境、光源位置、亮度颜色等信息等。

第四，渲染与输出。为了对项目模型进行可视化交底，在完成建模与输入参数后需要对模型进行渲染。理论上渲染输出也如同建模具有的深度，但由于难以界定，故没有统一的深度标准，但根据图像视频的实际用途，有许多选择余地。考虑到施工中部分图像、视频资料需要及时更新，但视频渲染又非常费时，因此，许多情况下没必要加入所有的参数细节，应按需选择。

第五，虚拟漫游与 VR 技术。虚拟漫游是指将三维模型及材质灯光等信息导入专业的三维实时渲染引擎，无须渲染而直接在设定好的场景中自由移动、观察三维模型。所谓三维实时渲染引擎一般指的是专门针对 BIM 软件开发的漫游软件，如 Fuzor 或类似 UDK、UE4、CE3 等专业游戏引擎。Fuzor 软件的优势在于能在 Revit 与 Navisworks 等 BIM 软件中一键转换无缝交接，使用非常方便，但相较专业游戏引擎，功能较为简单，视觉效果也一般。但使用专业游戏引擎的建筑专业人才稀少，很难推广。

VR 技术是近年兴起的技术，可以作为三维可视化技术的一种表达形式，原理上是在虚拟漫游的基础上，增加两个特征，一是使用头戴式显示设备，二是 360°全景显示。利用 VR 技术制作的三维建筑场景，使用者能借助头戴式显示设备全方位观察场景，给予观察者身临其境的真实感受，根据需求还可加入与场景互动功能、3D 立体显示的功能，许多功能与建筑装饰装修设计非常契合，对施工方快速理解设计意图有很大的帮助。

1.4.3　施工智能放线中的 BIM 应用

装饰施工放线就是把图纸上的内容“弹”到实际天花板、墙地面上，相当于将图纸转移到现实现场中，以便建筑装饰装修施工开工时装饰面的安装，对施工现场的不同位置、不同建筑装饰装修材料的测量数据给予标注标记。内装中软装的施工放线也是根据设计图纸的要求，将墙体及家具的实际位置，在现场用墨线弹画出来，以检查有无冲突或不合实际的地方，这也是对设计工作的进一步检验。常规建筑装饰装修施工放线的工具有红外线水准仪、墨斗和墨线等。

常规的建筑装饰装修放线都是施工现场工程师先在 CAD 图纸上进行坐标、尺寸换算，再通过现场轴网对各个控制点位进行测量和放线。现场计算工作繁重，容易出现错误，建筑装饰装修材料相互之间的空间关系无法得到直观的体现，导致异形测量以及放线工作困难重重。

1.4.3.1　BIM 技术在装饰施工测量放线中的优势

在土建施工完成后，利用全息三维扫描技术对土建进行整体扫描，在软件模型中进行逆向建模，为建筑装饰装修设计深化和装饰放线做好基础。

通过设计 CAD 图纸，将建筑装饰装修整体造型、装饰结构等信息全部反映在模型中，碰撞检查，修整好模型后通过软件导出放线图纸，并标好尺寸线，图纸中包含放线关键控制点或控制线。

对双曲造型装饰面，利用 BIM 三维立体空间的优势，一是可以将立体异形模型投影到平面导出的放线图纸上；二是可以直接读取模型空间中的三级坐标（平面、立面、高程）信息。BIM 给装饰放线带来的技术进步表现在以下方面：

第一，BIM 技术简化了建筑装饰装修现场施工放线计算工作。

第二，BIM 技术在施工图出图前，就解决了装饰和其他专业的碰撞问题。

第三，对现场点位难测、精度难控的对象，通过模型立体投影，进行多控制线交会，保证放线精度。

1.4.3.2 BIM 技术在装饰测量放线各阶段中的工作内容

1）放线前的准备

（1）现场测量。业主或监理在现场交接班时一定要记清楚点位，最好是在附近做一个明显的标记，记清导线点编号，以免混淆。在进行复测时，可及时地进行校对，复测无误后才能作为控制点使用。如果在复测过程中有个别导线点发生位移，应对其进行重新评测。同时在 BIM 模型中也要做好控制点的记录，出施工图纸时要尽可能运用方便现场测量的控制点作为图纸中的轴线，以便施工时使用。

（2）建立 BIM 模型。BIM 技术在装饰测量施工前要做好模型建模和控制点、控制面的模拟，在模型中针对土建专业和除装饰外其他专业都进行空间体量的预设，再通过虚拟模拟装饰完成面放样，出装饰面布置图；对装饰龙骨、装饰填充等进行建模，出龙骨布置图，为装饰测量提供设计控制数据。

（3）布置虚拟控制点。对 BIM 模型中虚拟控制点的布置要和施工现场的技术负责人进行沟通，以便保证可操作性。

（4）制定放线实施方案。施工现场要针对 BIM 软件的施工图纸，组织测量放线队伍，将图纸中的数据放样至现场墙面、地面。

（5）检核仪器。要确保做好施工放样工作，除加强测量人员的责任心外，还必须有状态良好的仪器、工具设备。

2）现场实施放线

在建筑装饰装修施工现场放线的实施阶段，项目工程师要做好对各装饰材料控制面的定位放线，针对不同控制项目的空间位置，通过 BIM 模型导出对应的平面、立面图纸，并且深化完成细部的收口。装修现场施工放线控制的项目具体包括以下方面：

（1）现场实施放线。放线由专业的测量人员负责，他们根据设计图纸和相关标准进行操作。

（2）隔墙。隔墙是建筑装饰装修工程平面施工的基础，是满足设计和使用功能的基本要求，所以隔墙或边界墙线的放线定位尤为重要。

（3）吊顶。吊顶是在有限区域内为满足使用空间并达到要求效果而设置的顶部结构，所以在保证设备安装空间的前提下，放线定位必须与安装空间有效结合，才能达到要求的效果。

（4）墙面（立面）饰面层。墙面（立面）装饰是建筑装饰装修工程与土建工程的最大区别，墙面（立面）装饰体现设计师的理念，是设计师对其作品的梦想实现。所以装饰饰面的界面定位和饰面排板放线是装饰墙面施工的前期重要工作之一。

（5）地面。装饰地坪完成面的放线定位主要为保证达到使用功能和装饰效果。

（6）其他。例如，装饰五金、装饰外露设备、电气开关与插座等，都是围绕着需要达到装饰使用功能和装饰效果而设置的。

3）放线成果的检验和核准

为了避免测量放线过程中出错，在平面放线放样过程中要增加检核条件，每一个关键控制点都要通过 BIM 模型中导出的装饰完成数据比对，误差控制在允许范围内。现场已知控制点可放置于相对稳定、不易移动的构筑物上。

施工现场在施工放样后要进行检核。作为最后一个步骤，一般选用闭合法，即闭合测试检测仪器误差是否满足要求。通过 BIM 模型中导出的数据进一步验证施工现场测量定位数据的可靠性。

1.4.4 构件预制加工中的 BIM 应用

对于建筑装饰装修业的预制件加工，管理的基本单位为单个“零件”。传统建造方式中“零件”的概念不是很清晰，但在预制装配式建造方式中，预制的钢架、石材、玻璃等构配件实质就是建筑物被“零件化”了，所以 BIM 技术在建筑装饰装修的预制加工中具有天然的应用优势。

预制装配式装饰构件对工业化、标准化、模块化程度要求较高。BIM 与其结合，可以较容易实现模块化设计及构件的零件库。另外，基于全寿命周期的信息管理可以对其生产运输及施工过程进行合理计划，从而实现构配件的零库存管理。

1.4.4.1 BIM 技术在预制加工中的优势

传统的预制装配式建筑项目建设模式是“设计→工厂制造→现场安装”，相较于“设计→现场施工”模式来说，推广起来仍有困难，从技术和管理层面来看，因为设计、工厂制造、现场安装三个阶段相分离，如果设计成果可能不合理，在安装过程才发现不能用或者不经济，造成变更和浪费，甚至影响质量；BIM 技术的引入可以有效解决以上问题，它将装饰构件的设计方案、制造需求、安装需求集成在 BIM 模型中，在实际建造前统筹考虑设计、制造、安装的各种要求，把实际制造、安装过程中可能出现的问题提前消灭。

1.4.4.2 BIM 技术在预制加工中的应用过程

基于 BIM 技术的装饰构件预制加工工作流程如下：

第一，设计阶段。对构件、配件进行数据和信息的采集，建立装饰构件模型。在建模过程中，将项目主体结构各个零件、部件、主材等信息输入到模型中，并进行统一分类和编码。制定项目制造、运输、安装计划，输入 BIM 模型，同时规范校核，通过三维可视化对设计图纸进行深化设计，进而指导工厂生产加工，实现了部品件的生产工厂化。

第二，生产阶段。根据设计阶段的成果，分析构件的参数以及模数化程度，并进行相应的调整，形成标准化的零件库，另外，通过 BIM 技术对构件进行运输和施工模拟，制定合理的装配计划。

第三，运输阶段。在构件加工完毕后，将 BIM 引入建筑产品的物流运输体系中，根据事先的运输装配计划，合理安排构件的运输和进场安装的时间。

第四，装配阶段。通过 BIM 技术对项目装配过程进行施工模拟，对相关构件之间的连接方式进行模拟，指导施工安装工作的展开。结合 BIM 输出的构件空间信息，进行精确定位，保证质量。

第五，竣工阶段。对前序阶段的信息进行集成整合，总结各个阶段的计划与实际存在误差的原因，分析归纳出现的问题并找出解决方法，从而形成基于产业链的信息数据库，为以后工程项目的开展提供参考。

1.4.5 施工进度管理中的 BIM 应用

在传统建筑装饰装修施工进度管理中，通常是以工程总体进度计划为基础，以甘特图或电子表格的形式将装饰分部分项工程名称及设计、施工起止计划时间反映出来。运用 BIM 技术进行建筑装饰装修施工进度模拟，通过直观真实、动态可视的施工全程模拟和关键环节的施工模拟展示多种施工计划和工艺方案，从而择优选择最合适的方案。“建筑工程通过 BIM 技术的多功能、多方向、多信息的辅助，可以在很大程度上保证工程项目本身的良性发展。”①

利用模型对建筑信息的真实描述特征，进行构件和管件的碰撞检测并优化，对施工机械的布置进行合理规划，在施工前尽早发现设计中存在的矛盾以及施工现场布置的不合理，避免“错、缺、漏、碰”和方案变更，提高施工效率和质量。

施工模拟技术是按照施工计划对项目施工全过程进行计算机模拟，在模拟的过程中会暴露很多问题，如装饰结构设计、安全措施、场地布局等各种不合理问题，这些问题都会影响实际工程进度，早发现早解决，并在模型中做相应的修改，可以达到缩短工期的目的。

1.4.5.1 BIM 技术在施工进度模拟中的实施流程

BIM 的施工进度模拟是基于 4D 环境的，即三维模型（3D）加上时间维度，一般是将传统的施工甘特图中的内容，例如某块区域何时开始建造、持续时间及完成时间等内容设定到相对应的 BIM 三维模型中，使三维模型随着时间轴逐步出现，从而模拟出按时间推移项目逐步建造完成的过程。因为整个模拟过程在 4D 环境中完成，所以 BIM 施工进度模拟包含大量传统施工组织中各类进度表中所不具备的内容。而且基于 BIM 模型生成的施工进度模拟修改十分便利，只要将数据进行修改后再次输出即可，减少工作量的同时也减少了人工操作可能出现的错误。一般而言，建筑装饰装修业的 BIM 施工进度模拟主要包括以下工作流程：

第一，收集数据。这里的数据不仅包括建筑装饰装修 BIM 模型和施工进度计划、施工组织计划等项目信息资料，同样也包含与建筑装饰装修施工相关的土建、机电等专业的 BIM 施工进度计划及其进度模拟文件，并需要确保数据的准确性。

第二，录入数据。将进度计划与三维建筑信息模型进行链接，并设置基于时间的

---

① 赵伟来 . BIM 技术在建筑工程进度管理中的应用研究 [J] . 砖瓦，2023（06）：130.

BIM 模型进度信息，可以手动输入数据，也可以通过 Project 一类的管理软件直接导入数据，最终生成与时间关联的施工进度管理模型。

第三，分析及优化。在施工前对施工进度进行预估，从而调整优化施工组织计划，施工中反复对比施工进度计划与实际施工进度，根据实际情况不断调整优化施工进度、施工组织和施工方案。这个过程将贯穿从施工准备阶段到竣工阶段的全部过程。

第四，生成成果。施工进度模拟的成果一般由两部分组成：①视频动画、VR、AR 等形式的图像内容；②各类数据表单及文字的书面报告。

1.4.5.2　BIM 技术模拟施工进度的要点

第一，越早进行施工进度模拟，收益越高。BIM 施工进度模拟贯穿整个施工过程，尤其是其对资源调配效率提高的帮助，对整个工程影响巨大，对项目资源使用的预估也比传统管理方式效率和精度更高，所以应尽早进行整体及各分部分项工程的施工方案模拟。

第二，准确的模拟结果需要准确的 BIM 模型。BIM 施工进度模拟的价值取决于它实行的时间和结果的准确性，而结果的准确性则取决于 BIM 模型及其录入信息的准确性。所以，在进行施工进度模拟前，要确保 BIM 模型的准确完整，每个阶段需要对 BIM 模型及其附带的信息及时更新调整，否则模拟结果就没有实际参考价值。

第三，施工进度模拟需多方协同。因为施工进度模拟能够提高施工方及业主对整个项目施工进度的掌控力，所以施工方案模拟的受益方包括业主、代业主、总包与专业分包，当然在实施过程中需要的数据也需要由多方提供。因此，施工进度模拟的实施需多方协作，缺少任何专业的进度模拟的实效都会大打折扣。

1.4.6　施工物料管理中的 BIM 应用

1.4.6.1　BIM 技术应用于装饰物料管理的优势

物料管理，起源于飞机制造行业，是指从企业整体角度出发，依照适时、适量、适价、适地原则对物料进行管理。施工企业的物料管理是指从施工企业整体角度出发，根据合同需求和施工进度对物料进行管理。

目前，施工行业的成本管控缺乏一定的有效性，尤其对于装饰建筑物料缺乏系统性管理方法。一栋建筑必要的物质基础是由建筑物料提供的，建筑物料是建筑成本中重要的组成部分之一。从房屋建筑装饰装修专业建造成本数据来看，建筑装饰装修物料成本占工程造价的 70%左右，物料库存会对流动资金产生很大影响。物料管理是施工项目成本管理的重要组成部分，利用 BIM 技术可以对建筑物料进行系统的管理，优化物料采购、运输、库存管理，从而避免浪费，节约施工成本。

BIM 技术是建筑的数字化应用，是整个建筑寿命周期数据的集成，通过数据仿真模拟建筑物的所有真实信息，为设计、建造、运维、管理等提供帮助，并为利益相关各方协同作业提供支持。BIM 价值存在于在建筑全寿命周期中，它利用数字建模软件（虚拟现实），建立三维模型并录入时间、物料管理等信息，以此为平台提供信息对接与共享，从而对全过程建筑物料进行科学有效的管理等信息。信息技术的发展为物料管理水平的进一步提高提供了有利条件，并且 BIM 技术的推进，为施工企业物料管理进行科学系统管理成为可能。

1.4.6.2 BIM 技术应用于装饰物料管理的阶段

1）采购阶段

对于一般建筑装饰装修工程项目而言，除甲供材料以外的其他物料都由施工方自行采购，以往造价人员依据施工图计算的工程量确定采购量，但这种情况下数据的准确性取决于造价人员的业务水平，偏差较大。虽然目前市面上也存在很多造价软件帮助计算，但大部分对于复杂构件还是要采取手工计算或近似计算，这降低了准确性。同时在施工过程中也会产生很多变更处理，对此要求及时更新工程量信息。

BIM 技术改变了二维图信息割裂的问题，虚拟的建筑信息模型能多方联动。当发生一处变更时，及时对三维模型进行修改，视图、明细表等都会相应发生改变。此外，根据 BIM 模型可直接计算生成工程量清单，既缩短了工程量计算时间，又能将误差控制在较小范围之内且不受工程变更的影响，采购部门依据实时的工程量清单制定相应的采购计划，实现按时按需采购。基于 BIM 技术的物料采购计划，既避免了在不清楚需求计划情况下的采购过量、增加物料库存成本和保管成本，又避免了物料占用资金导致资金链断裂或物料不按时到位对项目产生的影响。

2）运输阶段

从物料出库到入库的运输阶段，可以将 BIM、GIS、RFID 结合应用，优化运输入境、实时跟踪检测等，通过新技术的整合，实现产品运输跟踪、零库存、即时发货，改善运输过程物料管理。随着物联网技术的发展，可以针对企业具体情况制定专用交互界面支撑整个物流运转系统，实现资产和库存的跟踪。

3）施工阶段

建筑业与传统制造业相比，主要是对原材料、半成品进行存储，项目在进行施工现场平面布置时，需要进行统筹规划，如果物料堆场规划不当，很可能造成物料的损耗以及二次搬运。在传统条件下，为了保证项目的正常进行，建筑物料的提前采购不可避免，同时物料库存的资金损失也不可避免，这已成为施工方面临的两大难题。

随着 BIM 相关软件日渐开发成熟，可以借助施工场地布置融入 GIS 地理数据对建筑施工现场进行虚拟再现模拟，合理规划物料进出场、各类物料堆场、设备位置，统一进行人员调配模拟。通过虚拟场地再现，科学规划有限的施工现场空间，满足施工需求，减少二次搬运造成的成本增加。合理安排物料管理人员，责任划分落实到个人，利用二维码或 RFID 技术，录入出入库信息、物料信息、责任人信息，在一定程度上规范现场物料管理。

1.4.7 质量与安全管理中的 BIM 应用

1.4.7.1 质量管理中的 BIM 应用

1）BIM 技术应用于装饰质量管理的方面

建筑装修工程质量问题历来就受到人们的关注，影响着项目使用者的人身财产安全。随着科学技术的进步以及工程工具和装饰材料的不断创新，许多工程中的质量通病都得到了解决，但是，也伴随着新的问题出现。BIM 技术在建筑装饰装修工程质量管理中的应用可以对现存质量问题进行针对性解决，达到提高工程质量管理效率的目的。“将 BIM 技术应用到建筑领域，不但能实现工程项目的集成化管理，有效压缩施工时间，提升施工质量，减小施工风险，还有助于全面促进国内建筑业可持续发展。”①

（1）设计图质量管理。BIM 技术可以将设计方案直观地展示出来，因此在装饰设计时，利用 BIM 进行方案探讨，将建筑造型、空间布置、材料选择等全部利用 BIM 技术进行三维展示，更有利于设计工作的开展，同时也可以给业主直观的感受，使业主对项目整体的完成效果有一个深入的理解。

（2）深化图质量管理。普通建筑装饰装修项目中 BIM 优势并不明显，但在复杂建筑装饰装修项目中，由于材料众多、构件样式新颖、结构复杂、多曲面等因素，仅仅依靠二维的模式生成的深化图难以起到完全正确指导施工的作用，但使用 BIM 技术却可以解决这一问题。由于所有装饰构件已经全部在模型中“预安装”完成，因此使用 BIM 模型直接导出的深化图对施工具有更强的指导意义。

（3）产品质量管理。在一些特殊造型装饰构件的生产中，也可以与 BIM 技术相结合，将 BIM 模型进行格式转换，成为可以供三维打印机或雕刻机等先进数控设备读取的模型文件，直接打印生产出装饰产品。这种方式相比于传统的翻模法，虽然在经济上几乎持平，却可以节省大量的加工时间，大大缩短工期。同时，传统的翻模法是人工进行的，误差较大，也很难批量复制，但使用 BIM 技术却可以避免这些问题，使装饰产品质量更高。

（4）运维质量管理。信息量丰富是 BIM 模型的一个重要的特点，在项目运维时，成千上万的装饰构件会给管理者带来管理问题，因为它们来自不同的厂家，使用不同的材料，应用不同的安装方式，本身有着不同的规格要求，作为管理人员无法将这些信息全部记住，文本档案查阅亦十分困难。但只要将竣工模型接入主流管理平台，在工程维护时只需点选相应构件，即可直接查到所有需要的信息，为运维管理单位提高管理质量提供极大的便利。

（5）技术质量管理。施工技术的质量是保证整个建筑产品合格的基础，工艺流程的标准化是企业施工能力的表现，尤其当面对新工艺、新材料、新技术时，正确的施工顺序和工法、合理采用的施工用料将对施工质量起决定性的影响。BIM 的标准化模型为技术标准的建立提供了平台。通过 BIM 的软件平台动态模拟施工技术流程，由各方专业工程师合作建立标准化工艺流程，通过讨论及精确计算，保证专项施工技术在实施过程中细节上的可靠性；再由施工人员按照仿真施工流程施工，确保施工技术信息的传递不会出现偏差，避免实际做法和计划做法不一样的情况出现，减少不可预见情况的发生。

同时，可以通过 BIM 模型与其他先进技术和工具相结合的方式，如激光测绘技术、RFID 射频识别技术、智能手机传输技术、数码摄像探头技术、增强现实技术等，对现场施工作业进行追踪、记录、分析，能够第一时间掌握现场的施工情况，及时发现潜在

① 叶黄嘉 . BIM 技术在建筑工程施工质量管理中的实践研究 [J] . 江西建材，2023 (02)：293.

的不确定性因素，避免不良后果的出现，监控施工质量。

2）BIM 技术应用于装饰质量管理的优势

应用 BIM 的虚拟施工技术，可以模拟工程项目的施工过程，对工程项目的建造过程在计算机环境中进行预演，包括施工现场的环境、总平面布置、施工工艺、进度计划、材料周转等情况，这些都可以在模拟环境中得到演示，从而找出施工过程中可能存在的质量风险因素，或者某项工作的质量控制重点。对可能出现的问题进行分析，从技术上、组织上、管理上等方面提出整改意见，反馈到模型当中进行虚拟过程的修改，从而再次进行预演。反复几次，工程项目管理过程中的质量问题就能得到有效规避。用这样的方式进行工程项目质量的事前控制比传统的事前控制方法有着明显的优势，项目管理者可以依靠 BIM 的平台做出更充分、更准确的预测，从而提高事前控制的效率。

对于事后控制，BIM 能做的是对于已经实际发生的质量问题，在 BIM 模型中标注出发生质量问题的部位或者工序，从而分析原因，采取补救措施，并且收集每次发生质量问题的相关资料，积累对相似问题的预判经验和处理经验，为以后做到更好的事前控制提供基础和依据。BIM 技术的引入能发挥工程质量系统控制的作用，使得这种工程质量的管理办法能够更尽其责，更有效地为工程项目的质量管理服务。

3）BIM 技术应用于装饰质量管理的方式

影响工程项目质量的 5 种因素：人工、机械、材料、方法、环境。通过运用 BIM 技术对此 5 种因素进行有效的控制，能很大程度上保证工程项目建设的质量。

（1）人工控制。这里的人工主要指管理者和操作者。BIM 的应用可以提高管理者的工作效率，从而保证管理者对工程项目质量的把握。BIM 技术引入了富含建筑信息的 BIM 模型，让管理者对所要管理的项目有一个提前的认识和判断，根据自己以往的管理经验，对质量管理中可能出现的问题进行罗列，判断今后工作的难点和重点，做到心中有数，减少不确定因素对工程项目质量管理产生的影响。操作者的工作效果对工程质量管理起着至关重要的作用，对质量管理产生直接的影响。BIM 技术的介入，可以对工人的操作任务进行预演，让他们清楚准确地了解到自己的工作内容，明白自己工作中的质量要点如何控制，在实际操作中多加注意，避免因主观因素产生质量问题。

（2）机械控制。应用 BIM 技术后可以模拟施工机械的现场布置，对不同的施工机械组合方案进行调试，例如，塔式起重机的个数和位置，现场混凝土搅拌装置的位置、规格，施工车辆的运行路线等。用节约、高效的原则对施工机械的布置方案进行调整，寻找适合项目特征、工艺设计以及现场环境的施工机械布置方案。

（3）材料控制。工程项目所使用的材料是工程产品的直接原料，所以工程材料的质量对工程项目的最终质量有着直接的影响，材料管理也对工程项目的质量管理有着直接的影响。BIM 技术的 5D 应用可以根据工程项目的进度计划，并结合项目的实体模型生成一个实时的材料供应计划，确定某一时间段所需要的材料类型和材料量，使工程项目的材料供应合理、有效、可行。历史项目的材料使用情况对当前项目使用材料的选择有着重要的借鉴作用。收集整理历史项目的材料使用资料，评价各家供应商产品的优劣，可以为当前项目的材料使用提供指导。BIM 技术的引入使我们可以对每一项工程使用过的材料添加上供应商的信息，并且对该材料进行评级，最后在材料列表中归类整理，以便为日后相似项目的借鉴应用。

（4）方法控制。应用 BIM 技术后可以在模拟的环境下，对不同的施工方法进行预演示，结合各种方法的优缺点以及本项目的施工条件，选择符合本项目施工特点的工艺方法。也可以对已选择的施工方法进行模拟项目环境下的验证，使各个工作的施工方法与项目的实际情况相匹配，从而做到对工程质量的保证。

（5）环境控制。应用 BIM 技术，我们可以将工程项目的模型放入模拟现实的环境中，应用一定的地理、气象知识分析当前环境可能对工程项目产生的影响，提前进行预防、排除和解决。在丰富的三维模型中，这些影响因素能够立体直观地体现出来，有利于项目管理者发现问题，并解决问题。

1.4.7.2 安全管理中的 BIM 应用

在施工过程中传统的方式已经无法准确完整的报告实时的建设状况，所以有必要有一个更加高效、高科技的安全集成管理办法对施工项目进行全面的、系统的、现代化的管理，减少事故的发生，这就是以 BIM 作为核心的安全管理模式。

基于 BIM 的建筑信息模型可以建造可视化的技术，为建设信息化提供基础，让管理决策更加信息化、自动化、科学化、标准化，在带动建筑工程施工效率提升的同时，也大大降低施工安全隐患。

BIM 技术应用在计算机中的虚拟模拟，其过程本身不消耗施工资源，却可以根据可视化效果看到并了解施工的过程和结果，可以较大程度降低返工所带来的安全风险，增强管理人员对安全施工过程的控制能力。BIM 技术在安全生产施工中的应用有以下四点：

1）优化装饰施工的临时设施

装饰施工临时设施是为工程建设服务的，它的布置将影响到施工的安全、质量和生产效率。三维模型虚拟临时设施对装饰施工单位是相当有用的，可以实现对临时设施（如脚手架、起重机等）的布置及运用，还可以帮助装饰施工单位事先准确地估算所需要的资源，评估临时设施的安全性以及发现可能存在的设计错误，还可以根据所做的施工方案，将安全生产过程分解为维护和周转材料等建造构建模型，将它们的尺寸、质量、连接方式、布置形式直接以建模的形式表达出来，方便选择施工设备及机具，确定施工方法和配备人员；通过建模，可以帮助施工人员事先有一个直观的认识，再研究如何施工和安装。

2）优化施工的场地

应用 BIM 技术重点研究并解决施工现场整体规划、现场进场位置、材料区的位置、起重机械的位置及危险区域等问题，确保建筑构件在起重机械安全有效范围内作业；利用三维建模，可模拟施工过程，构件吊装路径、车辆进出现场状况、装货卸货情况等。

施工现场虚拟三维模型可以直观、便利地协助管理者分析现场的限制，找出潜在的问题，制定可行的施工方法；有利于提高效率、减少传统施工现场布置方法中可能存在的漏洞，及早发现施工图设计和施工方案的问题，提高施工现场的生产率和安全性。在平面布置图中，塔式起重机布置是施工总平面图中比较重要的一项，塔式起重机布置是否合理会直接影响施工进度和施工安全。塔式起重机布置主要考虑覆盖范围、安装条件以及拆除。

在布置的过程中，施工单位一般对前两项都做得比较出色，而往往会忽视掉拆除一项。因为塔式起重机是可以自行一节一节升高的，上升过程中没有建筑物对其约束，而拆除则不一样，存在悬臂约束、配重约束、道路约束等一些想不到的因素。在这些因素中，有的建设项目可能没有考虑周全，也有整体布置没有更形象的空间比较的因素。

通过 BIM 场地布置模型，将塔式起重机按照整个建筑的空间关系来进行布置和论证，然后链接其他模型，如施工道路、临时加工场地、原材料堆放场地、临时办公设施、饮水点、厕所、临时供电供水设施及线路等，会极大地提高布置的合理性。

3）进行虚拟施工

BIM 技术可对整个施工过程中的安全管理进行可视化管理，达到全真模拟。通过这样的方法，可以使项目管理人员在施工前就可以清楚下一步要施工的内容以及明白自己的工作职能，确保在安全管理过程中能有序地管理，按照施工方案进行有组织的管理，能够了解现场的资源使用情况，把控现场的安全管理环境，大大增加过程管理的可预见性，也能够促进施工过程中的有效沟通，有效地评估施工方法，发现问题、解决问题。

4）基于 VR 的安全教育

（1）防坠落安全体验场景设计。施工安全体验是目前 VR 在工程领域应用最为广泛的领域。各类安全体验事故状态均能在 VR 场景中还原，从而达到教育培训的效果。高处坠落体验主要表现临边及洞口无防护造成坠落的体验场景。若体验者的移动范围超过相应位置的边缘，则会触发坠落体验，以重力加速度下落到基坑底部施工区域。

（2）消防灭火安全体验场景设计。体验者进入到材料堆码区，体验场景在模板加工棚及旁边的模板堆放区。加工棚旁边配置有标准施工配电箱、干粉灭火器、消防水带及消防水枪等设备及相应的储存箱。通过 VR 模拟着火后，交互体验现场如何灭火。现场火势根据剧烈程度，有大火燃烧和灭火器喷发的声音特效。若干粉灭火器的干粉耗尽，火势还是没有控制住，则火势蔓延，提示灭火失败；也可在场景中通过 VR 手柄的控制和物体的交互，逃离现场。

（3）临时用电安全场景设计。场景布置在施工加工区域及周边，主要展示施工现场临时用电三级配电系统的流程以及触电安全事故等，参照标准以及施工现场规范的接电做法建模。在 VR 场景中通过动态交互的方式演示并还原其规范的做法以及触电反馈等。

1.4.8 工程成本管理中的 BIM 应用

工程成本管理采用 BIM 技术，利用同一 BIM 模型，可以将工程数量、定额、成本、价格等工程信息和业务信息集于一体，提高工程量计算的准确性和工作效率，提高工程造价的分析能力和控制能力。随着 BIM 技术的不断推广，它在造价管理上的应用也越来越广泛，将逐渐从工程量的快速准确计算发展到全寿命工程造价的精细化管理。

第一，设计阶段的造价概算。在设计阶段，优化设计方案可以有效地控制工程造价。设计人员往往在图纸设计中投入大量精力却不重视统计和计算工程数量，另外对工程量计算规则和定额不熟悉，导致提供的工程数量和套用的定额存在误差遗漏等现象，最终给编制概预算和控制工程造价带来一定影响。BIM 算量专业软件能快速分析工程量，大大减少了依据设计图纸识别构件信息的工作量以及由此引起的错误。它还能通过关联历史数据来分析造价指标、快速计算设计概算，且大幅度提高了设计概算的精度。

第二，BIM 模型成本核算。BIM 模型的算量方式精准可控，很少出现少算、漏算等情况，但装饰面层的造型多样、复杂，算量工作难度较大，目前也没有很好的软件解决方案。在概算阶段，运用 BIM 模型就可以初步估算项目体量，运用单位面积/体积的概算经验值，估算出项目费用。在预算阶段，随着模型精度的深化，可以很好地辅助预算。由于精装修项目涉及材料种类和工艺繁杂，但借助 BIM 可以很方便地准确计算工程量，再结合其他预算软件也可以很高效地做好预算。在决算阶段，项目实施过程中不可避免会产生设计方案和工程实施方案的变更，在更改 BIM 模型的同时也一并记录和修改了模型中相关数据。最后生成的明细表能很好地辅助决算。针对不同 BIM 应用的项目研发出全模型算量、局部模型算量等弥补传统算量的不足。

第三，领料与进度款支付管理。通过 BIM 模型计算出来的工程量，按照企业定额或者行业规定统一定额的施工预算，编制整个装饰项目的施工预算，让指导和管理施工有据可依。在 BIM 软件中进行物料分类及管理，通过采用 BIM 模型中系统分类及构件类型等要素来模拟，为任务单及领料提供数据支撑。对施工班组领料进行限额及管控，减少施工物料的浪费，“拿多少用多少”，及时做好清单统计，通过 BIM 模拟，并向施工班组进行施工交底，交代班组任务单。

施工班组对实时完成的工作量，消耗人工及材料应该做好原始统计，作为领料的依据。传统结算工作方式烦琐且周期长，基于 BIM 技术能够快速、准确统计出相应的工作量，减少预算的时间，能够对完成工程量有效统计及拆分，也为工程进度款结算工作提供了有效的数据支撑。

理解练习

扫码查看答案解析

1. 单选题

（1）建筑装饰装修工程相比其他专业工程，设计变更频繁的原因是什么？

A. 材料无法满足施工要求

B. 施工工艺达不到要求

C. 业主不能理解设计师的设计意图

D. BIM 三维效果无法真实模拟建造完成效果

（2）为了减少设计变更，建筑装饰装修施工单位采用 BIM 技术主要是为了什么？

A. 呈现设计意图，表达设计效果　　B. 实现施工的真实模拟效果

C. 形成深化模型，提供有效数据　　D. 确保施工图设计质量

（3）在施工现场放样过程中，为了避免出错现象，应增加哪些检核条件？

A. 关键控制点数据比对误差控制　　B. 施工现场测量定位数据验证

C. 选择相对稳定构筑物放置控制点　　D. 闭合测试仪器误差检测

(4) 施工现场在放样后进行检核时，一般选用什么方法来检测仪器误差是否满足要求？

A. 闭合法　　B. 比较法

C. 均差法　　D. 报警法

(5) BIM 技术在施工进度管理中的应用主要体现在哪些方面？

A. 施工机械的布置合理规划　　B. 管件和构件的碰撞检测与优化

C. 高效的施工计划模拟　　D. 场地布局的合理性分析

(6) BIM 技术如何优化装饰物料管理？

A. 减少流动资金　　B. 提高装饰建筑物料的质量

C. 提高装饰建筑物料的可追溯性　　D. 减少物料采购时间

2. 多选题

(1) 传统建筑装饰装修项目管理中采用文字描述和口头讲授的方式进行的技术交底存在的问题是什么？

A. 不同管理人员对同一道工序有着不同的理解

B. 口头传授方式五花八门

C. 施工班组难以理解新工艺及复杂工艺

D. 传统方式难以满足项目管理需求

(2) BIM 技术在装饰测量放线中的工作内容主要包括以下哪些？

A. 现场测量和校对　　B. 建立 BIM 模型和制定放线实施方案

C. 布置虚拟控制点和检核仪器　　D. 隔墙和吊顶的放线定位

(3) 在装饰测量放线的现场实施阶段，需要进行哪些工作？

A. 现场实施放线　　B. 隔墙的放线定位

C. 墙面饰面层的放线定位　　D. 地面的放线定位

(4) BIM 技术在装饰测量放线中，为什么需要建立 BIM 模型？

A. 用于进行装饰面放样和布置图的设计控制数据提供

B. 用于进行装饰龙骨和填充的建模

C. 作为施工现场测量的控制点和轴线

D. 用于虚拟模拟装饰完成面放样

(5) BIM 技术在施工进度模拟中的实施流程一般包括哪些工作流程？

A. 数据收集　　B. 数据录入

C. 数据分析及优化　　D. 生成成果

3. 思考题

(1) 为什么需要将建筑数据转化为图形图像进行可视化交底？

(2) 什么是装饰施工放线及其作用？BIM 技术在装饰施工测量放线中有哪些优势？

(3) BIM 技术在建筑装饰装修业的预制加工中的应用有哪些优势？

(4) BIM 技术在预制加工中的应用过程主要包括哪些阶段？

任务工单

任务 1.4　建筑装饰工程施工过程阶段 BIM 应用目标点设定		
施工过程阶段 BIM 应用可视化应用清单		
工作组名称		
成员及分工		
完成时间		
章节名称	配图内容	实现方法
工程概况	以 BIM 模型图片的方式展示建筑、结构、钢结构等设计概况及工程周边环境概况等	（采用 Revit、Tekla、Rhino 等自行建模，采用 Revit、Navisworks、Fuzor、Lumion 等进行渲染出图。或采用 3Dmax 建模并渲染出图。）
工程重难点分析及对策	利用 BIM 模型图片进行进一步的阐述及说明，使分析更加合理、准确	（通过 BIM 技术绘制重难点涉及的相关节点图、工况图、环境图等。）
施工总体部署及施工准备及施工进度	应用 BIM 模型配图阐述施工部署思路	（通过 BIM 技术绘制施工分区分段图、各阶段典型工况图，重要施工节点工况图等。）
主要分项工程施工方案	对传统施工方案，应用 BIM 模型图片辅助阐述复杂节点、工艺及专业间配合	（通过 BIM 技术绘制各方案相关配图、效果图、工艺流程图、工序穿插图等。）
施工现场总平面布置	利用 BIM 配图阐述现场平面布置思路	（通过 BIM 技术绘制各阶段平面布置图，表现主要运输路线、主要机械设备、主要材料加工、堆放区域等信息。）
质量、安全管理相关章节	利用 BIM 配图阐述质量、安全管理要求的标准做法	（通过 BIM 技术绘制质量、安全管理中标准的质量节点构造、安全防护措施图片，用于指导现场实施。）

任务 1.4 建筑装饰工程施工过程阶段 BIM 应用目标点设定

任务工单二维码

任务 1.5 建筑装饰工程竣工与运维阶段 BIM 应用目标点设定

任务描述

了解 BIM 技术在竣工和运维阶段的应用，包括在竣工阶段，BIM 可以用于施工过程模型的建立以及基于 BIM 技术的竣工结算方式，可以更加快速地进行查漏，核对工程施工数量和施工单价等信息，能提高竣工结算审核的准确性与效率，可以较好地解决结算的通病，提高造价管理水平，提升造价管理效率；在运维阶段，BIM 可以用于建筑物运营维护管理，通过运维平台管理系统形成一套内容丰富、体系完整的运维管理信息系统，发挥 BIM 对于业主方最大效益的运维应用。理解如何运用 BIM 技术，实现业主和物业基于 BIM 运维模型和运维管理系统对机电专业的维修、装饰专业的维修进行统一的井然有序的操作管理，及时发现和处理问题，能对突发事件进行快速应变和处理，准确掌握建筑物的运营情况，从而减少不必要的损失。

知识准备

1.5.1 竣工交付中的 BIM 应用

工程竣工交付，是按要求提交工程资料的过程。工程过程资料及竣工资料涵盖了工程从立项、开工到竣工备案所有内容，包含立项审批、设计勘察、招投标、合同管理、监理管理、施工技术、施工现场、施工物资、施工试验、竣工验收、竣工备案等。主要工作内容是将工程所有资料按要求整理、通过审核并提交。

基于 BIM 的工程管理注重工程信息的及时性、准确性、完整性、集成性，项目的各参与方需根据施工现场的实际情况实时反映到施工过程模型中，以保证模型与工程实体的一致性，并对自己输入的数据进行检查并负责，进而形成 BIM 竣工模型。基于 BIM 的竣工验收，所有验收资料以数据的形式存储并关联到模型中，记录施工全过程的信息，并根据交付规定对工程信息进行过滤筛选，不包含冗余的信息，以满足电子化交付及运营基本要求。竣工交付模型能够实现包括隐蔽工程资料在内的竣工信息集成，不仅为后续的物业管理带来便利，并且可以在未来进行的翻新、改造、扩建过程中为业主及项目团队提供有效的历史信息。

1.5.1.1 竣工交付建模内容

竣工交付阶段，要有完善的施工过程模型，在此基础上录入竣工需要的信息形成竣工交付模型。BIM 竣工模型，是真实反映建筑专业动态及使用信息，是工程施工阶段的最终反映记录，是运维阶段使用重要的参考和依据。本阶段竣工交付模型对模型细度要求较高。需要注意的是，由于当前规范规定竣工图纸的深度要求并不高，竣工交付时的二维图纸可以有两种方式：一种是依据装饰工程的竣工图纸交付要求，在施工图设计模型的基础上添加设计变更信息，形成竣工交付图纸；另一种是从竣工交付模型中输出竣工交付图纸。

工程验收及竣工交付工作流程为：隐蔽工程验收→检验批验收→分项工程验收→分部（子分部）工程验收→单位（子单位）工程验收→竣工备案→工程交付使用→竣工资料（包括竣工图）交付存档。可以看出，竣工信息录入工作从施工过程中就开始了。进入到竣工阶段时，将竣工验收信息添加到施工过程模型，并根据项目实际情况进行修正，以保证模型与工程实体的一致性，进而形成BIM竣工模型。竣工模型信息量大，覆盖专业全，涉及信息面广，形成一个庞大的BIM数据库。

装饰竣工交付模型应准确表达装饰构件的外表几何信息、材质信息、厂家制造信息以及施工安装信息等，保证竣工交付模型与工程实体情况的一致性。同时，须完善设备构件生产厂家、出厂日期、到场日期、验收人、保修期、经销商联系人电话等。对于不能指导施工、对运营无指导意义的内容，不宜过度建模。在工程项目整合完成，项目竣工验收时，将竣工验收信息添加到施工作业模型，并根据项目实际情况进行修正，形成竣工模型，以满足交付及运营要求。

1.5.1.2 竣工图纸生成

项目竣工后，需要整合反映所有变更的各专业模型并审查完成，根据施工图结合整合模型，生成验收竣工图。理论上，基于唯一的BIM模型数据源，任何对工程设计的实质性修改都反映在BIM模型中，软件可以依据3D模型的修改信息，自动更新所有与该修改相关的2D图纸，由3D模型到2D图纸的自动更新将为设计人员节省大量图纸修改的时间。因此，实际上竣工图纸是在施工过程中一步一步完善到最后竣工时形成的。

生成竣工图纸包括以下步骤：

第一，资料收集：收集设计阶段装饰模型、其他专业模型、装饰施工图设计相关规范文件、业主要求等相关资料，并确保资料的准确性。

第二，创建深化设计模型：在装饰设计模型的基础上，创建深化装饰模型，使其达到装饰深化设计模型深度，并且采用漫游及模型剖切的方式对模型进行校审核查，保证模型的准确性。

第三，传递模型信息：把装饰专业深化设计模型与建筑、结构、机电专业深化设计模型整合起来，协调、检查碰撞和净高优化等，并根据其他专业提资条件修改调整模型。

第四，设计变更：根据变更申请建立变更模型，同时与涉及变更的其他专业整合变更模型，审批确认后，各专业将变更模型整合到深化设计模型，形成施工过程模型。

第五，竣工模型生成：将集中了施工过程所有变更的施工过程模型，添加与运行维护相关的信息，进行全面整合，修改有问题的内容，并通过专业校审，最终形成可以交付的竣工模型。

第六，图纸输出：在最终的装饰竣工模型上创建剖面图、平面图、立面图等，添加二维图纸尺寸标注和标识使其达到施工图设计深度，并导出竣工图。

第七，核查模型和图纸：再次检查确保模型、图纸的准确性以及一致性。

第八，归档移交：将装饰专业模型（阶段成果）、装饰竣工模型、装饰竣工图纸保存归档移交。

1.5.1.3 辅助工程结算

工程竣工结算是指施工企业按照合同规定的内容全部完成所承包的工程，经验收质量合格，并符合合同要求之后，向发包单位进行的最终工程价款结算。它分为单位工程、单项工程结算和建设项目竣工总结算。但竣工结算作为一种事后控制，更多是对已有的竣工结算资料、已竣工验收工程实体等事实结果在价格上的客观体现。在过去，传统的工程资料信息交流方式，人为重复工作量大，效率低下，信息流失严重。结算准确率不高、比对困难、过程漫长，是工程结算的通病。

通过完整的、有数据支撑的、各方都可以利用的可视化竣工 BIM 模型与现场实际建成的建筑进行对比，建立基于 BIM 技术的竣工结算方式，可以更加快速地进行查漏，核对工程施工数量和施工单价等信息，能提高竣工结算审核的准确性与效率，可以较好地解决结算的通病，提高造价管理水平，提升造价管理效率。

结算阶段，核对工程量是最主要、最核心和最敏感的工作，其主要工程数量核对形式依据先后分为分区核对、分项核对、整合查漏、数据核对四个步骤，其中整合查漏主要是检查核对设计变更以及其他专业影响等引起的造价变化。从竣工结算的重点环节来看，工程资料的储存、分享方式对竣工结算的质量有着极大影响。

基于 BIM 三维模型，同时将工期、价格、合同、变更签证信息储存于 BIM 数据库中，可供工程参与方在项目生命期内及时调用共享，可准确、可靠地获得相关工程资料信息。在竣工结算中对结算资料的整理环节中，审查人员同样可直接访问 BIM 数据库，调取全部相关工程资料。因此，工程实施过程中的有效数据积累，可以缩短结算审查前期准备工作时间，提高了结算工程的效率及质量。

1.5.2 运维中的 BIM 应用

建筑物的运营维护一般指对建筑物整体能够正常运行的维护管理工作。运营维护包含结构构件与装饰装修材料维护、给水排水设施运行维护、供暖通风与空调设施运行维护、电气设施运行维护、智能化设施运行维护、消防设施运行维护、环境卫生与园林绿化维护等任务，要求所有资产设施能被正常有序利用。机电设备设施通常包括监控、通信、通风、照明和电梯等系统，任何设备发生故障都可能影响建筑的正常使用，甚至引发安全事故，所以保证机电设备正常运转是运维工作中极为重要的。对装饰专业，其运维的工作目标是保证建筑项目的功能、性能满足正常使用或最大效益的使用。在过去，装饰专业的运维工作除了装饰改造工程，主要是维修和修缮，一般管理粗放，浪费严重。

装饰运维阶段的 BIM 应用是基于 BIM 信息集成系统平台，整个工程的 BIM 竣工模型包含设备设施参数、模型信息、非几何信息等，同时结合管理运维平台形成一套内容丰富、体系完整的运维管理信息系统，发挥 BIM 对于业主方最大效益的运维应用。运用 BIM 技术，业主和物业可以基于 BIM 运维模型和运维管理系统对机电专业的维修、装饰专业的维修进行统一的井然有序的操作管理，及时发现和处理问题，能对突发事件进行快速应变和处理，准确掌握建筑物的运营情况，从而减少不必要的损失。

1.5.2.1 运维 BIM 建模内容

运维 BIM 模型是在竣工模型基础上，在计算机中建立的一个综合专业的虚拟建筑物，同时通过运维平台管理系统形成一个完整、逻辑能力强大的建筑运维信息库。运维管理系统当前更多的产品是针对机电专业，少量装饰设施维修。运维 BIM 建模主要内容是根据业主需求进行运维模型的转换、维护和管理、添加运行维护信息等，根据使用功能与运维模块不同，建模内容有所不同。该运维信息库所具有的真实信息，不仅只是几何形状描述的视觉信息，还包含大量的非几何信息，如材料的强度、性能、传热系数、构件的造价、采购信息等，其运维信息包括运维数据录入与运维数据存储管理。

1.5.2.2 日常运行维护管理

运维模型创建应不能局限为一个虚拟建筑物的表现，而应该具备相应的运维功能。如：运维计划、资产管理、空间管理、建筑系统分析、灾害应急模拟等。

运维计划是因建筑结构、设备、设施需要得到维护才能正常使用而制定的计划。好的维护计划将提高建筑物性能，降低能耗和修理费用，进而降低总体维护成本。

运维管理是由专业机构提供保洁、维修、安全保卫、环境美化等一系列运维活动的服务。内容有：

①资产管理：包括日常管理、资产盘点、折旧管理、报表管理、保洁管理等。②空间管理：是运维阶段为节约空间成本、有效利用空间、为最终用户提供良好工作生活环境而对建筑空间所做的管理，包括空间规划、空间分配、租售管理、统计分析等。③建筑系统运维分析：是照业主使用需求及设计规定来衡量建筑性能并采取措施提高。④灾害应急模拟：是利用 BIM 及相应灾害分析模拟软件，可以在灾害发生前，模拟灾害发生的过程，分析灾害发生的原因，制定避免灾害发生的措施，以及发生灾害后的人员疏散、救援支持的应急预案。

1.5.2.3 设备设施运维管理

设备设施运维管理是在建筑竣工以后通过继承 BIM 设计、施工阶段所生成的 BIM 竣工模型，利用 BIM 模型优越的可视化 3D 空间展现能力，以 BIM 模型为载体，将一系列信息数据，以及建筑运维阶段所需的各种设备设施参数进行一体化整合，同时，进一步引入建筑的日常设施设备运维管理功能，产生基于 BIM 运行建筑空间与设备运维的管理。内容包括财务管理、用户管理、空间管理、运行管理。

设备设施运维管理是运维管理的重要内容。主要包括：维护人员信息、建筑外设施、建筑环境和建筑设备。运行维护人员信息主要来源于运维过程，包括运行维护人员的培训情况以及运行维护记录。建筑外设施、建筑环境以及建筑设备，信息来源包括移交前数据和新生数据两部分。移交前数据包括建筑设备设施的基本信息，如设备型号、名称、制造商认证，供应商信息等建筑设备设施基本信息。整体建筑的设备设施部署情况，包括建筑室内外以及设备设施位置和设备设施的工作面，运行维护空间等，该建筑的应急安全通道服务信息，还有需要进行维护的知识准备。设施和建筑材料，建筑性能数据，了解建筑维护周期。移交前数据，是建筑工程数据与建筑运维知识库数据的综合。运维阶段数据，主要包括建筑及设备设施的预防性维护，设备设施的故障维修，设备设施替换零件以及新配件信息，设备设施升级时，更新后的新数据，和设备设施故障应急抢修内容等。

1.5.2.4 装饰装修改造运维管理

装饰装修改造运维管理是在运维阶段，根据建筑装饰工程的特点通过运维平台管理系统进行综合，有效并充分发挥建筑装饰功能和性能的运维管理。运维管理内容包括建筑物加固、外立面翻新改造、局部空间功能调整、内部改造装修、安全管理等方面，目的是使建筑更适合当前的使用需求，BIM 技术在本阶段的应用管理，涵盖设计阶段和施工阶段的 BIM 应用范围，也具有本阶段特有的 BIM 应用特征。

装饰装修改造运维管理应用内容：依据基础数据源如运维 BIM 模型、竣工 BIM 模型、现场三维扫描数据、二维图纸等，根据业主的改造计划，制定维修改造实施方案，并依据基础数据创建项目改造实施方案 BIM 模型；利用改造实施方案的 BIM 模型进行方案可实施性讨论；同时对比现场三维扫描数据与改造实施方案 BIM 模型，分析改造实施方案的风险预警、改造实施时间及成本、对比不同施工工序的实施时间及成本，确认最优改造实施方案。在实施方案制定后，进行招投标，并制定 BIM 应用策划方案，按照既有建筑改造工程的 BIM 实施进行一系列的 BIM 应用，最终实现装饰装修运维改造的全过程 BIM 应用。

理解练习

1. 单选题

(1) 竣工交付模型的要求主要包括什么？

A. 只需考虑装饰工程的竣工图纸交付要求

B. 只需从竣工交付模型中输出竣工交付图纸

C. 需要完善施工过程模型，并添加竣工验收信息

D. 只需保证模型与工程实体的一致性

扫码查看答案解析

(2) 竣工交付工作流程中的最后一步是什么？

A. 隐蔽工程验收　　B. 工程交付使用

C. 竣工备案　　D. 竣工资料交付存档

(3) 装饰竣工交付模型需要准确表达哪些信息？

A. 只需准确表达装饰构件的外表几何信息

B. 只需准确表达装饰构件的材质信息

C. 只需准确表达装饰构件的厂家制造信息

D. 需要准确表达装饰构件的外表几何信息、材质信息、厂家制造信息以及施工安

装信息

(4) 运维 BIM 模型的主要目的是什么？

A. 在计算机中建立虚拟建筑物

B. 创建一个综合专业的虚拟建筑物

C. 形成一个完整的建筑运维信息库

D. 管理建筑维修和装饰设施

2. 多选题

(1) 以下哪项是生成竣工图纸前必要的步骤？

A. 对施工过程模型进行细节修改

B. 核查模型和图纸的准确性和一致性

C. 交付深化设计模型给相关专业

D. 将竣工图纸保存归档移交

(2) 工程竣工结算是指在施工企业完成承包工程并验收合格后，向发包单位进行的最终工程价款结算。BIM 技术在竣工结算中的应用可以带来哪些优势？

A. 提高竣工结算审核的准确性　　B. 提高竣工结算审核的效率

C. 缩短竣工结算的时限　　D. 减少工程变更的发生

(3) 在竣工结算阶段中，核对工程量是最主要、最核心和最敏感的工作。BIM 技术如何提升核对工程量的准确性和效率？

A. 通过可视化竣工 BIM 模型与实际建成的建筑进行对比，快速核实工程施工数量

B. 将工期、价格、合同、变更签证等信息存储于 BIM 数据库中，方便引用和共享

C. 缩短结算审查前期准备工作时间，提高结算工程的效率与质量

D. 减少了工程变更的可能性，避免了造价的增加

(4) 设备设施运维管理利用 BIM 模型的优势，将一系列信息数据和建筑运维所需设备设施参数进行一体化整合。其内容主要包括以下哪几个方面？

A. 财务管理　　B. 用户管理

C. 环境保护　　D. 设备控制

3. 思考题

(1) 什么是工程竣工交付？

(2) 基于 BIM 的工程管理注重哪些方面的要求？

(3) 基于 BIM 的竣工验收的特点是什么？

任务工单

任务 1.5　建筑装饰工程竣工与运维阶段 BIM 应用目标点设定	
竣工交付中的 BIM 应用清单	
工作组名称	
成员及分工	
完成时间	
竣工交付内容	基于 BIM 的竣工验收内容
立项审批	
设计勘察	
招投标	
合同管理	
监理管理	
施工技术	
施工现场	
施工物资	
施工试验	
竣工验收	
竣工备案	

任务 1.5 建筑装饰工程竣工与运维阶段 BIM 应用目标点设定
任务工单二维码

任务 1.6 建筑装饰工程拆除阶段 BIM 应用目标点设定

任务描述

拆除阶段的 BIM 应用可以为拆除工程提供丰富的数据支持，包括工作量统计、拆除方案模拟、安全策划等。理解如何通过建立拆除 BIM 模型，可以准确预测和模拟拆除的影响，优化施工流程，提高施工效率，确保工程的顺利进行；利用 BIM 模型进行拆除模拟可以达到拆除方案的最优化，实现经济、合理性的造价控制目标；拆除工程量统计与拆除物资管理有效达到环保、经济的目的，并明显减少建筑装饰垃圾的产生，降低工程成本，将工程效益提升到最大化。

知识准备

建筑装饰物的拆除比建筑物的整体拆除更为常见。一般情况下，既有建筑改造装饰工程会伴随建筑物的系统改造。对于大型公共建筑物，建筑装饰的使用期在 10～20 年。每个使用期结束，都会对装饰物进行拆除并重新装修。到目前为止，装饰工程中的拆除工程是最不被重视的部分，管理极不科学，浪费极其严重，还常常出现安全问题。

在拆除阶段，基于 BIM 的模型与运维数据可以为拆除工程提供丰富的数据支撑，不但能够查询原始的材料数据和设备明细，能够为拆除施工提供合理的可视化策划手段，还可以将再利用的装饰材料信息公布出来二次销售，做到物尽其用；还能通过安全策划降低事故的发生率，让拆除工程更加合理高效、安全节约。

1.6.1 拆除 BIM 模型的建立

拆除 BIM 模型是在竣工模型和运维模型的基础上建立的综合专业模型，模型具有真实信息，可准确描述装饰物拆除前建筑的整体情况，不仅只是几何形状描述的视觉信息，还包含大量的非几何信息。利用拆除前的模型，建立拆除前和拆除后两阶段，因此，需要对即将拆除的构件模型元素赋予拆除阶段信息。利用拆除模型，有利于拆除施工的工作量统计和拆除方案模拟。

拆除 BIM 模型的建立为拆除工程提供了准确而全面的信息支持。这种模型不仅仅是对建筑的几何形状进行描述，还包含了大量的非几何信息，如材料、构件属性、设备位置等。通过建立拆除前和拆除后两个阶段的模型，我们可以在拆除施工过程中准确地预测和模拟拆除的影响。

首先，利用拆除前的模型，可以进行工作量统计。通过将拆除构件赋予拆除阶段的信息，可以快速计算出需要拆除的构件数量、材料量以及人力和设备资源的需求。这为施工方案的制定和资源的调配提供了有力的依据。同时，在拆除阶段模拟中，可以验证施工方案的可行性并优化施工流程，从而提高施工效率。

其次，拆除模型还可以用于拆除方案的模拟。通过拆除前的模型与拆除方案的参数进行结合，可以评估不同方案对建筑物的影响，并选择最合适的拆除方法。模拟可以帮助我们预测和解决潜在的问题，如结构安全、噪声和粉尘扩散等，从而优化拆除过程，保证工程的顺利进行。

总之，拆除 BIM 模型的建立为拆除工程提供了全面准确的信息支持。通过利用拆除前的模型进行工作量统计和拆除方案模拟，可以更好地规划和管理拆除工程，提高施工效率，确保工程的顺利进行。

1.6.2 使用 BIM 模型进行拆除模拟

拆除工程或位于人口或商业密集区域，或是超高层区域，建筑装饰尤其是外立面装饰拆除难度高，且有一定的社会影响，不但要制定详细的拆除计划，重点部位和区域还需要方案比选和论证，保证拆除项目的顺利实施。利用 BIM 模型三维可视化的特点，将难以实施的拆除部分使用 BIM 模型进行可视化模拟，可以达到拆除方案的最优化。

拆除模拟的主要工作内容包括以下几个方面：

第一，收集现场数据，制作拆除模型。先要熟悉被拆建筑物内部的概况和周围环境，弄清建筑物的结构情况、建筑情况、水电及设备管道等隐蔽设施情况。与此同时，规划重点拆除的区域，收集现有模型进行拆除模型的创建，模型主要以突出拆除部位的简单形体和环境设置。如果没有相关模型，就需要重新测绘并建立模型。

第二，制定拆除方案，对重点拆除方案模拟论证。针对现场条件推敲拆除方案并进行模拟并比选，考虑安全、经济、环保、避免扰民等多方面因素，找出最佳实施方案。

第三，将 BIM 模型与企业修缮定额相关联，合理安排各种资源。通过模型关联修缮定额的拆除各项，进行计划安排，包括人员及机械的合理布置，实现拆除的经济性、合理性的造价控制目标。

第四，利用拆除模拟模型交底。利用模型将拆除施工组织设计的内容充分表达出来，着重表现难以理解的部分，力求表现出方案的经济、快速、安全、环保的特点。

最后，根据模拟内容比选出的最优方案，向参加拆除的工作人员进行详细交底。

1.6.3 拆除工程量统计与拆除物资管理

利用拆除模型统计拆除的工程量时，分类统计出保留、需要外运及可回收部品构件或材料，并按照相关要求来实施，可以有效达到环保、经济的目的。统计的主要工作内容包括两方面：①调出模型工程量，对建筑已有模型的工作量进行提取，通过统计构件数量计算拆除工作量，外运物料、保留物料资产等，据此制定人员、机械工作计划和运输计划；②对可回收利用的物料进行统计和价值计算，对可回收部件如金属等进行构件信息的提取及查看。

在很多改造装饰工程中，不少旧的装饰部品和构件仍具有较高艺术价值和利用价值，可以回收利用。拆除物利用率对于建筑构件和材料的属性信息有更高的要求，这也正是 BIM 集成属性的优势所在。一方面，通过拆除信息能够更方便地存取装饰材料信息，并能进行有效筛选，有利于对旧的装饰构件分类并有序拆除以及出售和再利用的信息发布；另一方面，根据模型中显示的装饰构件耐久性信息以及功能信息，能够更有效地评估拆除物的使用价值，并将部分耐久性高的构件加以二次利用。这样可以减少建筑装饰垃圾的产生，同时降低了工程成本，将工程效益提升到最大化。

理解练习

1. 单选题

（1）BIM 模型在拆除工程中的应用主要是为了什么？

A. 确定拆除区域

B. 制定详细的拆除计划

C. 保证拆除项目的顺利实施

D. 进行经济性和合理性的造价控制

扫码查看答案解析

（2）拆除模拟的主要工作内容包括以下方面，除了以下哪个方面？

A. 收集现场数据，制作拆除模型

B. 制定拆除方案，对重点方案模拟论证

C. 将 BIM 模型与企业修缮定额相关联，合理安排资源

D. 利用拆除模拟模型进行拆除施工

（3）BIM 模型的使用可以在拆除工程中实现哪些设计内容？

A. 施工组织　　B. 安全措施

C. 环境保护　　D. 拆除施工进度

2. 多选题

（1）在利用拆除模型统计工程量时，可以分类统计出哪些部品（构件）或材料？

A. 保留部品（构件）　　B. 需要外运部品（构件）

C. 可回收部品（构件）　　D. 不可回收部品（构件）

（2）利用拆除模型统计工程量可以帮助实现哪些目标？

A. 环保目标　　B. 经济目标

C. 提升工程效益　　D. 减少建筑装饰垃圾产生

（3）利用拆除模型统计工程量可以对哪些装饰构件进行二次利用？

A. 耐久性高的构件　　B. 艺术价值高的构件

C. 功能信息合适的构件　　D. 未损坏的构件

3. 思考题

（1）为什么建筑装饰物拆除比建筑物的整体拆除更为常见？

（2）拆除 BIM 模型的建立对于拆除工程有哪些重要作用？

（3）拆除 BIM 模型的建立如何帮助进行拆除施工方案的制定和资源调配？

任务工单

任务 1.6　建筑装饰工程拆除阶段 BIM 应用目标点设定	
拆除 BIM 模型应用清单	
工作组名称	
成员及分工	
完成时间	
事项	拆除 BIM 模型应用内容
工作量统计	
拆除方案的模拟	
信息支持	

任务 1.6 建筑装饰工程拆除阶段 BIM 应用目标点设定

任务工单二维码

模块 2　建筑装饰项目 BIM 技术的项目实施计划

任务 2.1　建筑装饰项目 BIM 策划与应用目标

任务描述

掌握建筑装饰项目 BIM 应用目标，包括提升项目的整体效益，缩短设计和施工周期，提高工作效率和生产效率，降低项目成本和风险，保障施工安全，为项目运营阶段提供有价值的信息等。能在确定 BIM 应用目标后，根据项目实际情况，综合考虑项目特点、需求、团队能力、技术应用风险等，筛选 BIM 应用点。

知识准备

2.1.1　建筑装饰项目 BIM 实施策划

“如今，随着中国建筑业信息化建设的兴起，BIM 技术是建筑行业中必需的技术手段之一。而建筑装饰是建筑行业中不可或缺的一个关键环节。”① 在 BIM 实施之前，需要进行企业和项目两个层面的 BIM 实施策划，这是获得 BIM 实施期望效果的基础。以下主要介绍建筑装饰设计施工一体化项目的 BIM 实施策划。

BIM 实施策划是指在项目运作之始，根据建设项目的总目标要求，从不同的角度出发进行系统分析，对 BIM 实施全过程作预先的考虑和设想，定义详细的应用范围和应用深度，以便在建设活动的时间、空间、结构三维关系中选择最佳的结合点，组织资源和展开项目运作，为保证项目在 BIM 应用完成之后获得良好的效益提供科学的依据。

BIM 实施策划对项目的效益影响较大，如果应用经验不足，或者应用策略和计划不完善，应用 BIM 技术可能带来一些额外的实施风险。

首先，实际工程项目中，确实存在因为没有做好 BIM 实施策划，导致增加资金和时间投入、信息缺失、信息交换不畅而使工程延误、BIM 应用效益不明显乃至增加了更多成本等问题。

其次，现在建筑行业 BIM 的应用已远超技术范畴，BIM 实施具有跨流程、跨领域、

---

① 杨佳佳 . BIM 技术在建筑装饰设计中的应用探索［J］. 美术大观，2016（11）：122.

多方参与的特征。在建设项目全生命期内涉及的阶段，包括规划、设计、施工、运维、拆除等；涉及专业领域有：建筑、结构、机电、装饰、造价及项目管理等；涉及应用的参与方包括业主、设计、施工、监理等。

综上所述，BIM的实施是一个复杂的过程，必须事先与具体业务紧密结合，制定详细和全面的策划，只有这样才能在项目中成功应用BIM技术，为项目带来实际效益。

2.1.1.1 建筑装饰项目BIM实施策划的作用

建筑装饰项目BIM实施策划的作用体现如下：

第一，所有团队成员都能清楚地理解BIM应用的战略目标。

第二，相关专业、岗位的BIM应用人员能够明白各自角色和职责。

第三，能够根据各专业BIM团队的业务经验和组织流程，制定可以执行的计划。

第四，明确保证BIM成功应用所需的资源、培训等其他条件。

第五，BIM策划为尚未加入项目团队的成员提供可参考的标准。

第六，商务部门可以据此制定合同条款，体现工程项目的增值服务和竞争优势。

第七，在项目实施全过程中，BIM策划为项目进展提供一个基准。

第八，通过组织策划，实施与后评价的参与，培养和锻炼企业的BIM人才。

第九，通过BIM应用总结，借鉴经验，改进新项目的BIM实施策划。

第十，BIM试点和示范性的实施策划将成为企业BIM整体策划的基础资料。

2.1.1.2 建筑装饰项目BIM策划的影响因素

所有装饰项目都有其不同之处和共同之处，每一个项目在实施BIM之前都需要遵循“最大化效益，最小化成本和由此带来的影响”的原则进行相应的策划。影响装饰项目BIM实施策划的因素主要有以下方面：

第一，装饰项目BIM需求及工程重点和难点。

第二，总包方的BIM实施经验及其BIM应用要求。

第三，装饰项目BIM团队自身BIM应用经验和水平。

第四，装饰项目BIM应用成本。

第五，上游BIM应用成果及基础文件的质量以及接收是否及时。

第六，装饰项目BIM应用的范围和深度、BIM应用领域、应用阶段。

第七，业主是否支持。

上述七个影响因素中，业主的支持能够调动工程各参与方在项目全生命周期应用BIM的积极性，可使项目参与者清楚地认识到各自责任和义务，项目团队能根据策划顺利地将BIM整合到相关的工作流程中，并正确实施和监控，是BIM效益实现最大化的关键。

2.1.1.3 建筑装饰项目BIM实施策划的内容

装饰工程项目BIM实施策划要考虑装饰总包和装饰分包两种不同的情况。其BIM策划主要包括下列内容：

第一，BIM策划概述。装饰分包项目根据项目整体BIM实施策划，阐述装饰专业

BIM 策划制定的总体情况以及 BIM 的应用效益目标。装饰总包项目则需要考虑所有参与方与分包方，制定总体情况和效益目标。

第二，项目的关键信息。项目关键信息的主要内容，包括项目位置、交通条件、工程规模、主要工程内容、开工竣工日期等关键的时间节点，以及项目重点和难点。

第三，主要参与方信息。作为 BIM 策划制定的参考信息，应包含各主要参与方及其负责人信息，并明确 BIM 实施牵头方的信息。

第四，项目目标和 BIM 应用目标，对既有建筑改造装饰工程项目或装饰分包专业 BIM 应用进行需求分析，详细阐明应用 BIM 要到达的目标和效益。

第五，组织人员配备与分工责任，明确（或服从总包制定的）项目各阶段 BIM 策划的协调过程和人员分工及责任，确定制定计划和执行计划的合适人选。

第六，BIM 应用流程。既有建筑改造装饰的项目，要以流程图的形式清晰展示 BIM 的整个应用过程；作为装饰专业分包的项目，应遵守总体流程，并对总体流程中装饰专业的 BIM 应用流程进行细化。

第七，BIM 信息交换。既有建筑改造装饰的项目，以信息交换需求的形式，描述支持项目全过程 BIM 应用信息交换，模型信息应达到的细度。而作为装饰专业分包则重点描述装饰专业信息交换过程及模型细度。

第八，基础资源配置。BIM 技术的推广和实施应用需要计算机硬件设备的支持，BIM 硬件环境，包括客户端（台式计算机、笔记本等个人计算机，也包括平板电脑等移动终端）、服务器、网络及存储设备等。建筑 BIM 信息化软件应用中，项目模型主要经历建模、渲染、展示、出图等几个阶段，不同阶段的项目对软件的功能需求也有很大的不同，所以 BIM 应用是多软件的集成。

第九，BIM 协作规程。装饰总包项目制定模型管理规程（如命名规则、模型拆分、坐标系统、建模标准以及文件结构和操作权限等），关键时间节点的协作会议，制定协同管理制度。装饰专业分包的项目要服从总包制定的 BIM 协作规程。

第十，模型质量控制。装饰总包项目要明确为确保 BIM 应用需要达到的质量要求以及对项目参与者的管理控制的要求。装饰分包要服从总包的质量控制规定以及管理控制要求，同时按细化装饰专业的质量要求进行质量控制。

第十一，项目交付需求。项目的运作模式会影响模型交付的策略，所以需要结合项目运作模式描述模型交付要求。

第十二，保障措施制定。装饰总包项目要制定保障措施，保障项目在 BIM 实施阶段中能使整个项目系统高效准确运行，以实现项目目标。作为装饰专业分包的项目在遵守总包制定的保障措施之外，还要细化保障措施。

第十三，项目总结计划。制定总结计划，定性或定量分析应用效益，对项目经验教训进行总结，评估项目 BIM 应用目标的实现情况。

2.1.2　建筑装饰项目 BIM 应用目标

确定装饰工程项目 BIM 应用的总体目标，明确 BIM 应用带来的价值高低。BIM 实施目标即在装饰项目中要实施的主要价值和相应的 BIM 应用（任务）。

2.1.2.1　BIM 应用目标的内容

BIM 作为一种先进的建筑信息模型技术，在项目管理和建设领域发挥着重要作用。其应用的总体目标是围绕着提升项目的整体效益展开的。这一目标的实现包括多个方面，如缩短设计和施工周期，通过 BIM 技术，项目团队可以更加高效地进行规划、设计和施工，从而加速项目进程。同时，BIM 也能够提高工作效率和生产效率，有效地整合各个环节的信息，减少不必要的重复工作，提升整体工程执行效率和成果质量。

在设计和施工阶段，BIM 应用能够提升设计和施工质量，减少设计变更和工程变更的频率，从而降低项目成本和风险。此外，BIM 还能帮助项目团队减少人力和物资材料的浪费，通过精确的数据模拟和分析，优化资源利用，实现可持续发展目标。更重要的是，BIM 技术在保障施工安全方面也发挥着重要作用，通过模拟施工过程中的安全风险，及时采取预防措施，确保工作人员的安全。

此外，BIM 应用还为项目运营阶段提供了有价值的信息，通过建立完备的建筑信息模型，项目运营方可以更好地获取相关信息，进行设施管理和维护，提高运营效率。除了直接的项目效益，BIM 应用目标还可以延伸到提升项目团队的技能水平，通过示范项目，促进不同分包之间以及设计方之间的信息交换能力，从而进一步提升整体协作效能。

装饰企业或项目在应用 BIM 技术时，应该明确可评价的目标，这些目标应当具体而且可衡量。在项目结束后，通过评估 BIM 应用效益，可以总结经验教训，为今后的项目提供指导。这些 BIM 目标不仅是为了当前项目的顺利进行，更是为了促进建设项目在规划、设计、施工和运营等各个阶段的成功推进。

2.1.2.2　BIM 应用点的筛选

确定 BIM 应用目标后，要根据项目实际情况，综合考虑项目特点、需求、团队能力、技术应用风险筛选要应用的 BIM 应用点，例如：装饰深化设计建模、4D 进度管理、5D 成本管理、专业协调等。每一项 BIM 应用是一个独立的任务或流程，通过将它集成进项目的总体任务和流程，为项目带来收益。未来随 BIM 应用的范围和深度不断扩展，还会有新的 BIM 应用内容出现。项目目标策划应选择适合的对项目工程效益提升有帮助的 BIM 应用点。BIM 应用点筛选过程，见表 2.1.1①。

表 2.1.1　装饰项目 BIM 应用点筛选过程

序号	步骤	内容
1	罗列备选 BIM 应用点	根据项目的重难点和实际情况，罗列可能的 BIM 应用点
2	确定每项备选 BIM 应用点的责任方	根据参与方及其参与人的当前情况和经验，为每项备选 BIM 应用点至少确定一个责任方

① 本节图标表均引自罗兰，卢志宏．BIM 装饰专业基础知识［M］．北京：中国建筑工业出版社，2018：116-119.

续表

序号	步骤	内容
3	标示每项 BIM 应用点各责任方应满足的条件	确定责任方应用 BIM 应满足的条件，这些条件包括：人员、软件、软件培训、硬件、IT 支持等。同时明确责任方应达到的 BIM 能力水平。如不能满足相关条件要说明并提出相应的购置计划、培训计划、外部支持等
4	标示每项 BIM 应用的额外应用点价值和风险	项目参与各方团队和参与人要清楚每项 BIM 应用点价值，也要清楚可能产生的额外项目风险；有可能发生的风险及造成的后果也要标示出来
5	决定是否应用 BIM	综合项目特点、成本、效益、风险，评判是否应用 BIM 的某个应用点

在 BIM 应用点筛选过程中，强调模型信息的全过程应用，要从头开始为信息模型的使用者标示出 BIM 的应用方法，让项目团队成员能清楚地认识和理解模型信息用途，BIM 应用点带来的价值高低、需要的条件以及有可能面临的风险高低。

2.1.2.3　BIM 目标实施优先级

一般用优先级表示某个 BIM 目标对该建设项目设计、施工、运营成功的重要性，对每个 BIM 目标提出相应的 BIM 应用，例如针对工期比较紧的项目就应当将提升现场生产效率放在最重要等级。对应于一个项目的 BIM 目标可以有多个 BIM 应用，见表 2.1.2。

表 2.1.2　BIM 目标实施优先级统计表

优先级（1～3，1 最重要）	BIM 目标描述	可能的 BIM 应用
2	提升现场生产效率	碰撞协调、设计审查
1	提升装饰设计效率	碰撞协调、设计审查
1	为物业准备精确的 3D 模型记录	二维码、RFID 配合 BIM 技术
1	施工进度跟踪	施工进度模拟
3	审查设计进度	设计审查
1	快速评估设计变更引起的成本变化	施工成本管理
2	消除现场冲突	碰撞检查
1	减少事故率和伤亡率	3D 协调、虚拟施工

理解练习

1. 单选题

(1) 项目 BIM 实施策划的目的是什么？

A. 选择最佳的结合点，组织资源和展开项目运作

B. 完善 BIM 实施策略和计划，减少实施风险

C. 确保项目在 BIM 应用完成后获得良好的效益

扫码查看答案解析

D. 提供科学的依据，确保项目顺利进行

(2) 下列哪个问题可能是由于没有做好 BIM 实施策划导致的？

A. 增加资金和时间投入　　B. 信息缺失和交换不畅

C. 工程延误　　D. 增加更多成本

(3) BIM 实施具有什么特征？

A. 跨流程、跨领域、多方参与

B. 单一流程、单一领域、少数参与方

C. 逐步增加流程、领域和参与方

D. 具体流程、领域和参与方取决于项目需求

(4) BIM 技术在项目管理和建设领域的应用的总体目标是什么？

A. 缩短设计和施工周期　　B. 提高工作效率和生产效率

C. 提升项目整体效益　　D. 降低项目成本和风险

(5) BIM 技术在设计和施工阶段的应用有助于什么？

A. 减少设计变更和工程变更的频率　　B. 提高运营效率

C. 促进不同分包之间的信息交换能力　　D. 加速项目进程

2. 多选题

(1) BIM 策划针对装饰工程项目的要考虑哪两种不同情况？

A. 装饰总包项目　　B. 装饰分包项目

C. 新建工程项目　　D. 改造工程项目

(2) 在 BIM 策划中，对于装饰总包项目，需要考虑哪些方面？

A. 所有参与方与分包方　　B. 总体情况和效益目标

C. 项目的关键信息　　D. BIM 应用流程

(3) 将每一项 BIM 应用集成进项目的总体任务和流程，可以为项目带来什么？

A. 收益　　B. 增加的成本

C. 增加的工作量　　D. 额外的风险

3. 思考题

(1) 为什么在 BIM 实施之前需要进行企业和项目两个层面的实施策划？

(2) 为什么 BIM 实施策划对项目的效益具有重要影响？

(3) BIM 技术在项目管理和建设领域的应用目标是什么？

任务工单

任务 2.1　建筑装饰项目 BIM 策划与应用目标	
BIM 设计管理中任务和应用清单	
工作组名称	
成员及分工	
完成时间	
类别	BIM 设计管理中任务和各阶段的应用点
初步设计阶段	
方案设计阶段	
施工图设计阶段	

任务 2.1 建筑装饰项目 BIM 策划与应用目标任务工单二维码

任务 2.2 建筑装饰项目 BIM 实施的组织架构

任务描述

掌握建筑装饰项目 BIM 实施的组织架构，包括建立组织架构、划分工作岗位、可视化讲解设计概念、提高施工质量和效率、全面评估模型等；了解 BIM 技术在支持装饰设计负责人、现场技术负责人、施工经理、项目经理和咨询顾问等岗位的职责方面所起的作用，从而促进高效沟通与合作，提供直观分析工具，确保项目高效进行 BIM 应用，提高项目质量和效率。

知识准备

2.2.1 建筑装饰项目 BIM 实施的管理团队

BIM 组织架构的建立即 BIM 团队的构建，是项目是否能够顺利实施、目标能否实现的重要影响因素，是项目准确高效运转的基础。而“建筑装饰装修工程，是建筑工程施工的重要工序，工程质量、成本对项目使用的影响较大。”① 故企业在项目实施阶段前期应根据 BIM 技术的特点结合项目本身特征依次从领导层、管理层分梯组建项目级 BIM 团队，从而更好地实现 BIM 应用从上而下地传达和执行。

因不同企业和项目具有不同特点，因此，在 BIM 团队组建时，企业可根据自身特点和项目实际需求设置符合具体情况的 BIM 组织架构。

装饰总包项目 BIM 团队组织架构，领导层为项目经理和项目 BIM 经理，对这两个岗位人员的工程经验及领导能力等素质要求较高，项目经理为牵头人，项目 BIM 经理为 BIM 实施管理人。

管理层主要设置 BIM 技术主管，对该岗位人员的 BIM 技术能力和工程能力要求都较高。

作业层主要设置装饰设计团队、深化设计建模团队、BIM 应用团队和外部咨询团队。装饰设计团队由专业设计人员组成，主要负责在项目前期根据项目要求进行方案设计和初步设计中的性能分析，出具施工图；深化设计建模团队由深化建模人员组成，主要任务是创建样板模型和 BIM 深化设计模型；BIM 应用团队除专职 BIM 技术人员外，由项目各部门各岗位人员组成，在 BIM 操作人员的指导下负责本专业本岗位的 BIM 应用工作；外部咨询团队是在装饰项目 BIM 团队无相关经验的情况下从外部聘请，主要由有经验的咨询公司的专家和建模人员、应用人员组成，可以为项目提供 BIM 技术咨

① 刘波璇 . 探究建筑装饰工程 BIM 技术的应用［J］. 居业，2022（10）：195.

询服务，以准确满足项目需求。

例如，既有建筑改造装饰项目 BIM 团队组织架构，可作为装饰施工项目 BIM 团队组建的参考：项目选择的 BIM 工作模式为在项目部组建自己的 BIM 团队，团队由项目经理牵头，项目 BIM 经理全面负责，BIM 技术主管具体负责，成员由项目部各专业技术部门、生产、商务、材料、质量、安全和专业分包单位组成，共同落实 BIM 应用与管理的相关工作，并在团队成立前期进行项目管理人员、技术人员 BIM 基础知识培训工作。该示例 BIM 实施团队具体成员、职责及 BIM 能力要求见表 2.2.1。

表 2.2.1　项目 BIM 团队 BIM 能力要求

团队角色	BIM 工作及职责	BIM 能力要求
项目经理	牵头 BIM 技术	了解
项目 BIM 经理	制定 BIM 实施方案，监督、检查项目执行进展、与其他各专业协调	熟练应用
BIM 技术主管	制定 BIM 实施及培训方案并负责内部培训和 BIM 模型审核、BIM 应用考核、评审	熟练应用
方案设计部	负责装饰设计并创建设计模型，进行设计阶段的 BIM 应用	熟练运用
深化设计部	现场复核尺寸并运用 BIM 技术展开各专业深化设计，进行碰撞检查并充分沟通、解决、记录；图纸及变更管理	精通
技术管理部	利用装饰 BIM 模型优化施工方案，编制可视化技术交底视频	熟练运用
BIM 工作室	预算及施工 BIM 模型建立、维护、共享、管理；各专业协调、配合；提交阶段竣工模型，与总包、业主等沟通	精通
施工管理部	利用 BIM 模型优化资源配置组织，进行质量、安全进度、成本等方面的管理	熟练运用
机电安装部	优化机电专业工序穿插及配合	熟练运用
商务管理部	确定预算 BIM 模型建立的标准；利用 BIM 模型对内、对外的商务管控及内部成本控制，三算对比	熟练运用
测量负责人	采集及复核测量数据	熟练运用

2.2.2　建筑装饰项目 BIM 工作的岗位划分

BIM 发展与推广需要整个建筑装饰行业相关细分领域的深度融合应用，除了以上横向、纵向的 BIM 工程师专设岗位外，还需要一系列相关岗位，拓展现有技能，将 BIM 技术与现有岗位相结合。BIM 的深入拓展应用包括从具体项目实施人员到管理人员的三个管理层面，分别为 BIM 与实施人员，BIM 与专业技术负责人，BIM 与项目经理。只有多方配合，BIM 技术才能在装饰项目中有效实施。

2.2.2.1　BIM 与实施人员

BIM 技术的实际操作人员，包括技术员、造价员、施工员、质检员、安全员、材料员、资料员、计划员等。进行基于 BIM 技术的合作，可以辅助实施人员在各自岗位上提高工作效率和提升质量。

1）技术员

在建筑行业中，BIM 技术对于技术员的工作起到了重要的推动作用。技术员是负责许多关键任务的专业人员，通过利用 BIM 技术，他们能够更加高效地完成各项工作，提升项目的执行质量和效率。

（1）BIM 技术为技术员在技术投标阶段提供了有力的支持。通过在建筑信息模型中创建详细的设计方案，技术员能够清晰地展示项目的技术特点和创新点，从而为技术投标提供有力的技术支持。此外，BIM 技术还可以用于设计方案的技术交底，技术员可以通过三维模型和视觉化展示，向利益相关方传达设计意图和技术要求，提升沟通效果。

（2）在施工准备阶段，技术员利用 BIM 技术制作加工清单和加工图，能够实现精确的构件信息管理，减少误差和浪费，提高加工和生产的精度。在施工现场，通过即时的信息交换和协作，技术员能够更快地应对施工中的技术挑战，提供准确的解决方案，保障施工进程的顺利进行。

（3）技术员在专业协调方面能够借助 BIM 技术实现更好的协作。BIM 模型可以集成多个专业的信息，使不同专业之间的协调更加紧密，减少冲突和碰撞，确保施工的顺利进行。同时，技术员可以利用 BIM 技术进行质量检查，通过与设计模型进行比对，发现潜在的问题并进行及时修复，确保施工质量达到预期标准。

（4）技术员还可以利用 BIM 技术记录现场的质量技术资料。通过在模型中标记和记录关键信息，技术员可以建立起完整的技术文档，为项目的验收和后续运营提供有价值的数据支持。

2）造价员

在建筑项目的成本管理过程中，造价员扮演着至关重要的角色。利用 BIM 技术辅助制作经济标书，对于提升成本管理的准确性和效率具有显著的影响。在概算、预算和决算等方面应用 BIM 技术，可以有效解决因为二维信息不足或不准确而导致的三算错误问题，从而为项目的成功实施提供可靠的经济基础。

（1）BIM 技术在概算、预算和决算的制定过程中具有重要的优势。通过在建筑信息模型中整合多维信息，造价员能够更准确地进行成本估算。利用 BIM 技术，可以实现对项目各个方面的全面把握，从而避免遗漏和信息不明确的情况。这对于建立可靠的概算和预算非常关键，有助于项目在后续的执行过程中更好地掌控成本。

（2）BIM 技术能够解决二维信息的不对称问题。传统的成本管理中，使用二维图纸进行成本核算容易因为信息不对称而产生问题。而 BIM 技术可以创建三维模型，将建筑各个部位、系统和构件准确地表达出来，使造价员能够更准确地理解建筑的复杂性和细节，避免因为信息不对称而产生的错误。

（3）BIM 技术还能够消除不明确性带来的风险。在经济标书制作过程中，不明确的信息容易导致错误的计算和估算，从而可能影响项目的经济效益。通过 BIM 技术，造价员可以更清楚地了解建筑设计的意图，减少误解和不明确性，从而提高成本管理的准确性。

3）施工员

利用 BIM 可视化信息进行项目讲解，培养施工员的三维信息浏览能力，使施工员快速、直观地了解建筑装饰项目情况、理解设计概念及施工方案，明确施工工艺要求，提高现场施工质量。

BIM 技术在建筑施工领域的应用，为施工员的工作提供了全新的支持和帮助。通过利用 BIM 可视化信息，施工员能够更好地理解建筑装饰项目的方方面面，从而提升他们的三维信息浏览能力，促进项目的高质量施工。

（1）BIM 技术为项目讲解提供了强大的工具。传统的施工难以直观地向施工员传达设计概念和施工要求。而通过 BIM 可视化信息，施工员可以在虚拟环境中漫游建筑模型，深入了解建筑的各个部位和细节，更好地理解设计意图。这种交互性和可视化有助于激发施工员的兴趣，使他们更容易理解项目的复杂性。

（2）BIM 技术培养了施工员的三维信息浏览能力。在 BIM 模型中，施工员可以自由旋转、缩放和浏览建筑的三维模型，从不同角度观察建筑的各个方面。这种能力的培养有助于施工员更好地理解建筑的结构、系统和构件之间的关系，从而在实际施工过程中能够更准确地把握施工要求。

（3）通过 BIM 可视化信息，施工员可以直观地了解施工方案，明确施工工艺要求。他们可以通过模型来预先了解每个施工步骤的顺序、方法和关键节点，减少在施工中的试错成本。此外，BIM 还可以帮助施工员检查施工中的冲突和碰撞，确保各个系统和构件之间的协调性，从而提高现场施工质量。

4）质检员

在建筑项目的质量管理中，质检员的角色至关重要。通过 BIM 技术，质检员可以得到更全面、精确的支持，培养其在三维数据现场检查方面的能力。传统的经验检查和主要施工区域检查正在向全方位的三维直观可视和可测量的实时质量检查转变，从而显著提升施工质量检查的准确性和细节。

（1）BIM 技术赋予了质检员更强大的现场检查能力。传统的质检往往依赖于质检员的经验和直觉，而 BIM 技术可以通过构建三维模型，提供更直观的现场检查方式。质检员可以使用虚拟现实或增强现实技术，将三维模型叠加到实际施工现场，实时比对设计和实际施工情况，准确发现潜在问题。

（2）BIM 技术实现了从经验检查到三维直观可视的转变。传统的经验检查依赖于质检员的经验判断，可能存在主观性和局限性。而 BIM 技术能够将建筑信息模型中的数据呈现为三维模型，使质检员能够更直观地查看建筑的各个方面，包括细节、构件之间的关系等。这种可视性有助于质检员更准确地发现问题，提高检查的细度和有效性。

（3）BIM 技术使得实时质量检查成为可能。通过与实际施工进程同步更新建筑信息模型，质检员可以实时监测施工的进展和质量情况。一旦发现问题，可以及时采取措施，避免问题扩大影响。这种实时性有助于减少问题的修复成本，保障施工质量的持续提升。

5）安全员

在建筑施工过程中，安全是至关重要的方面。BIM技术为安全员的工作提供了强大的支持，通过辅助施工安全区域规划、安全动态分析以及危险区域的直观讲解，能够显著提高项目的整体安全保障水平。

（1）BIM技术在施工安全区域规划方面发挥了积极作用。通过建立三维模型，安全员可以更准确地划定施工现场的安全区域。这有助于明确各个施工区域的边界，避免人员和设备进入危险区域，从而减少潜在的事故风险。同时，BIM技术还可以集成施工设备、道路、物料堆放等信息，帮助安全员制定合理的施工流程和安全路径。

（2）BIM技术在施工安全动态分析方面具有显著优势。通过模拟施工过程中不同阶段的场景，安全员可以预测潜在的安全隐患和风险，及时采取预防措施。这种动态分析能够帮助安全员更好地了解施工过程中可能出现的问题，从而规避事故风险，保障工作人员的安全。

（3）BIM技术可以通过直观的可视化效果，进行项目危险区域的讲解。安全员可以在三维模型中标注和展示危险区域，使用虚拟现实技术让相关人员亲身体验。这种直观的讲解方式有助于提高人员对危险区域的警觉性，增强安全意识，减少人为疏忽造成的事故。

6）材料员

在建筑项目的材料管理过程中，BIM技术为材料员的工作带来了显著的改进和支持。通过利用BIM技术，材料员能够更有效地进行材料采购计划、产品采购、采购账目管理，并辅助进行材料数量、批次和日期的动态管理。此外，BIM还能够实现材料数据化管理，包括进场扫描登记、材料标识张贴、材料防护等，从而提高材料管理的效率和准确性，减少项目材料与现场施工需求的脱节。

（1）BIM技术在材料采购方面发挥了重要作用。材料员可以利用BIM技术进行材料采购计划，通过建立模型和材料清单，准确估算所需材料的数量和类型。BIM还可以帮助材料员进行产品采购，比对不同供应商的产品信息、价格和特性，从而做出更明智的采购决策。同时，BIM技术可以辅助材料员进行采购账目管理，实现材料采购的数据化记录和跟踪。

（2）BIM技术在材料管理方面具有显著优势。通过物资二维码标签，材料员可以对材料进行标识，实现材料的追踪管理。材料进场时，可以进行扫描登记，记录材料的数量、批次和日期等信息，实现数据化的管理。此外，材料员还可以在BIM模型中标注材料的位置和用途，帮助现场施工人员更快地找到所需材料，提高工作效率。

（3）BIM技术能够实现材料防护和保护的数据化管理。通过在模型中标注材料的防护要求和措施，材料员可以确保材料在运输、存储和使用过程中得到适当的保护，减少损耗和浪费。

7）资料员

在建筑项目中，资料的管理对于项目的顺利进行和后续运营非常关键。BIM技术为资料员的工作带来了革命性的改变，将传统的复杂、混乱的二维归档方式转变为有序、基于三维平台的资料管理。通过 BIM 技术，资料管理变得更加高效、可控，大幅降低了资料查找时间，提高了资料管理的全面性，并预防了项目实施过程中资料查找困难、遗失等一系列问题。

（1）BIM 技术使资料管理从二维归档方式转变为基于三维平台的管理。传统的二维归档方式往往导致资料分散、难以管理，同时查找特定资料需要耗费大量时间。而通过将资料整合到三维模型中，资料员可以根据模型的结构和关系进行分类和管理，使得资料存储更有序且易于追踪。

（2）BIM 技术为资料管理提供了更精确的权限和权限控制。在基于三维平台的资料管理系统中，可以针对不同的角色和人员设置不同的权限，确保只有有权限人员可以查看和编辑特定的资料。这有助于防止未经授权的访问和操作，提高资料的安全性和可控性。

（3）BIM 技术实现了实时检索和追溯功能。通过在三维平台上建立索引和标签，资料员可以迅速检索所需资料，节省大量的查找时间。同时，BIM 技术记录了资料的修改和操作历史，使得资料的变更过程可以追溯，有助于了解资料的演变和历史。

最重要的是，BIM 技术的应用预防了项目实施过程中资料查找困难和遗失等问题。通过资料的有序管理和实时检索功能，项目团队能够更快地获取所需的信息，减少了项目延误和错误的风险。

8）计划员

在建筑项目的计划管理中，BIM 技术为计划员的工作提供了重要的支持和提升。通过将三维模型与一维进度计划整合，形成四维可视化施工工序，计划员能够更有效地进行进度计划的合理安排，并在制定过程中及时调整和完善。此外，BIM 技术还增加了与其他相关管理人员、设计人员、采购人员、安全人员、造价人员等的可视化交流，从而提高了进度计划的精细度和可行性。

（1）BIM 技术实现了三维模型与一维进度计划的整合。通过将建筑信息模型与项目的时间计划进行连接，计划员可以在模型中将施工任务与特定的时间段关联起来，形成四维可视化施工工序。这种可视化的方式使计划员更容易理解工程进度，从而更好地进行计划制定和安排。

（2）BIM 技术提高了进度计划的合理性和灵活性。通过观察四维可视化模型，计划员能够更直观地了解不同工序之间的关系、依赖和并行执行情况。这有助于计划员制定更合理的进度计划，确保工程进度的顺利推进。同时，BIM 技术也使得计划的调整变得更加容易，当项目中出现变化时，计划员可以及时更新模型和进度计划，保持计划的实时性。

（3）BIM 技术促进了不同管理人员之间的可视化交流。通过共享四维可视化模型，计划员可以与设计人员、采购人员、安全人员、造价人员等就项目进度进行更直观的交流。这有助于在制定和调整计划时，充分考虑各个方面的需求和限制，提高进度计划的精细度和可行性。

2.2.2.2　BIM 与装饰设计负责人、现场技术负责人

在建筑项目中，BIM 技术对装饰设计负责人和现场技术负责人的工作起到了重要的支持作用。通过辅助装饰设计负责人和现场技术负责人对设计和施工技术的精准分析和把握，BIM 技术能够提升设计和施工工艺的质量。同时，BIM 技术还在对外协调方面发挥作用，以三维形式实现高效沟通，促进各方之间的合作与协调。

首先，BIM 技术在装饰设计方面辅助设计负责人进行精准分析。装饰设计负责人可以利用 BIM 模型来展示装饰方案，从不同角度观察设计细节，并进行碰撞检查以避免设计冲突。这使得设计负责人能够更好地理解装饰方案的各个要素，确保设计在实施过程中能够按照预期的方式得到落实。

其次，BIM 技术在现场技术方面协助技术负责人进行把握。现场技术负责人可以通过 BIM 模型检查施工进度和施工工艺，对施工过程中可能出现的问题进行预测和规划。这有助于提前识别潜在的技术难题，采取措施避免延误或错误。

另外，BIM 技术支持对外协调与高效沟通。装饰设计负责人和现场技术负责人可以利用 BIM 模型进行三维形式的交流，与其他相关方如管理人员、设计师、施工团队等进行沟通。这种可视化的沟通方式能够更清晰地传达设计意图、工艺要求和施工进展，减少误解和信息丢失的风险。

综上所述，BIM 技术在装饰设计负责人和现场技术负责人的工作中具有重要作用。通过辅助设计和施工技术的分析与把握，BIM 技术能够提高设计和施工工艺的质量。同时，它还促进了与其他相关人员的高效沟通与合作，增强了项目各方之间的协调性和合作性。这种技术支持有助于推动项目的成功实施，确保装饰设计和施工过程顺利进行。

2.2.2.3　BIM 与施工经理、项目经理

在建筑项目中，BIM 技术在施工经理和项目经理的工作中起到了重要的辅助作用。通过 BIM 技术，施工经理和项目经理能够更好地在质量、成本、进度和人力资源等方面进行统筹管理。这包括辅助现场施工监督核查、材料统计、进度四维辅助展示以及项目人员安排模拟等工作。BIM 技术使管理人员能够直观、清晰地分析项目组织安排的合理性，并实现对施工现场情况的精准把控。

首先，BIM 技术支持施工经理和项目经理在质量、成本、进度和人力资源上的统筹管理。通过 BIM 模型，管理人员可以对项目的不同方面进行综合考虑和分析，确保项目在这些关键要素上得到合理平衡。BIM 技术可以辅助进行质量核查，比对设计模型和实际施工情况，确保施工质量符合要求。同时，可以进行材料统计，帮助控制成本并避免材料浪费。通过 BIM 的进度四维辅助展示，可以更好地进行进度管理和调整，确保项目按计划推进。此外，BIM 还可以模拟项目人员安排，优化人力资源分配，确保施工流程的顺利进行。

其次，BIM 技术提供了直观、清晰的分析工具。管理人员可以通过 BIM 模型实时查看项目的状态和进展，从而更准确地评估项目组织安排的合理性。通过模型的可视化展示，管理人员能够更好地理解项目的整体情况，发现潜在问题，并及时采取措施进行

调整和优化。

另外，BIM 技术实现了对施工现场情况的精准把控。通过将实际施工数据反馈到 BIM 模型中，施工经理和项目经理可以实时了解施工现场的状态和问题，及时做出决策。这有助于减少误差和延误，确保项目进展顺利。

综上所述，BIM 技术对施工经理和项目经理的工作具有显著影响。通过辅助管理人员在质量、成本、进度和人力资源等方面的统筹管理，提供直观、清晰的分析工具以及实现对施工现场情况的精准把控，BIM 技术增强了管理人员的决策能力和项目管理效率。这种技术支持有助于推动项目的高效实施，确保项目达到预期目标。

2.2.3　建筑装饰项目 BIM 实施的咨询顾问

建筑装饰项目在 BIM 实施过程中，咨询顾问扮演着关键角色。BIM 技术的引入需要专业知识和经验，而咨询顾问可以提供指导和支持，确保装饰企业能够顺利进行 BIM 实施。通常，有两种主要类型的 BIM 咨询顾问在装饰项目中发挥作用。

2.2.3.1　BIM 战略咨询顾问

BIM 战略咨询顾问在 BIM 实施的早期阶段发挥关键作用。他们通常是由软件公司或 BIM 技术咨询公司提供的，也可以作为装饰企业自身 BIM 管理决策团队的一部分。他们的职责是协助企业的高层决策，为企业制定 BIM 战略，明确 BIM 应用的目标、方法和范围。BIM 战略咨询顾问要深入了解企业的需求和现状，提供关于 BIM 应用、项目管理、阶段工作和利益相关方参与等方面的专业建议。企业通常只需要一家 BIM 战略咨询顾问，因为他们的重点在于制定整体战略方向。

2.2.3.2　BIM 专业服务提供商

BIM 专业服务提供商提供具体的 BIM 任务支持。装饰企业可能在某些领域需要额外的技术支持，这时可以聘请 BIM 专业服务提供商，根据项目需求从中选择合适的服务。这类顾问可以帮助企业完成技术上具体的任务，例如 BIM 模型创建、碰撞检查、协调、模型管理等。通常情况下，企业可能需要多家 BIM 专业服务提供商，以获得性价比更高的服务。选择合适的提供商应该根据其技术背景、实力、业绩等因素来决定。

目前，对于 BIM 咨询顾问的资质要求尚未明确规定，因此装饰企业在选择合作伙伴时，应考虑顾问的专业知识、技术实力和相关业绩。精通 BIM 技术，熟悉项目管理实施规划，以及能够与项目中的各个利益相关方进行高效沟通的能力，都是选择 BIM 咨询顾问的重要因素。

总之，BIM 咨询顾问在建筑装饰项目的 BIM 实施过程中扮演着重要的角色。他们可以协助企业制定 BIM 战略、提供具体技术支持，确保项目能够高效、顺利地进行 BIM 应用，提高项目质量和效率。在选择合适的 BIM 咨询顾问时，企业需要综合考虑其专业背景、实力以及对项目需求的适应能力。

理解练习

1. 单选题

(1) BIM 组织架构的建立对项目的实施和目标实现有重要影响，这是因为（　　）。

扫码查看答案解析

A. BIM 是建筑装饰装修工程的重要工序

B. BIM 是项目准确高效运转的基础

C. 项目经理和项目 BIM 经理领导层的要求较高

D. 项目实施阶段前期需根据 BIM 技术特点结合项目自身特征构建 BIM 团队

(2) 装饰总包项目 BIM 团队的领导层主要由（　　）组成。

A. 设计团队、深化设计建模团队、BIM 应用团队和外部咨询团队

B. 项目经理和项目 BIM 经理

C. BIM 技术主管和设计团队

D. 深化设计建模团队和 BIM 应用团队

(3) 既有建筑改造装饰项目 BIM 团队组织架构的 BIM 工作模式是（　　）。

A. 由项目部组建自己的 BIM 团队　　B. 由咨询团队提供 BIM 技术服务

C. 由深化设计建模团队进行 BIM 应用　　D. 由外部专家进行 BIM 项目管理

(4) BIM 技术在建筑项目质量管理中的作用主要体现在哪个方面？

A. 提供更强大的现场检查能力

B. 实现从经验检查到三维直观可视的转变

C. 实现实时的质量检查

D. 提供更全面、精确的支持

(5) BIM 技术在建筑施工中的安全应用包括以下方面，除了哪个选项？

A. 辅助施工安全区域规划　　B. 提供安全员培训

C. 实施安全动态分析　　D. 通过直观讲解危险区域

(6) BIM 技术将资料管理从二维归档方式转变为基于三维平台的管理的目的是什么？

A. 提高资料的安全性和可控性　　B. 提高资料的全面性和准确性

C. 提高资料查找的效率和可追溯性　　D. 简化资料的整合和管理

2. 多选题

(1) 利用 BIM 技术的目的是什么？

A. 提高工作效率　　B. 提升工作质量

C. 增加工作成本　　D. 减少合作协调

(2) BIM 技术在建筑行业中对技术员的工作起到了重要的推动作用，主要体现在以下哪些方面？

A. 技术投标阶段的支持　　B. 施工准备阶段的加工清单制作

C. 提供施工现场解决技术问题的工具　　D. 专业协调方面的协作

E. 记录现场质量技术资料

（3）BIM 技术在建筑项目的成本管理中有哪些优势？

A. 可以整合多维信息，帮助造价员更准确地进行成本估算

B. 可以避免遗漏和信息不明确的情况，建立可靠的概算和预算

C. 可以解决三算错误问题，提升项目的成本管理准确性和效率

D. 可以消除建筑设计的不明确性，提高成本管理的准确性

（4）利用 BIM 可视化信息进行项目讲解，可以帮助施工员实现下列哪些方面的能力提升？

A. 理解设计意图和施工要求　　B. 培养三维信息浏览能力

C. 提高项目审核能力　　D. 加快施工进度

（5）BIM 技术在建筑项目的材料管理中的作用主要体现在哪些方面？

A. 材料进场扫描登记和标识管理

B. 材料员的采购账目管理

C. 材料数量、批次和日期的动态管理

D. 材料保护和防护要求的数据化管理

3. 思考题

（1）BIM 技术在建筑项目中对装饰设计负责人的角色有哪些支持作用？

（2）BIM 技术在现场技术方面对技术负责人的工作起到了什么作用？

（3）BIM 技术如何在对外协调方面发挥作用？

（4）BIM 技术在建筑项目施工经理和项目经理提供了哪些辅助作用？

任务工单

任务 2.2　建筑装饰项目 BIM 实施的组织架构	
场地规划实施管理工作清单	
工作组名称	
成员及分工	
完成时间	
流程	实施管理内容
1. 数据准备	（地勘报告、工程水文资料、现有规划文件、建设地块信息）
	（周边地形、建筑属性、道路用地性质等信息、GIS 数据）
2. 操作实施	（建立相应的场地模型，借助软件模拟分析场地数据，如坡度、方向、高程、纵横断面、填挖方、等高线等。）
	（根据场地分析结果，评估场地设计方案或工程设计方案的可行性，判断是否需要调整设计方案；模拟分析、设计方案调整是一个需多次推敲的过程，直到最终确定最佳场地设计方案或工程设计方案。）
3. 成果	[场地模型。模型应体现场地边界（如用地红线、高程、正北向）、地形表面、建筑地坪、场地道路等。]
	（场地分析报告。报告应体现三维场地模型图像、场地分析结果，以及对场地设计方案或工程设计方案的场地分析数据对比。）

任务 2.2 建筑装饰项目 BIM 实施的组织架构任务工单二维码

任务2.3　建筑装饰项目BIM实施流程与计划

任务描述

掌握建筑装饰项目BIM实施流程，包括确定BIM应用目标、总体流程、分项流程、明确BIM信息交换内容和格式、建立系统运行保障体系、建立BIM培训制度、建立BIM交底制度、各专业动态管理制度、总包与甲方、监理互动管理制度和BIM例会制度等。对建筑装饰项目BIM应用效益进行总结，包括确定BIM模型的应用计划、建立模型维护与应用机制、实时全过程规划等。

知识准备

2.3.1　建筑装饰项目BIM实施流程与保障

2.3.1.1　建筑装饰项目BIM的应用流程

1）确定步骤

在确定BIM应用目标后，要进行项目的BIM应用流程的制定。这项工作从BIM应用的总体流程设计开始，明确BIM应用的总体顺序和信息交换全过程，使团队的所有成员清楚地了解BIM应用的整体情况，以及相互之间的配合关系。

BIM应用流程按照层级分为两种，即总体流程、分项流程。总体流程确定后，各专业分包团队就可以详细地制定分项流程了。总体流程显示的是总体顺序和关联，而细化的BIM应用流程图显示的是某一专业分包团队（或几个专业分包团队）完成某一BIM应用所需要完成的各项任务的流程图。同时，详细的流程图也要确定每项任务的责任方，引用的信息内容，将创建的模型，以及与其他任务共享的信息。

通过这两个层级的流程图制作，项目团队不仅可以快速完成流程设计，也可作为识别其他重要的BIM应用信息，包括合同结构、BIM交付需求和信息技术基础架构等。

2）总体流程

BIM在工程项目全过程中的总体工作流程，可以划分为以下三个阶段：

（1）规划阶段。在这一阶段，工程项目的初步构想被转化为明确的BIM应用目标和计划，包括：①确定项目的BIM应用目标，明确使用BIM的目的，如设计优化、施工可行性分析、进度控制等；②确定BIM应用范围和应用点，确定在项目不同阶段应用BIM的具体内容和方式；③规划整体BIM应用流程，定义从设计到施工再到运营的整个BIM应用过程，确保信息的持续传递和协同；④制定BIM实施计划，根据项目时间表，安排各个BIM应用的实施时间和顺序，确保BIM应用与整体项目进度的协调。

（2）组织阶段。在这一阶段，确定参与BIM的各方，并明确他们的职责和合作流程，以确保协同合作和信息共享：①确定 BIM 参与方，确定哪些团队、人员和机构会参与 BIM 应用，例如设计团队、施工团队、供应商等；②定义各方职责，明确每个参与方在 BIM 应用中的责任和任务，确保信息传递和数据协同的无缝衔接；③制定 BIM 协作流程，制定信息共享、交换和协同的流程和标准，确保各方之间的有效沟通和协作。

（3）实施阶段。在这一阶段，将实际执行 BIM 应用，确保项目按计划顺利推进：①划分项目阶段和参与人员职责，将项目分为不同的阶段，为每个阶段指定特定的 BIM 应用内容和相关人员的职责；②建立 BIM 应用和信息共享流程，在每个阶段内建立 BIM 应用的流程，确保信息和数据在合适的时间传递给相关方；③确认 BIM 应用责任方，确定每个 BIM 应用任务的责任方，确保任务能够得到适时完成；④支持 BIM 应用的信息交换，提供所需的信息和数据支持，以确保 BIM 应用的顺利进行。

BIM 应用流程总图的设计可参考此过程：将所有应用的 BIM 加入总图；根据项目进度调整 BIM 应用顺序；确认各项 BIM 应用任务的责任方；确定支持 BIM 应用的信息交换。

3）分项流程

BIM 应用流程总图创建后，应该根据项目的具体情况和 BIM 实施目标，为每项关键 BIM 应用环节创建分项流程图，清晰地定义完成 BIM 应用的任务顺序。流程详图涉及三类信息，即参考资料信息、BIM 应用任务、信息交换，在流程图中用“横向泳道”的形式将对应的信息包含在各自范围内。

参考资料信息：来自项目内部或外部的结构化信息资源，支持工程任务的开展和 BIM 应用；业务流程或流程任务：完成某项 BIM 应用的多项流程任务，按照逻辑顺序展开；信息交换（输入和输出信息）：BIM 应用的成果，作为资源支持后续 BIM 应用。

BIM 应用分项流程图的制作可按此过程：以实际工程任务为基础将 BIM 应用逐项分解成多个流程任务；定义各任务之间的依赖关系；补充其他信息；添加关键的验证节点；检查、精练流程图，以便其他项目使用。

装饰 BIM 实施管理的涉及面相当广泛，不同业态的项目、根据不同承发包模式，装饰项目的 BIM 应用目标、技术路线、实施模式、交付需求等都会有所不同。根据不同的项目类型，各单位在项目的不同阶段需要把 BIM 的应用点分解到某一个具体的需求上去，再通过合理的技术路线选择，才能根据具体的应用点解决具体的问题。

2.3.1.2 明确 BIM 信息交换内容和格式

制定 BIM 应用流程设计后，应在项目的初期定义项目参与者之间交换的内容和细度要求，让团队成员信息创建方和信息接收方了解信息交换内容。应采用规范的方式定义信息。装饰专业 BIM 应用受上游 BIM 应用产生信息的影响，如果装饰专业分包需要的信息在上游没有创建，则必须在本阶段补充。另外，在现阶段，既有建筑改造装饰工程的项目，由于没有上游模型，需要创建相关模型。所以，项目组要分清责任，根据需要定义支持 BIM 应用的必要模型信息。

每个项目可以定义信息交换定义表，内容有信息创建方和接收方、交换日期、交换格式、软件版本、模型细度、责任人等相关信息。也可以根据需求按照责任方或分项 BIM 拆分成若干个，但应该保证各项信息交换需求的完整性、准确性。信息交换需求的定义可参考如下过程：

第一，从流程总图中标示出每个信息交换需求，标注每个信息交换需求及交换时间并按顺序排列。要特别注意不同专业团队之间的信息交换，确保项目参与者知道 BIM 应用成果交付的时间。

第二，确定项目模型元素的分解结构。确定信息交换后，项目组应该选择一个模型元素分解结构。

第三，确定每个信息交换的输入、输出需求。由信息接收者或由项目组集体确认每项信息交换范围和细度。应该从输入和输出两个角度描述信息交换需求，同时需要确认的还有模型文件格式，指定应用的软件及其版本，确保支持信息交换的互操作可行性。例如，“深化设计模型”是“施工建模”的输出，是“专业协调”的输入。

第四，为每项信息交换内容确定责任方。每次信息交换都应指定一个责任方。负责信息创建的责任方应该是高效、准确创建信息的团队。此外，模型输入的时间应该由模型接收方来确认。

第五，对比分析输入和输出内容。信息交换需求确定后，要逐项查询信息不匹配（输出信息不匹配输入需求）的问题并做出相应调整。

2.3.1.3　建筑装饰项目 BIM 实施的保障体系

建立系统运行保障体系主要包括组建系统人员、配置保障体系、编制 BIM 系统运行工作计划、建立系统运行例会制度和建立系统运行检查机制等方面。从而保障项目 BIM 在实施阶段中整个项目系统能够高效准确运行，以实现项目目标。

1）统一工作标准

为了保障 BIM 的顺利实施，需保持工作的统一性和连贯性，因此应制定或服从统一的工作标准。统一工作标准内容有：统一集中办公地点；统一规划 BIM 软件和版本；统一 BIM 模型拆分原则和方法，并做出具体方案；统一 BIM 轴网；统一 BIM 模型文件的定位；统一项目模板、族模板及相关参数的设定；规范三维表达方式，平面表达方式尽量沿用现有规范；数据文件的唯一化管理；统一的应用共享参数、项目参数；统一族库的建立和共享标准；统一项目模型文件格式的传递及储存标准。

2）建立系统人员配置保障体系

项目应按 BIM 组织架构表成立 BIM 系统执行小组，由项目 BIM 经理全权负责。经业主审核批准，小组成员立刻进场，快速投入工作。既有建筑改造装饰项目成立 BIM 系统领导小组，装饰项目 BIM 经理积极参与并协调土建、机电、钢结构、幕墙、内装分包等专业，定期沟通，及时解决相关问题。装饰专业分包的项目各职能部门设专门对口 BIM 小组，根据团队需要及时提供现场进展信息。根据项目特点和工期要求，配备相应能力的工种人员，满足上述组织架构。

工程部需配备 1～2 名业务骨干；配备至少一名 BIM 能力和协调能力俱佳的专业人士；技术部根据项目需求配备 4～8 名具有三年以上工作经验的专业技术人员；根据

BIM 实施内容配备至少 1 人专业审核所有工作成果；资料部门至少配备 1 人负责资料收集与整理；行政部门至少配备 1 人负责服务项目团队的正常运行。

3）建立 BIM 培训制度

装饰企业的技术部门应负责制定 BIM 培训计划、跟踪培训实施、定期汇报培训实施状况，并给予考核成绩，以确保培训得以顺利实施，达到培训质量的要求。项目管理团队需在进场前进行 BIM 应用基础培训，掌握一定的软件操作及相应的模型应用能力。

（1）培训对象。应用 BIM 技术的装饰项目全体管理人员（包括劳务及各分包主要管理人员）都需要进行培训，包括：项目高级管理层、项目各专业、部门主管；相关的总包和分包各岗位人员，如设计人员、项目工程师、施工员、预算员等。

（2）培训要求。基本 BIM 培训的内容是渐进的，要求如下：

第一，进场前 1 个月，用 1～2 小时学习 BIM 普及知识、企业 BIM 发展状况及定位、项目 BIM 目标及策划。

第二，进场前半个月，用 4～10 小时学习 BIM 软件介绍，结构、建筑、机电等模型的创建及常规 BIM 应用。

第三，进场前半个月，用 2～3 小时学习和熟悉项目模型的应用。

（3）培训方式。主要培训和培养方式如下：

第一，内部授课培训。授课培训即集中学习的方式，授课地点统一安排在计算机房，每次培训人数不宜超过 30 人，为每位学员配备计算机，在集中授课时，配助教随时辅导学员上机操作。

第二，导师带徒培训。企业人力资源从内部聘任一批 BIM 技术能手作为导师，采取师带徒的培养方式。一方面充分利用企业内部员工的先进技能和丰富的实践经验，帮助 BIM 初学者尽快提高业务能力；另一方面可以节约培训费用，也能很好地解决集中培训困难的问题。

第三，外聘讲师培训。外聘讲师具有员工所不具备的 BIM 运用经验，能够使用专业的培训技巧，容易调动学员学习兴趣，高效解决实际疑难问题。在请外聘讲师培训时，可事先调查了解员工在学习运用 BIM 技术过程中遇到的问题和困惑，然后外聘专业讲师进行针对性的专题培训，可以达到事半功倍的效果。

第四，网络视频培训。对于时间地点不能满足集中培训要求的情况，可以选择网络视频培训。网络视频培训将文字、声音、图像以及静态和动态相结合，能激发员工的学习兴趣，提高员工的思考和思维能力，是非常重要、有效的手段。培训课件内容尽量丰富，从 BIM 软件的简单入门操作到高级技巧运用，并包含大量的工程实例。

第五，借助专业团队培养人才。管理人员在运用 BIM 技术之初，由于缺乏对 BIM 的整体了解和把握，可能会比较困惑。引进工程顾问专业团队，实现工程顾问专业化辅导，可帮助学员明确方向，避免走更多弯路。

第六，结合实战培养人才。对刚参加过培训的员工，尽快参加实际项目的运作可以避免遗忘，而且能够检验学习成果。可以选择难度适中的 BIM 项目，让员工将前期所学的技能运用到实际工程中，同时发现自身不足之处或存在的知识盲区，通过学习知识

→实际运用→运用反馈→再学习的培训模式，使学员迅速成长，同时也积累了 BIM 运用经验。

4）建立 BIM 交底制度

（1）BIM 启动交底。由项目经理牵头，项目部全体人员参与，针对 BIM 模型、BIM 系统平台的基本操作等入门级及相关业务内容进行交底，提高项目部各部门人员 BIM 使用水平。

（2）BIM 日常交底。由 BIM 团队进行，BIM 相关管理人员参与，针对 BIM 模型维护、信息录入、阶段协调情况等进行工序交接。

5）各专业动态管理制度

无论是装饰分包还是装饰专业总协调的项目，项目各专业参与方都需编制 BIM 运行工作计划，各专业应根据总工期以及深化设计出图要求，编制 BIM 系统建模以及分阶段 BIM 模型数据计划、进度模拟计划等，由 BIM 实施牵头单位审核，审核通过后正式发文，各专业配合参照执行。各方按规划及计划完成本专业 BIM 模型后，交由 BIM 总协调单位或指定单位进行整合，根据整合结果，定期或不定期进行审查。由审查结果反推至目标模型，图纸进行完善。典型检查内容、要点及频率如下：

（1）定期审查设计或施工模型更新情况：是否按照进度进行模型更新，模型是否符合要求。

（2）定期审查设计变更执行情况：设计变更是否得到确认，相关模型是否更新并符合要求。

（3）定期审查设计变更工程量的统计情况：设计变更相关工程量是否正确，模型是否符合要求。

（4）定期复核专业深化设计，查看建模进度，同时查看深化设计模型是否符合要求。

（5）各参与方依据管理体系、职责对信息模型进行必要的调整，并反馈最新的信息模型至 BIM 总协调单位。

6）总包与甲方、监理互动管理制度

（1）业主主导。如果业主对 BIM 应用起主导作用，业主可提出工作要求，总包 BIM 负责人协助召集各方共同参与制定 BIM 实施标准和 BIM 计划，接收 BIM 成果并验收，对参与方的 BIM 应用全过程进行管理。

（2）BIM 总协调单位负责。如装饰企业是项目 BIM 总协调单位，需负责 BIM 实施的执行，按照相关要求，设立专门的 BIM 管理部，制定行之有效的工作制度，将各分包 BIM 工作人员纳入管理部，进行过程管理和操作，最终实现成果验收。如装饰企业是分包单位，则配合总包单位，按照工作制度执行相关任务，按规定进行 BIM 应用。

（3）监理监督。监理单位在 BIM 实施过程中，对总包单位的实施情况进行监督，并对模型信息进行实时监督管理。

7）BIM 例会制度

BIM 应用实施牵头单位必须定期定时出面组织召开项目 BIM 协调会；项目 BIM 团队所有参与方，必须配合参加每周的工程例会和设计协调会，及时了解设计和工程进展情况。

（1）与会人员要求：业主、监理应各派遣至少一名技术代表参与，项目经理、项目总工、项目 BIM 经理、BIM 技术主管、各专业分包代表及其他 BIM 管理部所有成员应到场。

（2）会议主要内容：汇报和总结上一阶段工作完成情况，各方对遇到的问题和困难进行研讨，总包 BIM 负责人协调未解决问题，并制定下一阶段工作计划。

（3）会议原则：参会人员要本着发现问题、解决问题、杜绝问题的再度发生为原则。

（4）应对优秀工作予以奖励，如能定期完成任务，同时模型质量达标；能提出建设性建议和意见等。

（5）应对落后工作予以惩罚，如未能如期完成应用；模型质量不高，未能遵守信息保密规定等。

2.3.1.4　建立模型维护与应用的保障机制

建立模型维护与应用保障体系主要包括建立 BIM 模型应用计划、确定模型应用维护和应用机制和实施全过程规划等，从而保障模型创建到模型应用的全过程信息无损化传递和应用。

1）确定 BIM 模型的应用计划

确定 BIM 模型的应用计划，主要是保障 BIM 应用目标的实现。具体体现在以下方面：

（1）根据设计进度、施工进度和深化设计及时更新和集成 BIM 模型，进行碰撞检查，提供具体碰撞的检测报告，并提供相应的解决方案，及时协调解决问题。

（2）基于 BIM 模型，探讨短期及中期施工方案。

（3）基于 BIM 模型，及时提供能快速浏览的如 DWF 等格式的模型和图片，以便各方查看和审阅。

（4）在相应部位施工前 1 个月内，根据施工进度表进行 4D 施工模拟，提供图片和动画视频等文件，协调施工各方优化时间安排。

（5）应用网上文件管理协同平台，确保项目信息及时有效地传递。

（6）将视频监视系统与网上文件管理平台整合，实现施工现场的实时监控和管理。

2）建立模型维护和应用机制

建立模型维护与应用机制，主要保障 BIM 应用的及时、准确、优化，具体表现在以下方面：

（1）在装饰项目进行过程中维护和应用 BIM 模型，按照要求及时更新和深化 BIM 模型，并提交相应的 BIM 应用成果。

（2）运用相关进度模拟软件建立进度计划模型，在相应部位施工前 1 个月内进行施工模拟，及时优化施工计划，指导施工实施。

（3）按业主所要求的时间节点提交与施工进度相一致的BIM模型。在相应部位施工前的1个月内，根据施工进度及时更新和集成BIM模型，进行碰撞检查，提交包括具体碰撞位置的检测报告。

（4）对于施工变更引起的模型修改，在收到确认的变更单后应在14天内完成。在出具完工证明以前，向业主提交真实准确的竣工BIM模型、BIM应用资料和设备信息等，确保业主和物业管理公司在运营阶段具备充足的信息。

（5）集成和验证最终的BIM竣工模型，按要求上传并提供给总承包方。

3）实时全过程规划

为了在项目施工期间最有效地利用协同项目管理和BIM计划，先对项目各阶段中团队各方利益相关方协作方式进行规划，具体如下：

（1）对项目实施流程进行确定，确保每项任务能按照相应计划顺利完成；确保各人员团队在项目实施过程中能够明确各自相应的任务及要求。

（2）对整个项目实施时间进度进行规划，在此基础上确定每个关键节点的时间进度，以保障项目如期完成。

（3）BIM工作的技术电子资料和文档资料从服务一开始，就需要有专人按照规范进行管理与更新，直至工程竣工，将资料提交相关各方。

2.3.2 建筑装饰项目BIM实施工作总结

BIM技术只有创造出效益才能被更快地推广使用。因此，在项目工作总结中对BIM应用效益进行定性和定量测量评估，一方面，为企业评价某项BIM技术是否实用，能否带来效益，可以验证装饰企业对于项目中BIM技术是否应该实施、应该如何实施、是否能创造效益的各种疑问；另一方面，在已经实施BIM的项目中总结经验，进行知识积累，可以汲取经验中的精华，提升BIM应用水平，提高工作效率；同时，总结教训，在未来项目中减少失误，避免发生同类损失。项目BIM实施总结还能够为今后项目实施应用BIM技术的项目策划、可行性研究、方案比选、实施评价提供科学依据；为开发研究提供宝贵的建设性意见；对于改进软件和硬件功能、改进实施标准、促进BIM技术的应用和发展等有巨大的作用。所以，项目BIM技术的实施工作总结是一个相当重要的工作。

2.3.2.1 建筑装饰项目BIM效益总结

BIM在装饰工程的应用能提高工程效率、节省资源，从而使各参与方都能获益，可以从经济效益、质量效益、组织效益、社会效益、环境效益5个方向总结BIM在装饰项目中起到的作用以及对项目整体的影响，并提供装饰项目BIM效益的定性、定量的分析方法。

1）BIM技术效益分析

对BIM技术带来的效益进行有效量化，能让人们看到BIM的价值：①对BIM技术在装饰项目中实施的成本效益进行评价，可以有效量化项目的效益；②可以帮助企业其他装饰项目中进行BIM技术应用实施决策；③BIM技术能产生直接或间接的各种效益；

④可以加深企业员工对 BIM 技术的了解，并提高使用 BIM 技术的信心，从而有利于 BIM 技术的推广使用；⑤可对已有的 BIM 技术应用进一步优化；⑥BIM 效益评价可以帮助现有的项目识别 BIM 技术在不同项目、不同参与方、不同阶段应用的效益特点以及 BIM 应用需要改进的方向，促进 BIM 技术的改进和优化。

（1）经济效益分析。BIM 技术在装饰施工过程中产生出高质量方案，可避免因修改造成的返工作业时间，且模型中各项信息可直接传递使用，不需重复输入数据，减少人为差错，提升工作效率。同时施工前的检查碰撞工作能避免施工中才发现的各类问题，可降低变更产生的费用增加，增进施工管理成效，降低施工成本。

BIM 应用能帮助管理人员控制造价，基于 BIM 的成本管理可将建设项目进行不同的分级，每一层级都有相应的造价信息、招投标信息，从而明确相关造价指标，便于招投标、动态成本监控工作的进行。在 5D 模型中，项目实施过程的进度信息与成本信息能同步变化与呈现，对于统计成本信息、进度款审核、变更价款审核、工程结算均能产生很大的帮助。

（2）质量效益分析。采用 BIM 进行装饰工程的设计，通过协同碰撞检查能快速找出碰撞问题，同时性能分析可以提升建筑性能，其参数化联动特性可以减少设计错误发生，提高装饰设计质量。施工中应用 BIM 技术，通过 BIM 模型预先进行碰撞分析、施工模拟、防灾规划等应用，可以在项目未进入施工阶段时，及早发现问题，进行变更与讨论修正，以避免进入到施工阶段才发现问题造成返工，提高装饰施工质量。

（3）组织效益分析。运用 BIM 技术可以促进团队沟通与合作、辅助无经验员工学习，应用 BIM 技术后由 3D 模型呈现，团队之间可相互沟通便于讨论项目面临的问题，特别是对于一些没有受过专业训练的人员，可直接以可视化了解 3D 模型，能更容易理解团队讨论成果。因此，BIM 应用对于团队人才培养功不可没。

BIM 应用可以为组织提高审核效率。通过构件 BIM 模型，可为不同层级、不同程度的管理人员提供工程管理工具，支持科学决策。可视化、易理解的三维模型有利于项目参与方之间、施工方案的交底与审核，促进项目理解以及各方达成共识。

（4）社会效益分析。由于 BIM 技术为近年来建筑装饰行业的最新技术，能提供最新的技术服务，其优势与特性渐渐为行业熟知，应用 BIM 可以全面提升企业专业能力，塑造良好的企业形象，可以吸引更多建设单位重视，从而获得更多的中标项目。

（5）环境效益分析。装饰项目运用 BIM 技术可以对建筑物进行性能分析，参考其计算分析结果，能帮助既有建筑的设计更节能、更合理科学；可以有效缩短工期，从而减少对周边环境噪声污染的时间；同时，碰撞检测、材料统计可以显著减少材料浪费，对于节约资源具有重大意义。另外，采用 BIM 技术的精细化施工，能提高房屋品质，延长建筑使用寿命，从而缩减了建筑垃圾产生的周期。

2）项目效益评价

在项目实施完工之后，BIM 效益测量评价可以采用类似项目与项目之间对比试验、评价数据。对同一项目相同环境情况下，应用传统工艺技术与应用 BIM 技术进行对比分析，通过实际测量数据评价 BIM 应用的效益，具体包括以下步骤：

（1）项目情况分析。收集项目信息，包括项目在未实施 BIM 技术情况下的数据，及项目设计、成本管理、进度管理等方面技术指标。

（2）确定 BIM 应用技术方案。针对项目情况，选择 BIM 技术实施方案。

（3）选取评价指标与方案。建立评价指标与评价方案，为测量 BIM 使用效益做准备。

（4）收集评价指标对应数据。在 BIM 应用过程中，针对所选择的评价指标，实施调研，进行数据收集，并根据项目前期运行情况，收集传统模式数据。

（5）根据指标分析数据。根据评价指标与方案，分析项目应用 BIM 技术的效益，并与 BIM 方案中效益预测进行对比分析，评价 BIM 技术应用产生的效益情况。

（6）效益测算评价。根据 BIM 效益计量结果，对项目 BIM 技术应用后评价，反馈项目 BIM 技术实施的情况，并根据具体效益情况对 BIM 实施提出建议，为后续项目提供决策依据。

装饰项目 BIM 应用效益评价表（表 2.3.1）中 BIM 应用的效益层面（经济层面、质量层面、组织层面、战略层面、环境层面），由于项目类型的不同，效益测算评分肯定是不同的，因此需要对 5 个效益层面打分后再依据总体得分判断该项目 BIM 应用的效益，具体见表 2.3.1。

表 2.3.1　装饰项目 BIM 应用效益评价表

效益层面	效益指标层	子指标层	指标类型	测算方法
经济层面	财务	投资回报率	定量	净收益/投资
	生产效率	减少变更	定量	变更次数、金额
		节约劳动率	定量	人工消耗变化
	工期	工期节约效率	定量	节约工期/总工期
	风险	风险控制	定性	调查打分
质量层面	质量	合格情况	定量	合格品率
	安全	事故率	定量	事故数量减少情况
		伤亡率	定量	伤亡人数/总人数
	产品结构	可持续性	定性	调查打分
		可视化	定性	调查打分
组织层面	人力组织	人力使用效率	定性	调查打分
		员工培养	定性	调查打分
		沟通合作	定性	调查打分
	企业组织	组织架构提升	定性	调查打分
	沟通	信息沟通效率	定性	调查打分
		返工减少率	定量	返工比率
社会层面	竞争优势	技术应用增长和效率	定性	技术再应用情况评分
	合同方满意度	合同履约率	定性	项目交付率
环境层面	设计节能	节约能源	定量	节能总量
	施工减排	减少排放	定量	减排总量

2.3.2.2 建筑装饰项目 BIM 经验教训总结

1）经验总结

在项目过程中和结束之后，要总结 BIM 技术解决方案实施过程中获得的宝贵经验，这些经验可以由其他项目直接借鉴。这些经验如下：

（1）各类软件应用经验总结。总结装饰项目 BIM 软件的应用经验，包括软件学习的难易程度、软件初级功能和高级功能、软件的稳定性、对硬件的要求、建模能力、模型信息交换能力、不同情况下数据处理速度、对国家规范的支持程度、专业能力、应用效果等；另外，还有在软件集成应用中各软件之间的数据传递情况等。例如，用 Rhinoceros 建立的模型导入 Revit 后体量大，会造成模型卡顿、运转速度慢等情况，需要运用综合性轻量化的整合软件如 Navis-works 整合到一个模型中；又如用 SketchUp 建立工程体量较大的模型，最好将圆形设置为 8 边以下以减少数据量，避免影响计算机运行速度等。这些应用经验由于是日常应用过程中随时得出的，比较琐碎，需要项目人员及时总结，最后分类汇总形成文字分享或通过授课培训随时发布，快速提升项目组和企业 BIM 技术人员软件应用水平。

（2）BIM 应用点应用经验总结。总结项目中所有 BIM 应用点每一项的应用经验，包括运行条件（包括软件及其版本、硬件设备型号要求、应用时机、操作人及具备的能力、物资）、操作步骤、技术措施、配合情况、应用的重点难点、投入（人力、物料、时间、资金等）、产出（节约的时间、节省的人力、资金、物料、减少的工作流程、工艺步骤等）、注意事项等，同时配上直观的图片和视频便于后续应用人理解。如智能放线这个应用点，要写清需要什么品牌，哪种型号的设备和哪些物料，采用软件名称、版本，在工程哪个阶段进行；操作人员应该具备什么能力，是否需要外援指导；描述操作过程从头至尾的步骤，需要什么技术措施、什么单位协同配合、应用的关键点是什么，投入了多少，产出了多少，要注意什么。以上所有 BIM 应用点可以用列表打分的方式进行评估，评出相应的推荐等级，并给出推荐意见，方便企业和其他项目做出 BIM 应用的策略调整。

（3）BIM 应用管控经验总结。BIM 技术是装饰行业具有重大变革特征的全新技术，在推广应用过程中，难免遇到各种各样的问题；加上没有相关 BIM 的管控经验，管理层和 BIM 人员都有可能预见不足，影响着 BIM 应用效果。所以，在 BIM 项目实施过程中，需要及时发现这类问题并随时调整相关的制度、标准和计划，为不同参与单位在统一的工作标准之下工作，要制定和完善适合项目的 BIM 应用标准、规程、流程；为弥补应用的不足之处，制定和补充 BIM 应用的管控措施，保障实施过程流畅顺利进行；对不同参与单位协同配合的工作，随时找出协同过程中的困难之处，制定协同工作制度并提出改进措施；为预防应用的消极问题和阻碍的发生，要在订立参与人员应用考核标准的基础上随时增补修改意见，对所有参与人的工作按阶段进行考核，奖励参与 BIM 应用的优秀单位和个人，激励所有参与人积极实践。

另外，有些不可避免的问题，一般都是人员及应用环境等客观原因引起的，存在不可抗因素，也要进行评估总结并在后续工程中做出应对措施，降低由此带来的损失。

2）教训总结

教训是指从错误或挫折中得到的经验。和经验相比，得到教训的代价常常更加昂贵。本质上，教训是本来可以避免的问题。在 BIM 应用中，教训常常指耗费了金钱、时间、人力、物力等却没有效果，或发生了其他消极的影响。例如，在装饰项目 BIM 应用的教训可能会有：装饰 BIM 建模用其他专业 BIM 工程师，出来的模型不美观造成返工；没有规定好统一的模型样板和统一的建模标准，各参与方各自为政，建立的模型五花八门无法整合；深化设计建模人员不参照现场尺寸，建立的模型与现场脱节；又如，BIM 审核周期过长，导致跟不上建设进度；在项目 BIM 应用中没有使用正版软件，被业主方、软件商追责等。在项目 BIM 应用教训总结过程中，可以将教训整理出来，分析主客观成因，列举实施过程中不足之处和阻碍实施的原因；项目和企业要针对教训，提出对应的预防方案，为其他项目提供借鉴，避免此类问题的再次发生。

理解练习

1. 单选题

（1）BIM 应用流程的制定是从哪个层级开始的？

A. 总体流程设计　　B. 分项流程设计

C. 合同结构设计　　D. 信息交换设计

扫码查看答案解析

（2）BIM 应用的分项流程图制作过程中，应首先________。

A. 定义各任务之间的依赖关系　　B. 补充其他信息

C. 添加关键的验证节点　　D. 检查、精练流程图

（3）装饰项目的 BIM 应用目标、技术路线、实施模式、交付需求等因素在 BIM 实施管理中的作用是________。

A. 解决具体问题　　B. 增加难度级别

C. 确保项目顺利进行　　D. 缩短项目周期

（4）制定 BIM 应用流程设计后，应在项目的初期定义项目参与者之间交换的内容和细度要求的主要目的是什么？

A. 让团队成员了解信息交换内容

B. 确定信息交换的时间和顺序

C. 定义支持 BIM 应用的必要模型信息

D. 保证各项信息交换需求的完整性和准确性

（5）根据需求，每个项目可以定义哪些信息交换定义表？

A. 只有一个信息交换定义表

B. 由责任方或分项 BIM 拆分成若干个信息交换定义表

C. 定义信息交换需求的过程分为五个步骤

D. 标示出每个信息交换需求及交换时间并按顺序排列

2. 多选题

(1) BIM 应用流程图的作用是什么?

A. 显示总体顺序和关联

B. 显示某一专业分包团队完成的任务流程

C. 确定责任方和信息内容

D. 识别合同结构和 BIM 交付需求

(2) BIM 在工程项目中的规划阶段主要包括哪些内容?

A. 确定 BIM 应用目标和计划

B. 确定 BIM 应用范围和应用点

C. 制定 BIM 协作流程

D. 确定参与 BIM 的各方

(3) BIM 在工程项目实施阶段的任务包括哪些?

A. 划分项目阶段和参与人员职责

B. 建立 BIM 应用和信息共享流程

C. 确认 BIM 应用责任方

D. 提供信息和数据支持

(4) BIM 在装饰工程中的应用可以带来哪些效益?

A. 经济效益

B. 质量效益

C. 组织效益

D. 社会效益

E. 环境效益

F. 全面效益

3. 思考题

(1) BIM 应用经验总结包括哪些内容?

(2) 为什么在软件集成应用中需要综合性轻量化的整合软件如 Navis-works?

(3) 为什么在用 SketchUp 建立工程体量较大的模型时，最好将圆形设置为 8 边以下?

(4) 为什么需要给 BIM 应用点进行评估并给出推荐等级?

任务工单

任务 2.3　建筑装饰项目 BIM 实施流程与计划	
BIM 项目管理应用点清单	
工作组名称	
成员及分工	
完成时间	
应用点	BIM 项目管理应用点概述
1. 施工图 BIM 模型建立及图纸审核	
2. 碰撞检测	
3. 深化设计及模型综合协调	
4. 设计变更及洽商预检	
5. 施工方案辅助及工艺模拟	
6. BIM 辅助进度管理	
7. BIM5D 及辅助造价管理和管控应用	
8. 现场及施工过程管理	
9. BIM 数字加工及 RFID 技术应用	
10. BIM 三维激光扫描辅助实测实量及深化设计管理应用	
11. BIM 放样机器人辅助现场测量工作应用	
12. 安全管理及绿色文明施工辅助	
13. 模型维护	

任务 2.3 建筑装饰项目 BIM 实施流程与计划任务工单二维码

模块 3　建筑装饰工程 BIM 技术的建模工作计划

任务 3.1　建筑装饰工程 BIM 建模准备

任务描述

装饰工程 BIM 建模准备要从以下几个方面入手：获取原始数据，包括上游各专业模型数据、建筑设计文件数据、工程现场几何数据、现场图片、合同数据、材料数据、构件库数据、施工组织设计、设计变更、进度计划、评审意见等。收集和整理原始数据，包括技术文件数据分析、工程概况和设计方案、技术重难点、施工部署和进度计划、技术方案论证、图表资料准备等。对原始数据进行处理，包括现场数据的处理和专业 BIM 模型的处理：现场数据的处理包括数据获取、基础空间模型建立、对比分析、识别偏差、调整模型或修正现场偏差、模型验证和文档记录；专业 BIM 模型的处理包括对原来没有 BIM 模型的项目建立完整建筑、结构和机电模型，对已有上游模型的项目获取各专业模型后进行数据整理，对所有房间和空间进行检查，并查看建筑及结构，查询模型提供的施工、项目进度与成本信息，对不合理和不符合规范的部分及时上报业主、监理，反馈给设计方，提出修改方案或设计变更提前做好技术方案确认；为项目施工决策提供依据。以上分析和研究结果将为项目的施工决策提供重要依据，涉及材料选择、施工方法、技术方案等多个方面。

知识准备

3.1.1　原始数据的作用

由于建筑装饰工程类别多，包含住宅装饰、公共建筑装饰、幕墙、陈设等不同的业态方向及细分专业，而且很多工程造型复杂多样、模型信息量巨大、文件组织和协同关系复杂，此外，工程施工中各相关参与方在装饰工程各阶段对模型数据的需求和关注点不同，利用 BIM 技术更注重空间、图纸以及模型数据之间的关联，所以需要传递的数据信息也是不同的。因此，在连续变化的需求中，装饰专业需要不断采集本专业和其他专业原始数据，对前期相关资料进行整理，制定辅助说明文档，从而厘清装饰专业和其他专业建筑信息模型的逻辑关系。

获取原始数据对装饰工程 BIM 模型创建有着重要的意义，主要体现在以下方面：

第一，设计方面。可以快速提供支撑装饰工程 BIM 模型所需要的数据信息，形成重要的建模参考依据，在此基础上可以研究空间形态，辅助装饰模型创建，有效提升装饰工程 BIM 模型创建的效率与质量；对于复杂的构造节点，利用上游 BIM 模型数据作为参考进行深化设计和方案优化，使得构造节点更具可操作性和经济适用性。

第二，施工方面。可以利用原始数据进行协同管理和数据共享，通过数据的汇总、拆分、对比分析，为装饰施工提供参考依据，对项目决策起到重要作用；测量获得的原始数据还可以提供精准的现场数据，用来比对设计和纠偏，为保证工程质量提供了基础；获取原始数据及相关工程信息后，通过装饰工程 BIM 模型与相关专业模型进行对比分析，检查是否碰撞，施工方案是否满足要求，保证装饰模型的有效性、精确度。

第三，造价方面。从原始数据中选取相关数据作为参考依据，可以比对造价，辅助计算工程量，提升施工预算的精度与效率；可以快速准确地从上游模型获得其他专业工程基础数据，为装饰施工的人、材、机等资源计划提供有效参考，显著减少资源、物流和仓储环节的浪费；材料的原始数据为实现限额领料、消耗控制提供数据支撑，实现物料的精准调度与成本的有效管控。

3.1.2　原始数据的获取

3.1.2.1　装饰工程 BIM 原始数据的类型

装饰工程原始数据包括：上游各专业模型数据、建筑设计文件数据、工程现场几何数据、现场图片、合同数据、材料数据、构件库数据、施工组织设计、设计变更、进度计划、评审意见等。上游模型数据主要指装饰工程开工前其他参与单位建立的 BIM 模型数据；建筑设计文件数据主要是建筑设计机构所提供的二维施工图数据；工程现场几何数据主要是现场测得的数据；合同数据主要指与工程承发包有关的各类合同；材料数据除了建模设计需要的材质图片，还有材料的物理和化学性能数据以及与供货有关的各种数据；此外建模时必须用到的构件库数据以及施工必用的施工组织设计、进度计划等也是收集的对象。

3.1.2.2　装饰工程 BIM 原始数据的信息收集

原始数据收集，不仅仅是在项目前期收集，在建筑装饰施工的不同阶段也要随时随地收集。同时，不仅要及时收集，还要及时地反映在模型中，并注意所选取数据的准确有效。另外，不同阶段收集的数据侧重点不同。如在装饰工程的深化设计的建模环节时，要参考施工组织设计中的进度计划。到了施工阶段，还要随时根据设计变更和工程进展来调整，收集和整理变化中的进度计划，将信息及时加入 BIM 模型，便于在验收交付时完整交付。

3.1.2.3　装饰工程 BIM 原始数据的文件格式

由于装饰工程涉及的数据种类繁多，数据的格式也多种多样，获取原始数据的文件格式，应使用项目级统一的软件版本。常用的模型文件格式见表 3.1.1①。

---

① 本节图片引自席艳君，罗兰，卢志宏 . BIM 装饰专业基础知识［M］. 北京：中国建筑工业出版社，2018：137.

表 3.1.1　装饰工程原始数据格式

序号	内容	软件	格式	备注
1	模型文件	Autodesk-Revit	*. rvt	依据所采用的 BIM 软件格式，转换为项目统一的通用格式
		ARCHICAD	*. pin/. pla	
		Catia	*. stp/ *. igs	
		Tekla	*. dbl	
		SketchUp	. skp	
		Rhinoceros	. 3dm	
		DigitalProject	. CATPart	
		3dsMAX	. 3ds	
		Maya	. ma/, mb	
		BIM5D（广联达）	. igms	辅助算量，集成管理
		THS-3DA2（斯维尔）	. jgk	
		鲁班 BIM	. Ibim	
		iTWO（RIB）	. rpa/. rpd	
2	性能分析	Ecotect	. eco/. mod	模型档案
		PKPMSun	*. t/ *. out	图形文件/计算参数文件
		ANSYSFluent	. cas	数据库文件
3	点云处理	FARO	. fls/. fws	
4	浏览文件	Navisworks	*. nwd/. nwc	
		Bentley	*. dgn	
		3dxml	*. 3dxml	
5	视频文件	AudioVideoInteractive	*. avi	原始分辨率不小于 800×600，帧率不少于 15 帧/秒，时间长度应能够准确表达所体现的内容
		WindowsMediaVideo	*. wmv	
		MovingPictureExpertsGroup	*. mpeg	
6	图片文件	Photoshop	*. jpeg/ *. png/, tif/. jpg	分辨率不小于 1280×720
7	办公文件	OfficeWord	*. doc/ *. docx	
		OfficeExcel	*. xls/ *. xlsx	
		OfficePowerPoint	*. ppt/ *. pptx	
		AdobeAcrobat	*. pdf	
		Project	. mpp	主要应用进度管理
		VISEO	. vsd/. vsdx	流程图反映
8	图纸文件	AutoCAD	. dwg/. dxf	
9	虚拟渲染	FUZOR	. che/. fzm	
		Lumion	. SPR/. SVA	
		V-Ray	. vrimg	

3.1.2.4　装饰工程 BIM 原始数据的获取渠道

装饰工程 BIM 的原始数据主要可以从以下途径获取：

第一，上游建筑设计院 BIM 模型及 CAD 施工图纸。装饰工程 BIM 建模前期，项目建模人员要向业主、设计院、总包等参与单位收集各专业建筑设计 BIM 模型，包含前一阶段已有的各专业建筑信息模型及二维施工图纸，如建筑、机电、结构等专业的模型和图纸，为装饰方案阶段设计建模做好准备。

第二，本单位的技术文件、合同等。装饰项目建模人员要向设计单位和本单位技术部门收集装饰工程相关技术文件，主要包括：施工图纸、施工组织设计、技术方案、施工工艺、装饰材料的材质图片、技术指标参数等；向商务部门收集招标文件、合同、清单等；向材料部门收集材料的价格、质量信息等。

第三，工地现场测量数据。装饰项目技术人员需根据工程项目总包方提供的基准定位标高、轴线和其他定位点参照工程测量规范进行施工现场的放线和定位工作。工地现场测量数据包括建筑、结构的墙体、地面、天花、门窗洞口等平面立面的几何尺寸以及空间标高等，灯具位置、开关插座位置、给排水管道等。不同阶段和环节测量的目的不同，测量对象会随之变化，工地现场数据的获取，可以采用激光测距仪、三维激光扫描仪结合传统测量方式，并将有效数据应用于模型当中。

第四，网络 BIM 资源库与协同平台数据。从互联网下载资料，是网络时代装饰工程项目获得原始数据的重要途径。网络数据主要是从 BIM 资源库下载的构件、材料材质、产品信息等；协同平台数据的获取，主要是从项目各参与方获得与工程有关的各类原始数据和信息，这些信息的及时获取能够保证项目各参与单位和各专业协作的顺利进行，保证项目效益的实现。

3.1.3　原始数据的处理

原始数据的处理须应用规范的方式，根据项目初期确定的信息交换的内容、数据的格式和细度，以及软件版本等要求进行处理，保证数据在传递、转换和整合过程中满足要求。

3.1.3.1　现场数据的处理

在工程现场，处理工地实际数据是确保装饰工程 BIM 模型的精确性和有效性的关键步骤。详细的工地现场数据处理流程如下：

第一，数据获取。使用先进技术手段，如三维扫描仪，对工地现场进行测量，获取点云模型。这些点云数据捕捉了现场的实际形状和尺寸。

第二，基础空间模型建立。基于获取的点云模型，建立装饰设计的基础空间模型。这个模型反映了现场的实际情况，为后续对比和调整提供了基础。

第三，对比分析。将获取的现场数据与装饰工程 BIM 模型进行对比分析。通过特定的软件工具，将点云数据与模型数据进行叠加，以便直观地比较二者之间的差异。

第四，识别偏差。在对比分析中，识别出现场尺寸与设计模型的尺寸是否存在偏差。这些偏差可能是由于测量误差、施工实际情况等因素引起的。

第五，调整模型或修正现场偏差。根据对比分析的结果，进行相应的调整。这包括对 BIM 模型进行修改，以使其与实际尺寸一致；或者修正现场偏差值，使其符合设计模型的要求。

第六，模型验证。调整完成后，再次验证调整后的 BIM 模型与现场实际情况的一致性。这可以通过重新对比分析、实际测量等方式进行。

第七，文档记录。对于每一步的处理过程，都应进行详细的文档记录，这有助于跟踪数据处理的过程以及后续可能出现的问题的解决方案。

第八，沟通协调。在处理现场数据时，需要与相关的设计师、工程师和施工团队进行密切的沟通和协调，确保所有参与方对数据处理的结果有一个共同的认识。

3.1.3.2 专业 BIM 模型的处理

装饰专业对于原来没有 BIM 模型的项目，首先要根据 CAD 施工图建立完整建筑、结构和机电模型。对已有上游模型的项目，获取各专业模型后，应根据工程实际情况进行数据整理，对建筑、结构、机电“错、漏、碰、缺”等问题进行分析；对所有房间和空间进行检查，并查看建筑及结构，查询模型提供的施工、项目进度与成本信息，对不合理和不符合规范的部分，及时上报业主、监理，反馈给设计方，提出修改方案或设计变更，提前做好技术方案确认，并作为装饰工程 BIM 建模的重要依据：对某些重点大型复杂空间的模型从建筑整体模型中分专业拆分，并对拆分模型进行修整以作好装饰建模的准备。

3.1.3.3 文件信息筛选

在装饰企业的项目部获取技术和合同等文件后，相关技术人员需要进行一系列的数据分析和准备工作，具体如下：

第一，技术文件数据分析。技术人员首先要仔细分析所获取的技术文件，这包括工程设计图纸、技术规范、合同条款等。通过仔细阅读和理解，可以获得整个工程的概况，了解设计方案、技术难点、施工部署、进度计划等重要信息。

第二，工程概况和设计方案。通过技术文件分析，技术人员可以了解工程的整体概况和设计方案。这有助于他们在后续的工作中对项目的要求和目标有清晰的认识。

第三，技术重难点。技术文件中通常会涉及一些技术重难点，如特殊材料使用、复杂施工工序等。技术人员需要识别这些重难点，并思考如何解决这些问题。

第四，施工部署和进度计划。了解施工部署和进度计划，有助于技术人员规划装饰工程 BIM 模型的建立和更新，并确保项目的按时进行。

第五，技术方案论证。技术人员需要确定哪些项目需要单独建立装饰工程 BIM 模型，这个决策可以基于项目的特点、难点以及技术方案的可行性来做出。

第六，技术方案研究。对于重大、复杂节点技术问题，技术人员需要深入研究，提出切实可行的技术方案。这需要与其他相关专业进行合作，以确保综合解决方案的有效性。

第七，图表资料准备。在技术文件分析的基础上，技术人员需要准备装饰施工需要的图表资料，如图纸、示意图、技术说明等。这些图表资料有助于在 BIM 模型中精确地表现施工方案。

第八，为项目施工决策提供依据。技术人员的分析和研究结果将为项目的施工决策提供重要依据。这些决策可能涉及材料选择、施工方法、技术方案等多个方面。

理解练习

1. 单选题

(1) 装饰工程 BIM 模型创建需要哪些数据信息的支撑？

A. 原始数据信息　　B. 图纸和模型数据

C. 工程施工数据　　D. 预算和成本数据

扫码查看答案解析

(2) 原始数据在装饰工程 BIM 模型的施工阶段起到什么作用？

A. 提供参考依据和协同管理

B. 提升装饰模型的效率与质量

C. 辅助计算工程量和减少资源浪费

D. 实现物料的精准调度和成本管控

(3) 哪个方面可以利用原始数据对装饰工程 BIM 模型进行优化和方案决策？

A. 施工方面　　B. 造价方面

C. 设计方面　　D. 监理方面

(4) 原始数据可以用于哪些方面的信息比对和对比分析？

A. 模型的冲突检查　　B. 资源计划和成本管控

C. 空间形态研究　　D. 设计的纠偏和测量

(5) 装饰工程原始数据包括哪些内容？

A. 上游各专业模型数据、建筑设计文件数据、工程现场几何数据、现场图片、合同数据、材料数据、构件库数据、施工组织设计、设计变更、进度计划、评审意见等

B. 上游各专业模型数据、建筑设计文件数据、工程现场几何数据、合同数据、材料数据、构件库数据、施工组织设计、进度计划等

C. 上游各专业模型数据、建筑设计文件数据、工程现场几何数据、合同数据、材料数据、施工组织设计、设计变更、进度计划等

D. 上游各专业模型数据、建筑设计文件数据、工程现场几何数据、现场图片、合同数据、材料数据、施工组织设计、设计变更、进度计划等

2. 多选题

(1) 在建筑装饰项目过程中，原始数据的收集需要注意的是（　　）。

A. 及时收集　　B. 及时反映在模型中

C. 注意数据的准确性　　D. 仅在项目前期收集

(2) 从哪些途径可以获取装饰工程 BIM 的原始数据？

A. 上游建筑设计院 BIM 模型及 CAD 施工图纸

B. 本单位的技术文件、合同等

C. 工地现场测量数据

D. 网络 BIM 资源库与协同平台数据

（3）装饰项目建模人员需要收集哪些技术文件和合同？

A. 施工图纸、施工组织设计、技术方案等

B. 招标文件、合同、清单等

C. 材料的价格、质量信息等

D. 建筑、机电、结构等专业的模型和图纸

（4）工地现场测量数据包括哪些内容？

A. 建筑、结构的墙体、地面、天花、门窗洞口等平面，立面的几何尺寸

B. 灯具位置、开关插座位置、给排水管道等

C. 建筑、机电、结构等专业的模型和图纸

D. 施工图纸、施工组织设计、技术方案等

（5）在工程现场，处理工地实际数据是确保装饰工程 BIM 模型的精确性和有效性的关键步骤，以下哪些是处理工地现场数据的具体步骤？

A. 数据获取　　B. 基础空间模型建立

C. 对比分析　　D. 现场施工

E. 文档记录

3. 思考题

（1）技术文件数据分析的目的是什么？

（2）为什么要进行技术方案研究？

（3）BIM 模型为什么在装饰工程中起到重要的作用？

任务工单

任务 3.1　建筑装饰工程 BIM 建模准备	
BIM 建模工作清单	
工作组名称	
成员及分工	
完成时间	
阶段	工作内容
1. 设计阶段	
2. 施工阶段	
3. 运营阶段	

任务 3.1 建筑装饰工程 BIM 建模准备任务工单二维码

任务 3.2 建筑装饰工程 BIM 建模规则

任务描述

掌握建筑装饰工程 BIM 建模规则，包括模型命名、构件分类、拆分和样板等方面的规定，了解模型色彩定义在 BIM 工作流程中的重要性，能直观地区分不同类型的模型图元，并将不同的建筑信息模型赋予不同属性和性质的色彩。

知识准备

3.2.1 模型命名

3.2.1.1 模型命名作用

一个大型的装饰工程 BIM 项目，包含的模型文件及模型元素的数量是非常庞大的。为了能清晰地识别协同管理过程中的装饰工程 BIM 模型文件以及装饰工程 BIM 模型文件中涉及的各类模型元素，需要遵循一定原则对相关文件、元素进行命名，以便设计师能及时准确地查找所需文件，提高 BIM 设计的工作效率。

3.2.1.2 模型命名原则

装饰项目模型命名原则应包括模型文件命名原则、模型构件分类原则以及模型材料编码原则等。

1）模型文件命名原则

当装饰项目处于协同工作的模式时，应根据总包方 BIM 团队和合同要求，对模型文件命名规则进行统一规定和要求。如无明确要求，则根据工程项目名称、公司名称、专业编号、部位及实施阶段进行模型文件命名，以便于模型文件的识别和协同管理。例如：某项目—某公司—装饰—5F—深化设计。

在协同平台文件夹里的模型文件名称采用工程项目统一规定的命名格式，在个人工作文件夹里的模型文件命名可通过增加个人文件夹层级来减小文件名长度。

示例：某办公楼三层多功能厅方案设计模型、某商业综合体二层共享空间深化设计模型、某酒店一层大堂施工过程模型等。

2）模型构件分类原则

对模型构件命名也应进行统一规定和要求，其名称可以由“构件部位（楼层位置）—模型构件分类—模型构件类型描述—模型构件尺寸描述”组成。

（1）按照行标《建筑产品分类和编码》（JG/T 151—2015）分类。构件的分类可结合行业标准《建筑产品分类和编码》（JG/T 151—2015）中的分类方法选择合适的分类维度将模型构件一级类目“大类”，二级类目“中类”，三级类目“小类”，四级类目

"细类"。比如空心砖可以按照"墙体材料—砖—烧结砖—空心砖"的原则来分类。

建筑产品应具备以下条件：有明确的型号、规格、等级等规定和标识方法；有完整的技术资料，包括技术说明书、图、检验规则和适用的标准体系等；只有规格尺寸和颜色的差别，而其他基本技术条件都相同时，为一种产品；建筑配件，无论其是否组成整体，均为一种产品。

（2）按照建筑工程分部分项工程命名。按照建筑工程分部分项工程划分的原则来进行模型元素命名，以便于分部分项工程量归集和统计。模型构件分类依据《建筑工程施工质量验收统一标准》（GB 50300—2013）中分部工程、子分部工程和分项工程划分的原则进行分类。装饰工程模型元素类别可划分为建筑地面、抹灰、外墙防水、门窗、吊顶、轻质隔墙、饰面板、饰面砖、幕墙、涂饰、裱糊与软包、细部等模型类别，见表 3.2.1①。

命名示例：地面—板块面层—CT01-50、抹灰—一般抹灰—砂浆—20、吊顶—整体面层—轻钢龙骨主龙骨—50、饰面板—石板安装—ST02-20 等。

表 3.2.1　装饰工程模型元素类别及模型构件名称表

序号	模型类别	模型构件名称
1	建筑地面	基层铺设、整体面层、板块面层、卷材面层
2	抹灰	一般抹灰、保温抹灰、装饰抹灰、清水砌体勾缝
3	外墙防水	外墙砂浆防水、涂膜防水、透气膜防水
4	门窗	木门窗安装、金属门窗安装、塑料门窗安装、特种门窗安装、门窗玻璃安装
5	吊顶	整体面层吊顶、板块面层吊顶、格栅吊顶
6	轻质隔墙	板块隔墙、骨架隔墙、活动隔墙、玻璃隔墙
7	饰面板	石板安装、陶瓷板安装、木板安装、金属板装、塑料板安装
8	饰面砖	外墙饰面砖粘贴、内墙饰面砖粘贴
9	幕墙	玻璃幕墙安装、金属幕墙安装、石材幕墙安装、陶板幕墙安装
10	涂饰	水性涂料、溶剂型涂料、防水涂料
11	裱糊与软包	裱糊、软包
12	细部	橱柜制作与安装、窗帘盒和窗台板制作与安装、护栏和扶手制作与安装、花饰制作与安装

（3）装饰行业常用材料代码规则。模型材料代码可根据材料类别进行模型材料代码的编制，如采用英语单词或词组进行字母组合缩写，以便于材料代码标注和检索。材料代码规则由"材料类别＋编号—规格型号"组成。

① 本节图片引自席艳君，罗兰，卢志宏 . BIM 装饰专业基础知识［M］. 北京：中国建筑工业出版社，2018：140.

3.2.2 模型拆分

3.2.2.1 模型拆分的作用

1）优化硬件执行速度

作为工程项目交付使用前的最后一道环节，装饰专业往往是各专业分包协调的中心，其涉及的构件和材料种类繁多，细节复杂，风格和表现形式多样，因此，模型数据量也非常大。当前，简单的装饰BIM模型文件，其大小一般为10～100MB数量级，而大型的、复杂的装饰设计项目，其整个BIM模型大小可以达到1～10GB数量级。模型文件越大，对计算机硬件配置要求越高，为了能流畅应用，一般需要进行模型拆分。

2）增强协同工作效能

为了提高大型项目操作效率、不同专业间的协作效率、BIM模型的管理效率，装饰专业模型应按照一定原则对模型进行拆分，一般按照自上而下的原理进行模型拆分，不同的专业或者区域在不同的模型文件中建立，然后由总协调单位负责统一整合，保证模型结构装配关系明确，以便于数据信息检索。

3.2.2.2 装饰项目模型拆分方式

当装饰项目处于协同工作的模式时，装饰专业模型的拆分应考虑三方面的需求：①按照总包单位确定和要求的整体拆分原则执行，以满足多用户访问、提高大型项目操作效率、不同专业间协作的目的；②考虑合同约定的作业界面、专业系统和装饰分包的要求，避免丢项落项或重复建模和统计；③为了满足本企业自身项目标准化需求，根据自身企业标准进行模型拆分，一般模型大小不宜超过200MB，以避免后续多个模型操作时过于卡顿，影响协同效率。

通常情况下，装饰项目模型可按以下方式进行拆分：

第一，按楼层划分。普通工程各专业模型按照楼层进行划分，一个楼层或者几个楼层的所有模型拆分为一个文件。例如：1～5F为一个文件，5～10F为一个文件。

第二，按空间划分。较复杂的楼层，在按照楼层划分的基础上，再按照建筑空间功能分区的空间名称划分模型文件，如大堂、餐厅、电梯厅、办公室、卫生间、楼梯间等划分，适用于多施工公司分区域合作的大型项目或者模型精细的项目。

第三，按分包区域划分。各专业分包工程根据施工分包区域划分模型文件，便于模型建立及管理。例如：某层装饰工程的钢结构转换层为一个文件，装饰面层为另外一个文件。

第四，按房间部位划分。对于做法极其特殊、造型设计复杂、模型数据量较大的空间，可以继续按照房间部位进行细部划分模型文件，如天花、地面、墙面、门窗、陈设等。对于整体工程，因无法在建模过程中发现墙、顶、地之间交接的问题，不建议全部按照墙、顶、地来划分。

3.2.3 模型样板

模型样板是为项目开展提供合适的基点，并按照固定的格式快速启动，使用同一样板的项目可以按照统一标准开展工作。常用 BIM 建模软件会提供样板或模板，用于不同的建模制图规则和建筑项目类型。这些样板文件中包含视图样板设置、视图组织、过滤器设置、对象样式、线样式、常用的模型元素载入等内容。在一些 BIM 建模软件中，为了最大化满足用户的要求，挖掘 BIM 建模软件的功能和性能，软件服务商也特别制作了对应的模板给用户作为系统参考，包含视图映射、布图图册、线型、填充和图层等。但是，在装饰工程 BIM 模型创建过程中，默认样板往往不能满足项目需求，为提高团队工作效率及满足出图规范的要求，创建自定义模型样板是一个很好的选择。

3.2.3.1 模型样板的作用

装饰项目的 BIM 设计建模工作，通常都是由一个设计团队多人同时参与协作完成的。在方案设计阶段和施工图设计阶段，总是会存在一些固定不变的工作，具有共性特点的内容，例如门窗表、建筑面积的统计、装修材料表、图纸目录等。如何保证 BIM 文件的统一性、设计文件的标准化，减少重复工作量，保证 BIM 模型的质量，这在团队协同设计工作中是非常重要的。

通过模型样板文件的制作，可以为项目建模中的标准化工作提供很好的基础，保证各参与建模人员所制作的 BIM 模型标准统一，大量减少建模中出现重复工作的情况，便于设计协同及管理，显著提高工作效率。

3.2.3.2 模型样板设计原则

装饰项目模型样板的设计需遵循以下原则：

第一，根据国家地区及行业标准规范设置。我国现已编制出台的一系列国家级 BIM 标准，与各地区及行业相关标准及规范共同组成了较为完整的标准序列。其中对于 BIM 的各种操作规范及交付成果均有较为清楚的定义。在装饰项目模型样板的创建时必须结合这些标准规范的相关要求进行设置。另外，为使建筑图纸规格统一，图面简洁清晰，符合施工要求，利于技术交流，我国针对不同专业的施工图中常用的图纸幅面、比例、字体、图线（线型）、尺寸标注等内容作了具体规定。因此，在项目开始的时候也需要充分考虑项目建模之后的出图要求，并根据这些标准来创建装饰项目模型样板。

第二，根据已有项目标准设置。装饰工程项目部作为工程项目的专业分包之一，往往进场施工较晚，且需服从项目总承包单位的统一管理。所以，一般情况下，业主或总承包单位会结合项目情况对项目的模型样板有相应的标准与规定，装饰项目部在创建装饰模型样板的时候需要充分考虑这些项目标准，以达到与相关单位更好协同的目的。

第三，根据企业 BIM 实施标准设置。每家企业会在满足国家相关标准的情况下，制定企业自身的 BIM 实施标准，以满足企业的更多自主应用的需求，在创建模型样板的时，也需要遵循一定的原则之一。当装饰企业在既有建筑改造装饰项目中承担总协调角色时，要设定项目模型样板。在遵循前述原则的情况下，所有基本设置应统一要求，一旦创建实施，为了保证项目模型成果的一致性，应用者不宜随意修改，如确有必要修改，应经过各方协调，统一修改。

3.2.3.3 模型样板设计内容

创建模型样板的方法多种多样，一般分为三种：①基于现有样板文件来创建新的模型样板；②使用现有项目文件来创建模型样板；③导入样板设置参数来创建模型样板。可以根据项目特点及工作情况，选择适合本项目的方式来进行模型文件的设置。模型样板文件创建的具体内容如下：

第一，项目基点。项目基点是在模型文件中设置的统一的原点。在一个项目中，不同软件及不同专业制作的模型如果没有基于相同的项目基点制作，在需要链接到一起进行各种应用时会非常复杂。因此，在项目的模型样板文件里，一般首先需要预先统一设置好项目基点，以保证各模型文件中建筑的位置及建筑的设计图元相关定位是一致的。

模型样板文件基点的设置一般可以参照土建模型的基点来设置，以便于后期模型的整合。在确定好项目基点后，为了防止因为误操作而移动了项目基点，可以在选中点后，进行锁定操作来固定其位置。

第二，线型图案。线型图案是其间交替出现空格的一系列虚线或圆点。装饰模型材料众多、细节丰富，创建较为复杂，为了更好地区分不同的构件或者材料轮廓，往往需要设置多种不同的线型图案。线型图案的外观应符合国家标准中的相关要求及通用的制图习惯，不宜随意定制。

第三，线宽设置。线宽是指从模型导出二维图纸时的线条宽度，装饰模型和图纸需要多种线宽来表达设计内容的层次，丰富制图表现效果，区分不同深度和材料的物体，因此需要设置不同的线宽，线宽设置标准参考相关国家标准进行设置，同时也应当根据图面表达清晰美观的原则进行调整。

第四，填充样式。填充样式是为了控制模型在投影中剪切或显示的表面的外观而设置的不同填充图案。装饰工程材料复杂，因此其填充样式也是需要创建装饰模型样板时重点关注的一项内容。

以 Revit 为例，“填充图案”分为两类，分别为“绘图填充图案”和“模型填充图案”。绘图填充图案为二维注释线，以符号形式表示材质，绘图填充图案的密度与相关图纸的关系是固定的。模型填充图案为三维模型线，代表建筑物的实际图元外观（例如，墙上的砖层或瓷砖），且相对于模型而言它们是固定的。这意味着它们将随模型一同缩放比例，因此只要视图比例改变，模型填充图案的比例就会相应改变。

绘图填充图案和模型填充图案一般都可以通过 CAD 格式的填充文件来导入，但需要设置好合适的形状和比例，并且载入模型中查验是否正确表达，并且需符合项目对于材料图例的统一要求。

第五，尺寸标注。装饰图纸中的标注种类和数量都很多，因此在装饰模型样板中，也需要合理设置尺寸标注的属性，便于在进行尺寸标注时方便快捷地选择统一的标注样式。其中最主要的就是调整尺寸标注、高程点、高程点坡度、高程点坐标的外观以使其满足企业需求并符合行业标准。

第六，字体设置。根据国标制图规范的规定，在装饰模型样板中应使用长仿宋、黑体等字体。常用的字高有 3.5mm、5mm、7mm、10mm、14mm、20mm 等，宽度系数需要设置为 0.7。

第七，视图样板设置。装饰专业的视图类型主要有平面图、立面图、剖面图、大样图、节点图、三维视图等，而且各种视图的比例比较多，为了满足不同视图的出图效果，需要进行较为复杂的视图样板的设置。以 Revit 为例，包括视图比例、可见性设置、视图范围等。根据装饰专业需求，一般需要设置地面铺装、天花平面图、家具布置图、隔墙定位图等不同的视图样板。例如，隔墙定位图无须显示天花板投影平面，地面铺装图则不需要显示各种家具造型。

第八，构件类型。创建装饰模型样板时，如果使用的基准样板是软件默认样板，其中的构件类型并不能满足项目实施需要，需要对各构件进行命名和归类，使之达到项目实施构件需求。装饰专业中，构件类型主要包括常用的墙体、门窗、柱子、地面、天花、屋顶、楼梯、家具等。以 Revit 中墙体类型为例，为创建项目级样板，需要对默认的墙体进行修改，包括墙体命名、构造类型等设置，定制成为各类型装饰墙面，比如乳胶漆墙面、瓷砖墙面等。

第九，详图设置。装饰工程 BIM 模型细节丰富，复杂程度高，因此在进行装饰工程 BIM 建模时，如果把每一个构件的细部特征都用三维的方式来表达将会花费大量的精力。而借助标准详图，同样可以将设计信息准确地表达出来。所以在软件自动生成的基本视图达不到项目实施的细节要求时，需要在此基础上进一步用各种详图工具进行深化设计。

例如，在 Revit 中，根据详图创建的方式不同，详图分为详图视图与绘图视图。详图视图是由模型的平面、立面、剖面等视图剖切或索引而创建的详图。例如用“剖面”工具创建的墙身大样。绘图视图是指在详图设计中创建的与模型不关联的详图，比如手绘的二维详图、从外部导入的 CAD 详图等。模型线属模型图元，在各个视图都可见；而详图线则属于详图视图专有图元，只能在创建的视图中可见。因此，在详图处理的时候需要根据需求来选择对应的工具。

第十，明细表。能通过模型来比较精确地统计材料工程量是 BIM 设计很大的一个优势，一般的 BIM 软件都可以辅助项目的成本管理工作。但是在利用这些功能的时候需要清楚地认识这些软件统计的原则，并且根据这些原则来进行一些变通设置。比如，Revit 中统计“墙”面积为单边面积，在计算墙面的抹灰面积时，使用“计算值”命令为“墙”赋予内、外两边墙面统计参数公式，并且需要注意项目中各种不同单位的换算及公式的使用。

第十一，项目视图组织。对设计人员来说，项目视图组织尤为重要，合理的视图组织能够帮助设计人员更好更方便地在项目中开展工作，包括建模、出图、展示、管理等。项目视图的建立应根据项目需要进行，模型搭建初期，对于各平、立、剖视图依赖较大，为方便查看，需要对建模视图单独分类，建立视图组织子类别。比如划分为建模、出图、三维展示、管理四个板块，可以明确模型搭建，规定出图格式，方便后期展示，规范施工管理。

3.2.4 模型色彩

3.2.4.1 模型色彩定义的功能

模型色彩定义在 BIM 工作流程中是非常重要而且必不可少的环节。可以让人很直观地区分开不同类型的模型图元，清楚高效地了解不同构件交接处的构造关系；在某些 BIM 软件的三维视图显示系统中，还可以看到装饰项目模型中接近材质的色彩。另外，在不同用途的 BIM 模型中，通过最简单快捷地“着色”，将不同的色彩赋予不同属性和性质的物体，能直接明了地将各类物体加以区分。例如，ARCHICAD 在建立施工进度模拟模型时，用各种颜色代表不同时段，对同一施工时段的各类构件赋予同一色彩，可以及时直观地了解施工进度。

3.2.4.2 装饰项目模型色彩定义基本原则

在定义装饰项目模型色彩的过程中，不宜将颜色设置过多而不便记忆，应遵循“简单清晰有差异”和“装饰设计一致性”的原则。“简单清晰有差异”即不需要将每个构件赋予不同的色彩，可参照传统 CAD 制图中，对色彩管理的要求并结合项目实际特点，按照不同构件类别、不同模型的不同用途来制定装饰工程 BIM 模型色彩方案，然后在项目中通过 BIM 建模软件色彩定义相关的功能。

3.2.5 模型材质

3.2.5.1 模型材质的功能

装饰模型中的材质，代表的就是实际的材质，例如混凝土、木材、玻璃、阳极氧化铝型材、布艺陈设等。这些材质可以应用于设计的各个部分，使模型对象具有真实的外观和行为。在装饰工程中，装饰的外观形态是重点，因此材质还需要具备详细的外观属性，例如反射率、表纹肌理等。另外，在建筑性能分析中，材质的物理属性又更为重要，例如屈服强度、热传导率。因此，在装饰工程 BIM 模型创建中，材质是不可忽视的一环。

装饰工程项目根据各工作阶段的不同要求，可以制定符合相应需求的材质信息深度标准。在前述的模型色彩定义之后，如果要进一步更真实地反映设计效果，则可以采用贴图等方式，赋予模型更为真实的外观，呈现出更为接近最终装饰效果的画面，尤其是结合 VR 等技术，设计师和业主可以身临其境地感受室内空间的装饰设计效果。

3.2.5.2 材质贴图的准则

在 BIM 模型中，材质贴图的使用和命名是确保模型一致性和可操作性的重要方面。以下是材质贴图的准则，以确保项目的顺利进行和后续工作的高效进行：

第一，项目定位和分阶段建立材质。根据项目的不同阶段和定位，应分阶段建立项目材质库。例如，可以区分方案环节材质、施工图环节材质、施工阶段样板材质和深化设计材质等。这有助于在不同阶段使用适当的材质，减少混淆和错误。

第二，统一固定的贴图位置。所有材质贴图文件应放置于统一固定的位置，以确保在模型文件传递和共享的过程中，贴图能够轻松定位。这样的做法有助于避免贴图文件丢失或错位的问题。

第三，贴图命名的可读性和唯一性。贴图文件的命名应具备良好的可读性和唯一性。使用清晰、简洁的命名规则，能够让团队成员快速识别材质的内容，确保每个贴图文件都有唯一的命名，避免出现混淆。

第四，考虑通用性和后续工作。在选择和应用贴图时，要考虑到后续的渲染工作和其他软件对模型的读取需求。使用高质量的贴图，确保材质在不同软件和渲染引擎下的效果良好。另外，为方便后续的渲染工作，可以使用高分辨率的贴图。

第五，文档和标注。对于每个贴图，最好提供相应的文档或标注，说明其用途、来源和特点。这有助于团队成员了解贴图的背景信息，更好地使用和管理贴图。

第六，版本控制。对于经常更新的材质贴图，应实施良好的版本控制，确保团队成员使用的是最新的贴图版本，避免使用过时的贴图引发问题。

3.2.5.3　模型材质库

材质库也被称为材料资源库，在建筑装饰信息模型中扮演着极其重要的角色，其建立有助于设计师轻松地获取各种材料的信息，从而能够更有效地做出设计决策。材质库的内容不仅包括外观、颜色、纹理和贴图等方面的信息，还应涵盖材料所含有的有害物质的含量、使用寿命等相关信息。

在一个完善的材质库中，通常包括以下关键信息：

第一，材料外观属性。材质库应包括材料的外观属性，如颜色、纹理、光泽度等。这些信息有助于设计师在模型中准确地表现各种材质，使其在渲染和可视化中呈现真实感。

第二，物理性能参数。材质库中应该提供关于材料物理性能的信息，如强度、耐久性、导热性等。这些参数对于在设计中选择合适的材料至关重要，以确保建筑物能够满足其功能和要求。

第三，有害物质含量。考虑到可持续性和环保要求，材质库应该提供有关材料中各种有害物质的含量信息。这有助于设计师选择对环境友好的材料，并在设计过程中减少不良影响。

第四，使用寿命和维护信息。提供关于材料预期使用寿命和维护要求的信息，有助于设计师在设计中选择具有持久性和可维护性的材料。

第五，标准和规范。对于每种材料，应提供相关的标准和规范信息，以确保所选材料符合行业标准和法规要求。

第六，材质的来源和供应商信息。提供关于材料供应商及其来源的信息，有助于设计师在项目实施中进行采购和合作。

在使用BIM软件如Revit时，材质库的建立通常是模型中的一个重要组成部分。例如，Revit中默认的材质库包括Autodesk材质库和AEC材质库，其中包含各种材料分类。每个材料条目都包括标识、图形、外观、物理性能等属性。这些属性可以被装饰专业用来控制构件的可视化显示，从而在模型中实现真实感和准确性。

3.2.6 模型细度

3.2.6.1 LOD 的基本认知

LOD 即信息模型细度，是指模型构件及其几何信息和非几何信息的详细程度。用来描述建筑信息模型构件单元从最低级的近似概念化的程度发展到最高级的演示级精度的过程。美国建筑师协会（AIA）为了规范 BIM 参与各方及项目各阶段的界限，定义了 LOD 的概念，LOD 被分为 5 个等级，分别为：LOD100-Conceptual（概念化）、LOD200-Approximate geometry 近似构件（方案及扩初设计）、LOD300-Precise geometry 精确构件（施工图和深化施工图）、LOD400-Fabrication（加工）、LOD500-As-built（竣工）。这些定义可以根据模型的具体用途进行进一步的发展扩充。LOD 的定义可以用于两种途径，分别为确定模型阶段输出结果和分配建模任务。

1）模型阶段输出结果

随着设计的进行，不同的模型构件单元会以不同的速度从一个 LOD 等级提升到下一个。例如，在传统的项目设计中，大多数的构件单元在施工图设计阶段完成时需要达到 LOD300 的等级，同时在施工阶段中的深化施工图设计阶段大多数构件单元会达到 LOD400 的等级。但是有一些单元，例如墙面粉刷，它的造价以及其他属性都附着于相应的墙体中，模型层面的信息可能大部分时候不会超过 LOD100 的层次。而像成品家具，在设计阶段就被设计完成了，因此可能在一开始就有比较高的 LOD 等级。虽然每个项目的过程略有不同，但项目通常在这些主要阶段都有进展。所以了解并定义每个阶段需要的正确类型和信息级别来指导增加相应的值是非常重要的。

2）任务分配

除三维表现之外，一个装饰 BIM 模型构件单元还能包含非常多的信息，这个信息可以是多方来提供。例如，一面三维的墙体或许最初是建筑师创建的，但是最后总承包方要提供造价信息，暖通空调工程师要提供热传递系数 U 值和保温层信息，一个隔声墙体承包商要提供隔声值的信息等。为了解决信息输入多样性的问题，美国建筑师协会文件委员会提出了“模型单元作者”的概念，该作者需要负责创建三维构件单元，但是并不一定需要为该构件单元添加其他非本专业的信息。

3.2.6.2 装饰项目各阶段模型细度

装饰工程信息模型细度由模型构造的几何信息和非几何信息共同组成。几何信息一般指模型的三维尺寸，而其余的一些工程相关信息为非几何信息。比如工程项目信息中的工程项目名称、建设单位、勘察单位、设计单位、生产厂家、施工方案以及运营维护信息中的配件采购单位、联系方式等这些文本格式的信息，甚至包括相关的一些网址链接，文档扫描件、多媒体文件等信息。

根据《建筑装饰装修工程 BIM 实施标准》（T/CBDA 3—2016）规定，装饰工程信息模型细度可划分为 LOD200、LOD300、LOD350、LOD400、LOD500 五个级别，具体标准如下：

第一，LOD200。表达装饰构造的近似几何尺寸和非几何尺寸，能够反映物体本身大致的几何特性。主要外观尺寸数据不得变更，如有细部尺寸需要进一步明确，可在以后实施阶段补充。

第二，LOD300。表达装饰构造的几何信息和非几何信息，能够真实地反映物体的实际几何形状、位置和方向。

第三，LOD350。表达装饰构造的几何信息和非几何信息，能够真实地反映物体的实际几何形状、方向，以及给其他专业预留的接口。主要装饰构造的几何数据信息不得错误，避免因信息错误导致方案模拟、施工模拟或冲突检查的应用中产生误判。

第四，LOD400。表达装饰构造的几何信息和非几何信息，能够准确输出装饰构造各组成部分的名称、规格、型号及相关性能指标，能够准确输出产品加工图，指导现场采购、生产、安装。

第五，LOD500。表达工程项目竣工交付真实状况的信息模型，应包含全面的、完整的装饰构造参数及其相关属性信息。

装饰工程信息模型细度根据实施阶段，可分为方案设计模型细度、初步设计模型细度、施工图设计模型细度、施工深化设计模型细度、施工过程模型细度、竣工交付模型细度和运营维护模型细度七个等级，见表 3.2.2①。

表 3.2.2　装饰建筑信息模型细度包含信息表

序号	分类	模型细度包含信息
1	装饰工程方案设计模型细度	模型仅表现装饰构件的基本形状及整体尺寸，无须表现细节特征，包含面积、高度、体积等基本信息，并加入必要语义信息
2	装饰工程初步设计模型细度	模型表现装饰构件的相近几何特征及尺寸，表现大致细部特征基本基层做法，包含规格类型参数、主要技术指标、主要性能参数与技术要求等
3	装饰工程施工图设计模型细度	模型表现装饰构件的相近几何特征及精确尺寸，表现必要的细部特征及基层做法，包含规格类型参数、主要技术指标、主要性能参数与技术要求等
4	装饰工程施工深化设计模型细度	模型包含装饰构件加工、安装所需要的详细信息，满足施工现场的信息沟通和协调
5	装饰工程施工过程模型细度	模型包含时间、造价信息，满足施工进度、成本管理要求
6	装饰工程竣工交付模型细度	模型包含质量验收资料和工程洽商、设计变更等文件
7	装饰工程运营维护模型细度	模型根据运维管理要求，进行相应简化和调整，包含持续增长的运维信息

① 本节图片引自席艳君，罗兰，卢志宏. BIM 装饰专业基础知识［M］. 北京：中国建筑工业出版社，2018：150.

理解练习

1. 单选题

（1）对于模型构件的命名规定和要求，下列哪种方法可以与行业标准《建筑产品分类和编码》（JG/T 151—2015）结合使用？

扫码查看答案解析

A. 按照建筑工程分部分项工程命名

B. 按照装饰行业常用材料代码规则进行命名

C. 按照构件部位—模型构件分类—模型构件类型描述—模型构件尺寸描述的原则进行分类命名

D. 按照构件的功能和用途进行命名

（2）为了方便分部分项工程量归集和统计，在进行模型元素命名时可以采用哪种命名方式？

A. 按照建筑工程分部分项工程命名

B. 按照装饰行业常用材料代码规则进行命名

C. 按照构件部位—模型构件分类—模型构件类型描述—模型构件尺寸描述的原则进行分类命名

D. 按照构件的功能和用途进行命名

（3）在装饰行业中，模型材料可以根据什么进行代码编制？

A. 材料类别　　B. 构件部位

C. 模型构件分类　　D. 模型构件尺寸描述

（4）在定义装饰项目模型色彩时，应遵循哪些原则？

A. “简单清晰有差异”和“装饰设计一致性”

B. “简单复杂有差异”和“装饰设计统一性”

C. “简单明了有间隔”和“装饰设计一致性”

D. “简单复杂有间隔”和“装饰设计统一性”

（5）在建筑性能分析中，材质的哪些属性更为重要？

A. 反射率和表纹肌理　　B. 屈服强度和热传导率

C. 颜色和纹理　　D. 光泽度和透明度

（6）为了确保模型一致性和可操作性，材质贴图的使用和命名需要遵循哪些准则？

A. 项目定位和分阶段建立材质、统一固定的贴图位置、贴图命名的可读性和唯一性、考虑通用性和后续工作、文档和标注、版本控制

B. 贴图命名的可读性和唯一性、统一固定的贴图位置、项目定位和分阶段建立材质、考虑通用性和后续工作、版本控制、文档和标注

C. 项目定位和分阶段建立材质、贴图命名的可读性和唯一性、文档和标注、统一固定的贴图位置、考虑通用性和后续工作、版本控制

D. 统一固定的贴图位置、贴图命名的可读性和唯一性、项目定位和分阶段建立材质、版本控制、文档和标注、考虑通用性和后续工作

(7) LOD是指建筑信息模型构件及其几何信息和非几何信息的________。

A. 详细程度　　B. 抽象程度

C. 使用程度　　D. 呈现程度

(8) 装饰工程信息模型细度的划分是基于什么标准?

A. 工程项目名称

B. 建设单位

C.《建筑装饰装修工程BIM实施标准》(T/CBDA 3—2016)

D. 配件采购单位

2. 多选题

(1) 装饰项目模型的拆分方式主要考虑哪三方面的需求?

A. 满足多用户访问和提高操作效率的需求

B. 避免丢项落项或重复建模和统计的需求

C. 满足本企业自身项目标准化需求

D. 按照房间部位进行细部划分模型文件

(2) 装饰项目模型的拆分方式包括以下哪些?

A. 按楼层划分　　B. 按空间划分

C. 按分包区域划分　　D. 按建筑面积划分

(3) 在装饰项目模型样板的设计中，应遵循哪些原则?

A. 根据国家地区及行业标准规范设置　　B. 根据已有项目标准设置

C. 根据企业BIM实施标准设置　　D. 根据个人意愿进行设置

(4) 创建模型样板的方法一般分为哪三种?

A. 基于现有样板文件来创建新的模型样板　　B. 使用现有项目文件来创建模型样板

C. 导出样板设置参数来创建模型样板　　D. 从零开始创建模型样板

(5) 模型阶段输出结果有哪些不同的等级?

A. LOD100　　B. LOD300

C. LOD400　　D. LOD500

(6) LOD400级别的装饰工程信息模型能够输出以下哪些信息?

A. 装饰构造各组成部分的名称　　B. 装饰构造各组成部分的规格

C. 装饰构造各组成部分的型号　　D. 相关性能指标

3. 思考题

(1) BIM模型为什么在装饰工程中起到重要的作用?

(2) 为什么在装饰工程BIM模型创建过程中，使用默认样板往往不能满足项目需求?

(3) 如何确保BIM文件的统一性和设计文件的标准化?

任务工单

任务 3.2　建筑装饰工程 BIM 建模规则		
BIM 建模工作页		
工作组名称		
成员及分工		
完成时间		
事项	工作事项	工作内容
1. 模型命名	(1) 模型文件命名	(根据工程项目名称、公司名称、专业编号、部位及实施阶段进行模型文件命名。)
	(2) 模型构件分类	(可以由“构件部位(楼层位置)—模型构件分类—模型构件类型描述—模型构件尺寸描述”组成。)
2. 模型拆分	(1) 优化硬件执行速度	(模型文件越大，对计算机硬件配置要求越高，为了能流畅应用，一般需要进行模型拆分。)
	(2) 增强协同工作效能	(保证模型结构装配关系明确，以便于数据信息检索。)
3. 模型样板	(1) 模型样板作用	(为项目建模中的标准化工作提供很好的基础，保证各参与建模人员所制作的 BIM 模型标准统一，大量减少建模中出现重复工作的情况，便于设计协同及管理，显著提高工作效率。)
	(2) 模型样板设计原则	(根据国家地区及行业标准规范设置；根据已有项目标准设置；根据企业 BIM 实施标准设置。)
	(3) 模型样板设计内容	① (项目基点)
		② (线型图案)
		③ (线宽设置)
		④ (填充样式)
		⑤ (尺寸标注)

续表

事项	工作事项	工作内容
3. 模型样板	（3）模型样板设计内容	⑥（字体设置）
		⑦（视图样板设置）
		⑧（构件类型）
		⑨（详图设置）
		⑩（明细表）
		⑪（项目视图组织）
4. 模型色彩	（1）模型色彩定义的功能	（将不同的色彩赋予不同属性和性质的物体，能直接明了地将各类物体加以区分。）
	（2）装饰项目模型色彩定义基本原则	（按照不同构件类别、不同模型的不同用途来制定装饰工程 BIM 模型色彩方案，然后在项目中通过 BIM 建模软件色彩定义相关的功能。）
5. 模型材质	（1）模型材质的功能	（混凝土、木材、玻璃、阳极氧化铝型材、布艺陈设等。这些材质可以应用于设计的各个部分，使模型对象具有真实的外观和行为。）
	（2）材质贴图的准则	①（项目定位和分阶段建立材质）
		②（统一固定的贴图位置）
		③（贴图命名的可读性和唯一性）
		④（考虑通用性和后续工作）
		⑤（文档和标注）
		⑥（版本控制）

任务 3.2 建筑装饰工程 BIM 建模规则任务工单二维码

任务 3.3 建筑装饰工程 BIM 模型整合

任务描述

掌握装饰工程 BIM 模型整合的方法，将不同专业或参与方的 BIM 模型链接成叠加模型，并进行调整以反映对应关系。每个关键环节的 BIM 模型需由各参与方审核通过后才能进入下一阶段。

知识准备

“BIM 模型能将建筑物空间信息和设备参数信息有机地整合起来，与施工过程记录信息发生关联，甚至可集成包括隐蔽工程资料在内的竣工信息，从而不仅为后续运营、管理带来便利，并且可在未来进行的翻新、改造、扩建过程中，提供有效的历史信息。”① 同一专业根据模型拆分原则建立的模型，或者不同参与方分别建立的模型，按照规定或标准链接成为一个叠加模型，并进行一致性和实用性调整，用来反映模型之间的对应关系，即为模型整合。模型整合后可以寻找模型存在的问题，做不同专业间模型的碰撞检查等。

3.3.1 模型整合内容

为了满足装饰工程 BIM 应用不同阶段的成果交付要求，需根据项目模型统一标准整合 BIM 模型。实际上，模型整合即为一种协同工作模式，其工作方式具有多样性，每种方法各有优劣。如 Autodesk 的 BIM 解决方案采用文件链接、文件集成、中心文件三种方式较多，而 Revit 的工作集，ARCHICAD 的 Teamwork 所提供的功能即为中心文件整合方式。中心文件的使用是提高模型建立速度、准确性、协调性的关键手段。

3.3.1.1 文件链接

第一，文件链接的特点。外部参照，最容易实现的数据级整合的协同方式，模型性能表现较好，软件操作响应快。模型数据相对分散，协作的时效性稍差。适合大型项目、不同专业间或设计人员使用不同软件进行设计的情况。链接的模型文件只能“读”而不能“改”，同一模型只能被一人打开并进行编辑。

第二，文件链接的方法。仅需要参与协同的各专业用户使用链接功能，将已有 RVT 数据链接至当前模型即可，可以根据需要随时加载模型文件，各专业之间的调整相对独立。

---

① 王莉莉．通过分部分项规则实现传统城建档案与 BIM 模型整合的研究探讨［A］．中国档案学会档案学基础理论学术委员会 2018 年学术年会论文集［C］．2018：132.

3.3.1.2　文件集成

第一，文件集成的特点。采用专用集成工具，数据轻量级，便于集成大数据支持同时整合多种不同格式的模型数据。但一般的集成工具都不提供模型数据的编辑功能，所有模型数据的修改需要回到原始的模型文件中去进行。

第二，文件集成的方法。将不同的模型数据文件转成集成工具的格式，之后利用集成工具进行模型整合。可将整合模型用于可视化的浏览、漫游，冲突检测，添加查阅后的标记、注释等，直观地在浏览中审阅设计。

3.3.1.3　中心文件

第一，中心文件的特点。更高级的协同整合方式，数据交换的及时性强，对服务器配置要求较高，参与的用户越多，管理越复杂，适用于相关设计人员使用同一个软件进行设计。对团队的整体协同能力要求高，实施前需要详细策划，一般仅在同专业团队内部采用。

第二，中心文件的使用方法。允许用户实时查看和编辑当前项目中的任何变化，需注意模型的搭建规模和模型文件划分的大小。

模型整合需遵循一定的规则，包括项目统一版本、文字、数据、命名及材质等相关信息，与更新模型文件同时提交。说明文档中必须包含模型的原点坐标描述、模型建立所参照的图纸类别、版本和相关的设计修改记录、引用并以之作为参照的其他专业图纸或模型。整合前，需对整合内容进行以下检查：数据是否经过审核及清理，避免过度建模或无效建模导致的数据价值不高；数据需经过相关负责人最终确认；数据内容、格式需符合整合互用标准及数据整合互用协议。

3.3.2　模型整合管理

模型整合主要分为同一专业模型整合、不同专业间模型整合、不同阶段和环节的模型整合。作为装饰工程，主要分为装饰专业内部模型整合以及不同专业间的模型整合。同时，装饰工程涉及多种工种二次深化设计配合工作，也需要进行阶段性整合。阶段性整合主要在施工图设计阶段、深化设计阶段、施工阶段等关键环节进行。上述的 BIM 模型交付成果要求进行整合，同时应当进行必要的建模标准及深度审核工作。

模型整合时，应保证数据传递的准确性、完整性和有效性。数据传递的准确性是指数据在传递过程中不发生歧义，完整性是指数据在传递过程中不发生丢失，有效性是指数据在传递过程中不发生失效。模型整合时应考虑整合的顺序，以便于展示及修改，一般应以待检查修改模型作为基准模型，将其他模型分别整合进来。例如将装饰专业模型作为基准模型，土建和机电模型作为链接模型载入，检查出装饰模型有问题的，可以调整。同时，在整合模型时，应建立数据安全协议，防止任何数据崩溃，病毒破坏以及其他因素破坏，整合成果应及时保存在服务器中。

3.3.2.1　装饰工程内部 BIM 模型整合

装饰工程 BIM 模型整合宜采用中心文件整合方式。BIM 团队成员按照模型的拆分情况，独立负责创建各自的模型，基于中心文件整合装饰模型。BIM 模型的整合与拆分相对应，即按楼层、分包范围、空间、房间部位等拆分的，就在中心文件按拆分原则进行整合，并由项目 BIM 管理组审核是否符合模型规划的要求。为了避免装饰 BIM 模型在整合过程中重复或缺失，应明确规定并记录每部分数据的责任人。

装饰工程 BIM 模型整合管理，一般需要遵循的原则包括：①BIM 负责人或指派专人，建立并负责管理中心文件；②尽量减少 BIM 团队工作交叉，并合理设置权限；③BIM模型文件应定期备份保存；④BIM 模型较为复杂，应将不使用的元素和数据释放权限，以方便团队成员共享访问。

3.3.2.2 跨专业 BIM 模型整合

1）过程实时整合

各专业需基于统一格式的 BIM 模型数据，一般采用中心文件或文件链接方式整合。各专业分别建立本专业模型，根据需求链接的其他专业模型，进行标记提资，接收资料的专业通过链接更新查看提资内容。最终以链接各专业模型形成全专业完整模型。

若采用中心文件整合时，各专业间应建立最小的协同工作权限，确保既能实时共享数据，又能避免非授权修改。如果项目采用了中心文件，相互链接时必须链接服务器上的中心文件，不要链接自己或他人的本地工作文件，以保证所有成员可以看到完整文件。

如采用文件集成的整合方式，在集成软件中打开主模型后，附加、合并与来自其他设计工具的已转换为集成软件可接收格式的模型和信息，整合成轻量化的三维整合模型并供第三方使用。集成整合中需要注意各专业模型文件都需要设置好统一的项目基点，以便于文件集成有效定位。

2）阶段定时整合

跨专业 BIM 模型的整合，一般以链接或集成各专业中心文件方式进行专业整合，将其他专业模型链接到本专业模型中进行检查，形成最终模型。也可以采用专业集成整合工具，将不同专业模型转成集成整合工具的格式进行协调检查。

这种整合一般为阶段性的，模型可尽量拆分到足够小的级别，便于不同区域不同专业的整合。各专业应共享坐标和项目原点，达成一致并记录在案，不得随意修改这些数据。若采用不同的软件建模，链接整合前须统一各专业模型文件的原点。若采用不同的建模工具，也就是原始模型文件格式不同时，专业间需先进行数据转换。

3）模型修改

各专业在创建各自的单专业模型时，项目成员应当与其他项目成员定期整合共享模型，相互参考。当整合模型中数据有修改和变更时，应及时通过工程图发布，变更记录及其他通知方式传达给其他项目团队；当模型全专业整合时，相关责任人要对不同专业模型进行协调，解决各参与方协调不一致的问题，从而达成一致的修改模型。

模型整合完成后，会形成各类审核及修改报告，此时应由各方模型制作者对在整合过程中形成的意见进行修改调整。通过 BIM 模型整合修改，形成竣工模型，与施工过程记录信息相关联，甚至能够实现包括隐蔽工程资料在内的竣工信息集成，不仅为后续的物业管理带来便利，也可以在未来进行的翻新、改造、扩建过程中为业主及项目团队提供有效的历史信息。

3.3.3　模型整合应用

模型整合后，可形成单一专业的完整模型、全专业模型、整合检查报告、漫游记录报告、净空检查结果、碰撞检查分析、工程量统计、成本量统计、竣工模型等成果，以模型、报告、纪要等形式，反映存在的问题类型、位置、说明及修改意见等内容。具体整合成果如下：

当装饰模型的建模精细度不低于 LOD300 时，项目应进行碰撞检查。利用建筑信息模型进行整合，碰撞检查有硬碰撞和软碰撞之分，硬碰撞是基于空间模型的实体与实体之间的物理碰撞；软碰撞是实体之间实际并没有碰撞，但间距和空间无法满足施工要求（安装、维修等）。碰撞检查出模型中的各类碰撞问题，可以避免设计变更与拆改，导出碰撞检查结果并整理为编制碰撞检查报告。碰撞检查报告应列为专业协同文件，也可作为有效交付物。装饰模型同其他各专业模型进行碰撞检查，出具检查报告，报告宜包含问题类型、碰撞位置、问题描述、修改责任人等内容。

第一，导出二维图纸。BIM 模型直接导出二维图纸，确保三维 BIM 模型与二维图纸之间的信息关联，便于之后的修改调整。

第二，虚拟漫游。通过虚拟漫游审查模型精度、设计缺陷、专业协调等问题，同步记录漫游审查结果，提出相应修改意见。

第三，净空分析。通过整合后的模型构建之间的空间位置，研究空间布局和形态，判断装饰空间净高是否满足规范和业主要求，同步记录净空检查结果，提出相应调整意见。

第四，预留洞口检查。通过对装饰模型中预留洞口的检查，判断预留洞口是否满足施工要求，记录预留洞口检查结果。

第五，三维交底。充分利用 BIM 模型的可视化以及方便简单的三维标注，直接用电脑进行三维交底，这样，不仅可以提高交底效率，还能有效避免因操作人员理解不当而造成的返工现象。

理解练习

1. 单选题

（1）模型整合的分类包括哪些？

A. 同一专业模型整合、不同专业间模型整合、不同阶段和环节的模型整合

B. 装饰专业内部模型整合、深化设计阶段模型整合、施工阶段模型整合

C. 数据传递准确性、数据传递完整性、数据传递有效性

D. 施工图设计阶段、深化设计阶段、施工阶段整合

扫码查看答案解析

（2）模型整合时应考虑的数据传递要素是什么？

A. 准确性、完整性、有效性　　　　B. 歧义性、丢失性、失效性

C. 准确性、丢失性、失效性　　D. 歧义性、完整性、有效性

(3) 在模型整合时，如何建立数据安全协议？

A. 建立服务器并及时保存整合成果

B. 进行数据标准及深度审核工作

C. 考虑整合顺序以便于展示及修改

D. 防止数据崩溃、病毒破坏及其他因素破坏

(4) 在装饰工程 BIM 模型整合中，中心文件整合方式的作用是什么？

A. 方便 BIM 团队成员独立负责创建各自的模型

B. 整合装饰模型并保证符合模型规划要求

C. 减少 BIM 团队工作交叉并合理设置权限

D. 定期备份保存 BIM 模型文件

2. 多选题

(1) 在装饰工程 BIM 模型整合管理方面，应该遵循的原则有哪些？

A. BIM 负责人或指派专人，建立并负责管理中心文件

B. 尽量减少 BIM 团队工作交叉，并合理设置权限

C. BIM 模型较为复杂，应将不使用的元素和数据释放权限

D. 定期备份保存 BIM 模型文件

(2) 装饰工程 BIM 模型整合主要考虑的是什么？

A. BIM 团队如何整合共同完成装饰工程的建模工作

B. 如何采用中心文件整合方式

C. 装饰工程的具体施工过程

D. BIM 模型的使用优势

(3) BIM 模型整合后的成果主要包括哪些内容？

A. 单一专业的完整模型　　B. 全专业模型

C. 设计变更与拆改　　D. 虚拟漫游记录报告

(4) 硬碰撞和软碰撞是指什么？

A. 硬碰撞是基于空间模型的实体与实体之间的物理碰撞

B. 软碰撞是实体之间实际并没有发生碰撞

C. 硬碰撞是实体之间实际并没有发生碰撞

D. 软碰撞是基于空间模型的实体与实体之间的物理碰撞

(5) 对于装饰模型的碰撞检查结果，应包含哪些内容？

A. 问题类型　　B. 碰撞位置

C. 问题描述　　D. 修改责任人

3. 思考题

(1) 什么是 BIM 模型整合？BIM 模型整合的目的是什么？

(2) 简述模型整合在装饰工程 BIM 应用中的作用和工作方式。

任务工单

任务 3.3　建筑装饰工程 BIM 模型整合		
模型整合工作页		
工作组名称		
成员及分工		
完成时间		
事项	涉及专业	模型整合情况描述
1. 全专业模型		
2. 整合检查报告		
3. 漫游记录报告		
4. 净空检查结果		
5. 碰撞检查分析		
6. 工程量统计		
7. 成本量统计		

任务 3.3 建筑装饰工程 BIM 模型整合任务工单二维码

任务 3.4 建筑装饰工程 BIM 模型审核

任务描述

检查模型信息与已掌握的和客观存在的信息是否符合。通过检查和审核，尽量减少错误，使模型成为高质量的 BIM 模型，使设计阶段和现场施工阶段浪费在纠错上的时间明显减少，从而精确地指导项目推进。装饰工程 BIM 模型审核的基本原则包括：信息是否完整、效果是否美观、数据是否准确、方案是否优化。

知识准备

3.4.1 模型审核的作用

审核主要是指对建筑信息模型的符合性、有效性和适宜性进行的检查活动和过程，具有系统性和独立性的特点。系统性是指被审核的所有要素都应覆盖；独立性是为了使审核活动独立于被审核部门和单位，以确保审核的公正和客观。

BIM 模型质量优劣是 BIM 应用是否成功的一个极为关键的因素。优质的装饰工程 BIM 模型，信息完整、数据准确、效果美观、方案优化，能够大幅提高效率，节约材料、人工等；反之劣质的装饰工程 BIM 模型，可能会因为模型不可用造成重大的不可挽回的损失。因此，要获得高质量的模型，必须在项目策划之初，从首批制作 BIM 模型的设计团队，就关注这一项工作。在装饰工程 BIM 应用的各阶段，应由各参与方的不同岗位的人员对模型进行审核评价，形成审核报告及评价结果。

装饰工程 BIM 模型审核的主要目的，是检查模型信息与业已掌握的和客观存在的信息是否对应。通过检查和审核，尽量减少错误，使模型成为高质量的 BIM 模型，也就意味着设计阶段和现场施工阶段浪费在纠错上的时间明显减少，从而精确地指导未来的建设。因此 BIM 技术应用的全过程的各个阶段中，每个关键环节的 BIM 模型都要由工程各参与方审核，经修改通过后才能进入下一阶段。

3.4.2 模型审核的基本原则

装饰工程不同阶段创建 BIM 模型应符合四条原则，即信息是否完整、效果是否美观、数据是否准确、方案是否优化。

3.4.2.1 信息是否完整

为了更方便精确地计算构件数量和指导施工，需要获得全面的模型信息。因此，需要检查构件数量和信息是否够用。在对 BIM 模型进行审核之前，在不同的阶段要及时收集和了解各种数据和信息，如业主要求、建筑设计图纸、各种规范、现场尺寸、施工组织设计、设计变更等。之后要依据这些信息检查 BIM 模型的内容包括：①模型的构件数量是否足够；②检查数据信息、参数、属性是否全面；③构件和信息是否能满足当前阶段的应用需求；④文件数量，尤其是否有外部参照文件。

3.4.2.2 效果是否美观

装饰工程在建筑领域具有双重使命，一方面是保护建筑结构的稳定和功能，另一方面则是通过美化建筑外观营造出令人愉悦的环境。为了确保设计目标能够得以实现并保障施工质量，BIM 模型的美观性成为不可或缺的关键标准。在对装饰工程 BIM 模型进行审查时，必须关注以下方面，以确保其美观性与实用性相辅相成：

第一，评估建筑空间装饰的整体效果。这涉及对整个装饰方案的综合观察和分析，以确保其与整体建筑风格和环境相协调。装饰元素应该与建筑的功能和氛围相契合，创造出令人愉悦的视觉体验。此外，还需要审查每个装饰构件的细节，确保其材质、色彩、造型等都符合美学要求，不仅在个体上具有美感，也在整体上形成和谐的视觉效果。

第二，对 BIM 模型文件本身的画面质量进行审查。这包括构图、视点、标注等设置是否合理和美观。构图应当能够清晰地展示出装饰构件的布局和关系，视点选择要有利于突出设计重点和装饰亮点，而标注则应当清晰易懂，不引起混淆。通过优化这些元素，可以确保 BIM 模型的呈现效果更加精致和专业。

综上所述，装饰工程的核心任务是在保护建筑结构的基础上，通过美化建筑外观创造出令人愉悦的环境。在审查装饰工程 BIM 模型时，要关注建筑空间装饰的整体效果，以及每个装饰构件的细节美学。同时，也需要审查 BIM 文件的画面质量，确保构图、视点和标注的合理美观。这样的综合审查将有助于确保装饰工程既具有实用性又具备视觉上的吸引力。

3.4.2.3 数据是否准确

数据的准确性在装饰工程中扮演着至关重要的角色，特别是涉及 BIM（建筑信息模型）模型构件的时候。保证 BIM 模型构件的准确性不仅是确保整个模型质量的基石，也直接关系到施工过程中的质量和效率。在进行装饰工程 BIM 模型构件的审核时，需要从多个方面深入检视，以确保其真实可信。

第一，验证构件的尺寸和位置是否与实际情况相符。这涵盖了构件的长度、宽度、高度等尺寸参数以及它们在整个空间中的相对位置。通过与实际测量数据对比，我们可以确保 BIM 模型所呈现的构件信息是精准的，有助于避免在后续的施工阶段中出现尺寸不匹配或位置偏差的问题。

第二，模型的准确性还必须与各种建筑设计规范相一致。这包括结构规范、安全规定、材料标准等。审查 BIM 模型时，必须确保模型中的构件满足所有适用的规范要求。这有助于预防在施工过程中因为不符合规范要求而产生的错误和延误，确保工程的顺利进行。

第三，文件和构件的命名也是审核中不容忽视的一环。明确且规范的命名有助于在整个工程团队之间建立清晰的沟通，减少误解和混淆。审核时要确保每个构件都有具有描述性的名称，能够准确地反映其在工程中的角色和功能。此外，文件的命名也应当遵循一定的命名约定，以便于快速查找和管理。

综上所述，装饰工程 BIM 模型构件的准确性审查涉及多个方面，包括尺寸与位置的准确性、与建筑设计规范的一致性，以及文件和构件命名的规范性。通过对这些关键点的仔细审核，可以确保 BIM 模型的质量，进而保障施工的质量和效率。

3.4.2.4　方案是否优化

优化在建筑设计和施工领域扮演着至关重要的角色，其目的在于获得更加合理的方案，以节省场地、材料、能源和时间，提高工程效率，减少成本，同时也要保护环境。优化的过程在满足全面、准确和美观要求之后，对 BIM 模型提出了更高的标准。在对装饰工程 BIM 模型进行审查时，下列方面应受到重点关注，以确保模型达到最佳状态。

第一，评估 BIM 模型所体现的建筑空间的功能、构造、施工组织和造价等是否达到了最优化的方案。这意味着要对模型中的各个要素进行综合分析，确保它们在实现功能、节约成本、提高施工效率等方面取得了最佳平衡。通过针对不同方面的优化，可以确保整个项目在实际建设中能够以最优方式推进。

第二，审查 BIM 模型本身的设置，如样板和分区等，是否有助于实现高效建模。样板的设计能够为整个项目提供一种标准化的基础，从而在建模过程中提高一致性和效率。分区的设定可以使不同部分得到更好的管理，加强协同工作。这些设置的优化可以有效地提升模型的可操作性和建模速度。

第三，评估 BIM 模型是否能够实现高效的协同工作。协同是现代建筑项目中的关键要素，各个团队成员需要能够共享信息、协同合作以确保项目的顺利进行。在审查 BIM 模型时，需要确保模型能够支持多人同时协作、实时更新和信息共享，以提高项目的协同效率。

综上所述，优化在建筑领域具有重要意义，可以实现更合理的设计和施工方案，节省资源、提高效率、减少成本并保护环境。在装饰工程 BIM 模型的审核中，应关注建筑空间功能、构造、施工组织、造价等方面的最优化，审查 BIM 模型设置是否有助于高效建模，以及模型是否支持高效的协同工作。这些优化措施将有助于确保装饰工程 BIM 模型达到更高的水平和综合效益。

3.4.3　模型审核的基本方法

装饰工程 BIM 模型的审核方法包括：①浏览检查。保证模型反映工程实际。②拓扑检查。检查模型中不同模型元素之间相互关系。③标准检查。检查模型与相应标准规定的符合性。④信息核实。复核模型相关定义信息，并保证模型信息准确、可靠。目前最通用的碰撞检查即拓扑检查，是 BIM 模型审核中的最重要手段之一。

装饰工程 BIM 模型碰撞检查的顺序是否正确十分重要。在内部碰撞检查之后，再与建筑结构、机电专业进行碰撞检查。同时，审核工作还需要将审核人员的工程经验和计算机软件的使用经验相结合。

3.4.4　模型审核的标准流程

模型审核流程对于确保装饰 BIM 模型的质量和一致性至关重要。以下是一个基于标准化建模和数据格式的装饰 BIM 模型审核的常规流程。

第一，版本和格式检查。审核流程的第一步是检查模型文件的版本和格式是否符合要求。这确保了审核者使用的是正确的模型版本以及与审核工具兼容的数据格式。

第二，内部专业审核。装饰专业团队将首先进行内部审核。在这一阶段，专业团队会检查模型中的装饰构件、材料、颜色等是否符合标准化建模要求和美学要求。他们还会验证模型是否准确地反映了设计意图和实际需求。如果有任何不一致或错误，将在这个阶段进行修正。

第三，总包审核。在装饰专业内部审核完成后，装饰团队将提交模型给总包审核。总包审核涉及对整体装饰 BIM 模型的综合审查，以确保各个专业的模型相互协调，没有冲突或不一致之处。在总包审核中，装饰模型将与其他相关专业的模型进行对比，以确保整个项目在不同专业之间无误。

第四，专业整合和协调校审。在总包审核之后，各个专业的模型将进行整合，并进行协调校审。这个阶段的目标是确保所有专业的模型在空间上正确对齐，相互之间没有干涉或冲突。协调校审还包括对模型中的信息、尺寸、位置等进行最终的确认，以确保整个项目的一致性和准确性。

第五，最终验证和批准。一旦经过内部审核、总包审核和协调校审，模型将进行最终的验证。这涉及项目的相关方的审查和确认，确保模型满足项目的要求和目标。一旦模型通过了最终验证，将被批准用于后续的建设和施工阶段。

综合来看，装饰 BIM 模型的审核流程涵盖了多个层面，从版本和格式的检查到内部专业审核，再到总包审核和专业整合协调校审，最后到最终验证和批准阶段。这个流程确保了装饰模型的质量、准确性和一致性，有助于项目的成功实施。

3.4.5　模型审核的参与者

在装饰工程 BIM 模型的审核过程中，由于涉及多个专业和分包，参与审核的人员涵盖了各个层面。

第一，业主。业主是项目的权益代表，他们对项目的最终结果负有重要责任。在模型审核中，业主通常会参与外部审核阶段，以确保装饰工程的 BIM 模型符合他们的需求和期望。

第二，监理。监理是对项目建设过程进行监管和管理的机构，他们在模型审核中的角色是确保装饰工程 BIM 模型符合设计和合同要求，并协助协调各个参与方的审核工作。

第三，建筑设计院。建筑设计院是项目的设计者，他们对于装饰工程的设计理念和要求有深入了解。他们在模型审核中负责确保 BIM 模型准确地反映了他们的设计意图，并协助解决可能出现的设计问题。

第四，其他专业分包。除了装饰专业，还可能涉及其他专业分包，如结构、机电等。这些专业在模型审核中会参与外部审核，以确保各个专业模型之间的协调和一致性。

第五，项目内部 BIM 管理人员。项目内部 BIM 管理人员是负责协调、管理和监督 BIM 模型相关工作的人员。他们负责组织内部审核，确保各个专业的模型得到适当的审查和校核。

第六，装饰施工企业相关人员。在装饰工程 BIM 模型审核中，装饰施工企业的相关人员也参与内部审核，包括造价员、材料员、质检员等，他们的角色是确保 BIM 模型的可行性和施工性，以及与实际施工情况的一致性。

综合来看，模型审核涉及多个参与者，包括业主、监理、建筑设计院、其他专业分包、项目内部 BIM 管理人员以及装饰施工企业相关人员。他们的协同工作和合作是确保装饰工程 BIM 模型质量和一致性的关键。通过各方的共同努力，可以确保模型审核过程顺利进行，项目成功实施。

3.4.6 模型审核的主要内容

装饰工程在不同阶段 BIM 的审核对象不同、内容不同、标准也不一样，见表 3.4.1①。

表 3.4.1 建筑装饰工程 BIM 的审核内容

阶段	审核对象	审核内容	细度标准	审核成果
前期原始数据获取	上游各专业 BIM 模型	空间检查：是否能形成有利于装饰设计的空间；上游模型是否提供了有利于装饰方案设计的条件	建筑方案设计模型，细度级别 LOD100～300	上游 BIM 模型审核报告
装饰方案设计	装饰专业设计方案 BIM 模型	空间检查：方案是否有利于功能的实现，是否有利于施工；效果检查：是否符合业主的要求	建筑装饰设计方案 BIM 模型，细度级别 LOD200	装饰设计方案 BIM 模型审核报告
装饰初步设计	装饰专业初步设计 BIM 模型	效果检查：是否做了各种分析，建筑性能指标是否符合规范要求；是否做了优化修改	建筑装饰设计方案 BIM 模型，细度级别 LOD200～300	装饰初步设计 BIM 模型审核报告
装饰施工图设计	装饰专业施工图设计 BIM 模型、各专业的施工图设计 BIM 模型	空间检查：是否有错漏碰缺，是否已经修正；是否符合施工图报审的规范和条件	建筑装饰施工图设计 BIM 模型，细度级别 LOD300	装饰施工图设计 BIM 模型审核报告

① 本节表格引自席艳君，罗兰，卢志宏．BIM 装饰专业基础知识［M］．北京：中国建筑工业出版社，2018：156.

续表

阶段	审核对象	审核内容	细度标准	审核成果
装饰深化设计	装饰专业深化设计 BIM 模型、各专业的深化设计 BIM 模型	细部检查：主要检查装饰表皮细化部分和隐蔽工程，是否可以实现设计方案的效果并指导施工；工业化的构配件加工模型是否合理	深化设计 BIM 模型，细度级别 LOD350，预制构件 LOD400	装饰深化设计 BIM 模型审核报告
装饰施工过程	装饰专业施工 BIM 模型、各专业的施工 BIM 模型	是否把所有设计变更在模型中进行了准确的修改；是否补充并完善了施工信息	装饰施工 BIM 模型，细度级别 LOD400，预制构件 LOD400	装饰施工 BIM 模型审核报告
竣工阶段	装饰专业竣工 BIM 模型、各专业的竣工 BIM 模型	是否对模型作为竣工资料完善了信息；是否比对竣工现场修正了模型	装饰竣工 BIM 模型，细度级别 LOD500	装饰竣工 BIM 模型审核报告
运维阶段	各专业的运维 BIM 模型	根据使用情况修改的模型是否符合要求	装饰运维 BIM 模型，细度级别 LOD300～LOD500	运维 BIM 模型审核报告

上述表格中的审核内容除表格中特别强调之外，还包含以下内容：

第一，格式检查。格式是否符合要求。

第二，版本检查。模型的版本是否是本阶段的版本。

第三，命名检查。模型所有需要命名的部分是否按规定命名。

第四，样板检查。样板文件是否符合专业要求。

第五，外部参照和导出文件。材质贴图附件、导出文件、链接的文件有没有缺失。

第六，效果检查。模型的构件的色彩、材质、肌理、造型等是否美观。

第七，规范功能检查。是否符合建筑设计规范及功能要求。

第八，碰撞检查。是否与其他专业有碰撞，碰撞检查是否符合要求。

第九，细部检查。尺寸是否正确，构造、构件是否合理、标注是否齐全，属性、参数是否全面。

第十，设置检查。是否遵守设置规范，设置是否便于各方利用和协同工作。

第十一，明细表检查。明细表内容是否齐全准确。

第十二，优化检查。分区是否合理，能否用于控制各个阶段造价，造价是否经济合理，是否有利于施工和维修。

理解练习

1. 单选题

(1) 审核主要是对什么进行的检查活动和过程？

A. 建筑信息模型的功能性

B. 建筑信息模型的准确性

扫码查看答案解析

C. 建筑信息模型的试验性　　D. 建筑信息模型的有效性

（2）在装饰工程 BIM 模型的审核中，应该重点关注哪些方面？

A. 建筑空间的功能和造价　　B. 建筑空间的美观和施工组织

C. 建筑空间的协同工作和构造　　D. 建筑空间的最优化方案和样板设计

（3）为什么在装饰工程 BIM 模型的审核中要评估 BIM 模型的设置？

A. 为了提高施工效率　　B. 为了实现高效建模

C. 为了加强协同工作　　D. 为了提高模型可操作性和建模速度

（4）优化在建筑设计和施工领域的作用是什么？

A. 节省时间和材料　　B. 实现合理的方案

C. 提高工程效率和减少成本　　D. 保护环境和节省资源

（5）装饰 BIM 模型审核流程的第一步是什么？

A. 内部专业审核　　B. 版本和格式检查

C. 总包审核　　D. 专业整合和协调校审

2. 多选题

（1）装饰工程不同阶段创建 BIM 模型应符合哪些原则？

A. 信息是否完整　　B. 效果是否美观

C. 数据是否准确　　D. 方案是否有创新性

（2）BIM 模型审核的目的是什么？

A. 方便精确计算构件数量　　B. 指导施工

C. 收集和了解各种数据和信息　　D. 检查模型文件数量

（3）装饰工程 BIM 模型的审核方法包括以下哪些？

A. 浏览检查，保证模型反映工程实际

B. 拓扑检查，检查模型中不同模型元素之间相互关系

C. 标准检查，检查模型与相应标准规定的符合性

D. 信息核实，复核模型相关定义信息，并保证模型信息准确、可靠

3. 思考题

（1）装饰工程在建筑领域有哪两个主要的使命？为什么 BIM 模型的美观性是其中一个关键标准？

（2）为什么在装饰工程中，保证 BIM 模型构件的准确性很重要？

（3）BIM 模型审核中的参与者有哪些？

任务工单

任务 3.4 建筑装饰工程 BIM 模型审核				
模型审核工作页				
工作组名称				
成员及分工				
完成时间				
阶段	审核对象	审核内容	细度标准	审核成果（可另附页）
前期原始数据获取	上游各专业BIM 模型	空间检查：是否能形成有利于装饰设计的空间；上游模型是否提供了有利于装饰方案设计的条件	建筑方案设计模型，细度级别 LOD100～300	上游 BIM 模型审核情况
装饰方案设计	装饰专业设计方案 BIM 模型	空间检查：方案是否有利于功能的实现，是否有利于施工。效果检查：是否符合业主的要求	建筑装饰设计方案 BIM 模型，细度级别 LOD200	装饰设计方案 BIM 模型审核情况
装饰初步设计	装饰专业初步设计 BIM 模型	效果检查：是否做了各种分析，建筑性能指标是否符合规范要求；是否做了优化修改	建筑装饰设计方案 BIM 模型，细度级别 LOD200～300	装饰初步设计 BIM 模型审核情况
装饰施工图设计	装饰专业施工图设计 BIM 模型、各专业的施工图设计 BIM 模型	空间检查：是否有错漏碰缺，是否已经修正；是否符合施工图报审的规范和条件	建筑装饰施工图设计 BIM 模型，细度级别 LOD300	装饰施工图设计 BIM 模型审核情况
装饰深化设计	装饰专业深化设计 BIM 模型、各专业的深化设计 BIM 模型	细部检查：主要检查装饰表皮细化部分和隐蔽工程，是否可以实现设计方案的效果并指导施工；工业化的构配件加工模型是否合理	深化设计 BIM 模型，细度级别 LOD350，预制构件 LOD400	装饰深化设计 BIM 模型审核情况
装饰施工过程	装饰专业施工 BIM 模型、各专业的施工 BIM 模型	是否把所有设计变更在模型中进行了准确的修改；是否补充并完善了施工信息	装饰施工 BIM 模型，细度级别 LOD400，预制构件 LOD400	装饰施工 BIM 模型审核情况
竣工阶段	装饰专业竣工 BIM 模型、各专业的竣工 BIM 模型	是否对模型作为竣工资料完善了信息；是否比对竣工现场修正了模型	装饰竣工 BIM 模型，细度级别 LOD500	装饰竣工 BIM 模型审核情况
运维阶段	各专业的运维 BIM 模型	根据使用情况修改的模型是否符合要求	装饰运维 BIM 模型，细度级别 LOD300～500	运维 BIM 模型审核情况

任务 3.4 建筑装饰工程 BIM 模型审核任务工单二维码

模块 4　建筑装饰工程 BIM 技术的建模与应用

任务 4.1　创建分部分项工程参数化模型

任务描述

本节旨在掌握建筑装饰工程 BIM 的操作技术，通过创建分部分项工程模型来模拟和设计建筑内部装饰。具体模型包括隔断墙、装饰墙柱面、门窗、楼地面、天花板、固装家具和装饰节点。通过完成以上分部分项工程模型，能够熟练运用 BIM 软件进行建筑装饰工程的建模和设计，提高工程设计的效率和质量。

知识准备

4.1.1　隔断墙

4.1.1.1　隔墙

隔断墙以工程清单的分部分项为依据进行设定。各类型的隔断墙都可以用常规墙修改来完成制作。隔断墙的约束条件是本层建筑板顶到顶层的建筑板底。

常规墙的绘制方法为：打开楼层平面视图的标高 1，点击墙命令（快捷键 WA），选项栏有一些参数，在平面视图上绘制墙体，如图 4.1.1 所示。

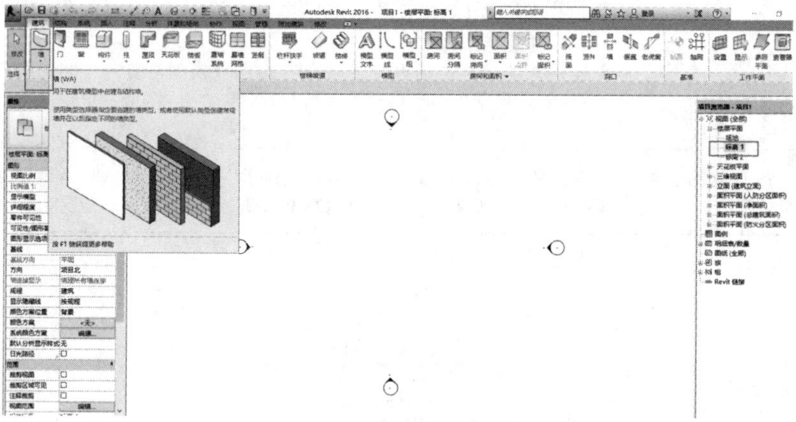

图 4.1.1　常规墙绘制方法

“高度”—“未连接”—“8000”是默认的墙体顶标高到标高 1 的距离；“定位线”—“墙中心线”是指绘制墙体时以墙中心线为定位线基准；“链”勾选指的是连续绘制墙，“链”不勾选指的是自动默认绘制单段的墙；“偏移量”是绘制时相对鼠标指针的偏移距离。依据这个方法完成整个项目的隔断墙工程模型，如图 4.1.2 所示。

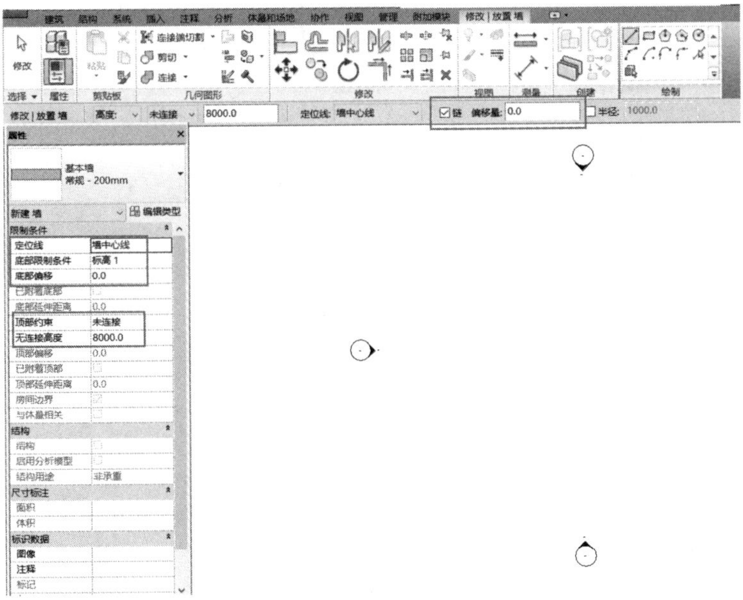

图 4.1.2 常规墙绘制方法

1. 编辑类型

点击“编辑类型”，可以复制墙的族类型、重命名墙的族名称、编辑墙的结构厚度和材质、选择墙的功能、选择墙的填充图案和颜色，如图 4.1.3 所示。

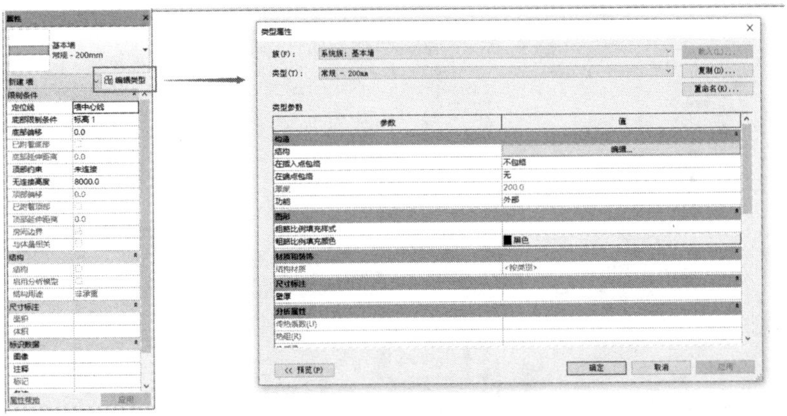

图 4.1.3 墙实例编辑类型

复制墙类型，可保留模型的构造参数，如功能、结构层等。新建则需要重新设置，如图 4.1.4～图 4.1.7 所示。

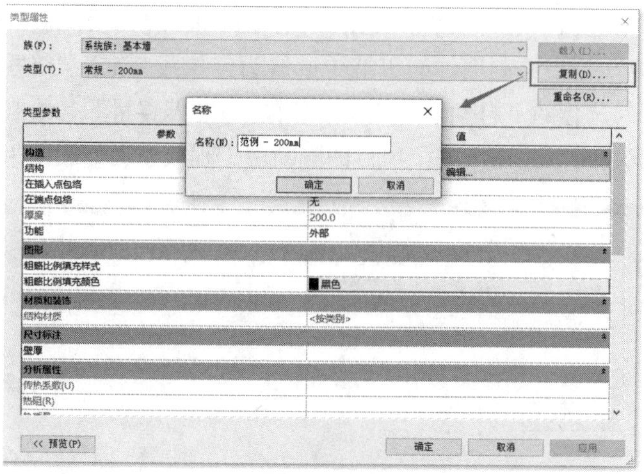

图 4.1.4　墙实例类型属性

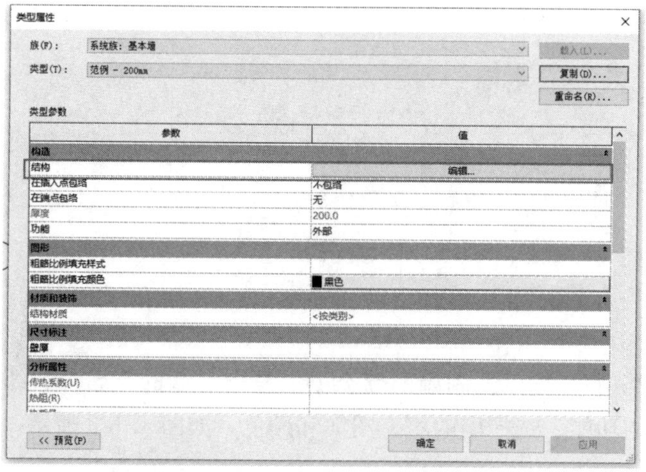

图 4.1.5　墙实例类型属性编辑

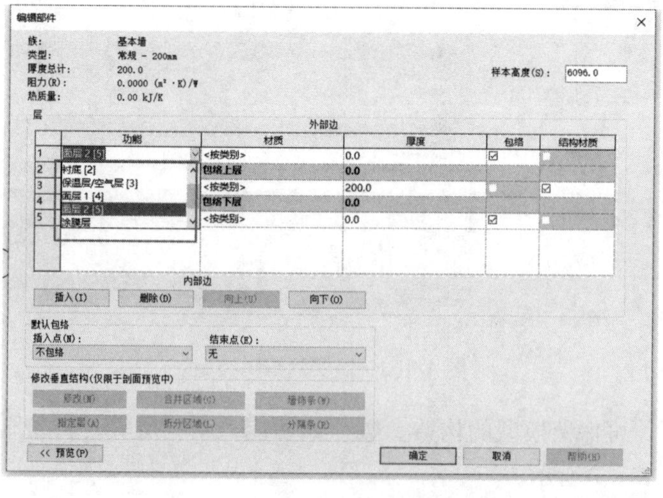

图 4.1.6　墙实例类型编辑功能参数

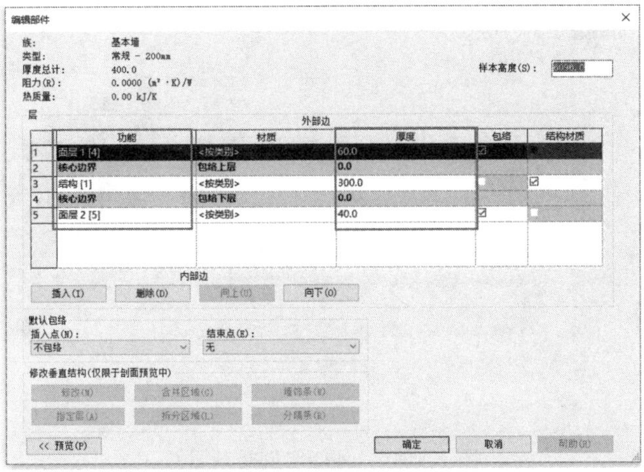

图 4.1.7　墙实例类型编辑功能参数

2. 绘制隔墙

切换 1F 平面图视图，选择墙体命令、选择已经设置好的墙体类型，在平面视图进行绘画制作，如图 4.1.8 所示。

4.1.1.2　玻璃隔断墙

1. 自动生成玻璃隔断墙竖梃方法

单击墙命令，选择“幕墙”族类型，绘制一段玻璃墙体，如图 4.1.9 所示。

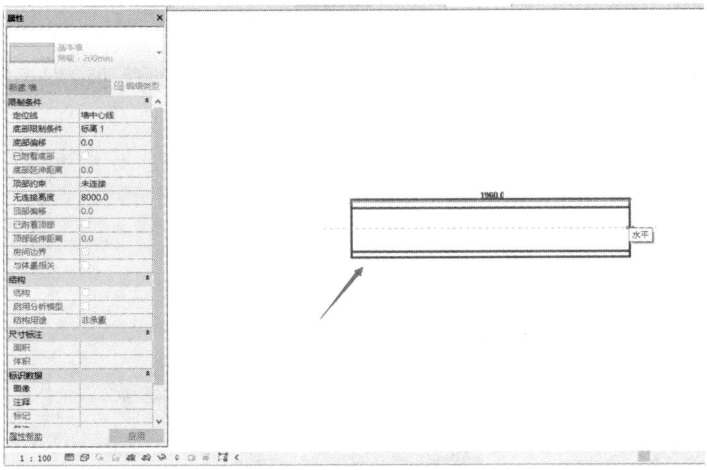

图 4.1.8　墙实例绘制

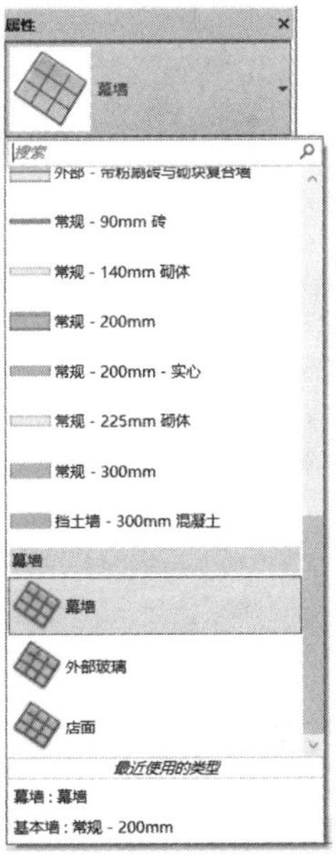

图 4.1.9　幕墙绘制选择类型

选中玻璃墙体，在属性对话框中单击“编辑类型”，在类型属性中设置数据，完成玻璃隔墙的创建，如图 4.1.10～图 4.1.15 所示。

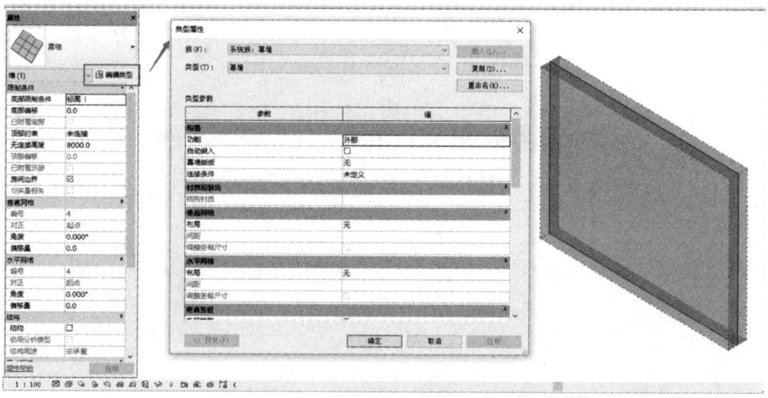

图 4.1.10　幕墙实例类型属性

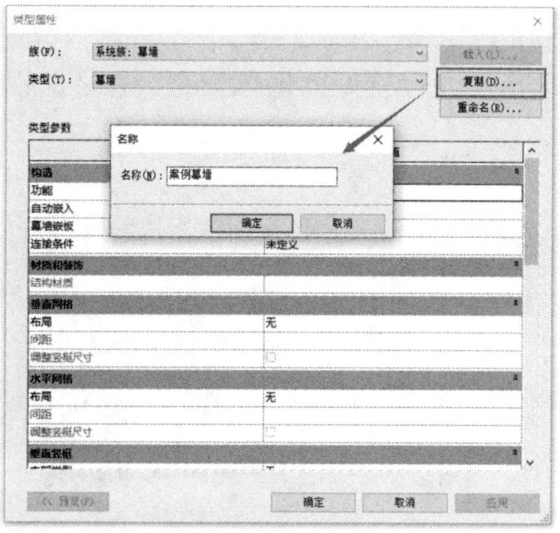

图 4.1.11　幕墙实例类型属性重命名

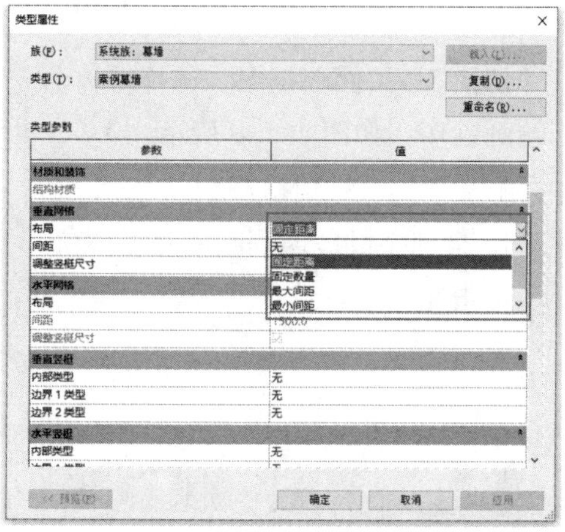

图 4.1.12　幕墙实例类型属性编辑器（固定距离）

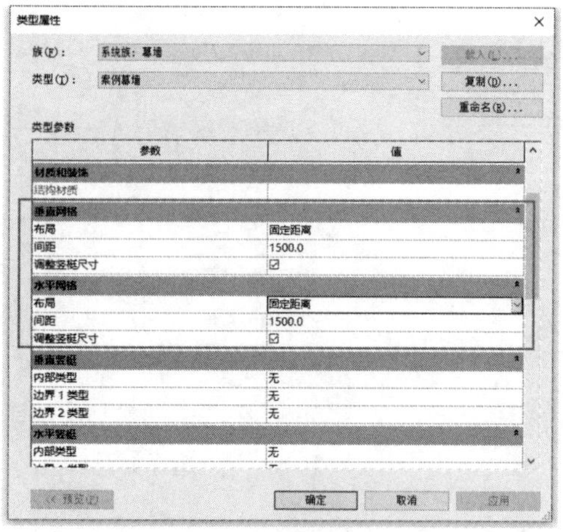

图 4.1.13　幕墙实例类型属性编辑器（垂直网格、水平网格）

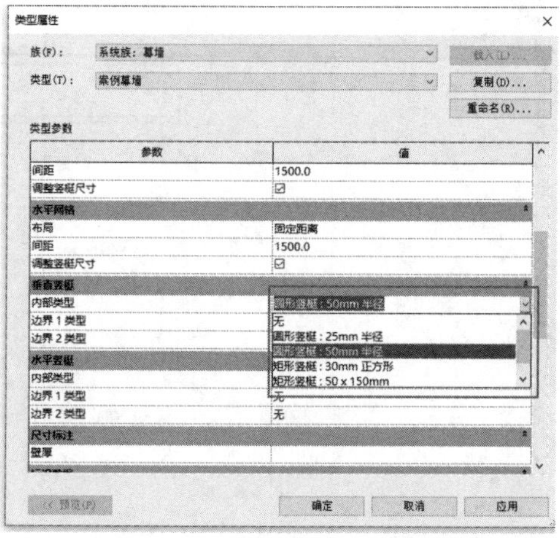

图 4.1.14　幕墙实例类型属性编辑器（圆形竖梃）

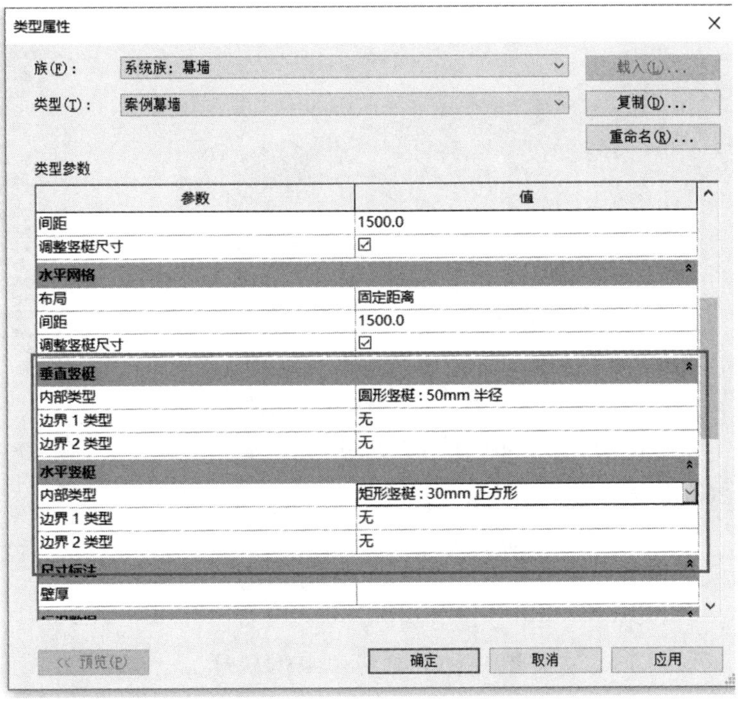

图 4.1.15　幕墙实例类型属性编辑器（垂直竖梃、水平竖梃）

切换到三维视图。调整显示模式为精细和真实，可以观看玻璃隔墙的三维真实效果，如图 4.1.16～图 4.1.19 所示。

图 4.1.16　图形显示精度

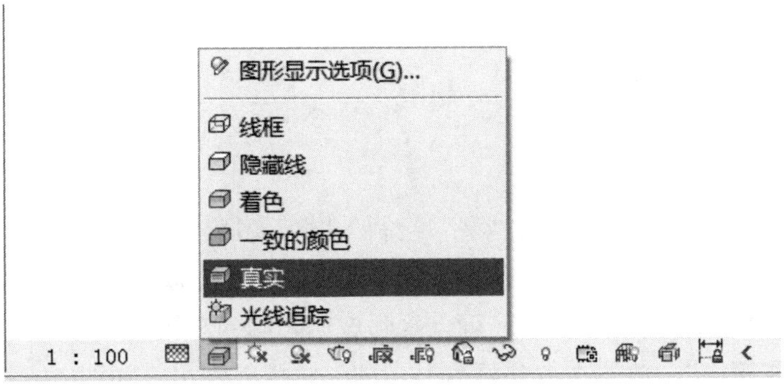

图 4.1.17　视觉样式

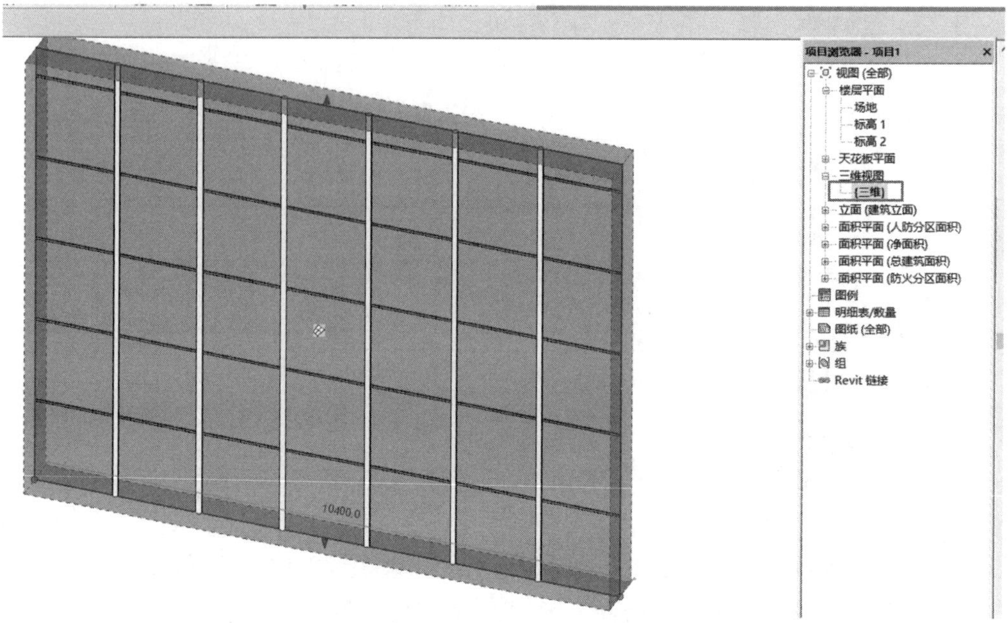

图 4.1.18　幕墙实例三维视图

图 4.1.19　幕墙样式细节

2. 手动添加玻璃隔墙竖梃方法

单击墙命令，选择“幕墙”族类型，绘制一段玻璃墙体。选中玻璃墙体，在属性对话框中单击“编辑类型”，在类型属性中设置数据，完成玻璃隔墙的创建。切换到三维视图，调整显示模式为精细和真实，可以看到玻璃隔墙的三维真实效果。

选择“幕墙网格”，放置在玻璃隔墙上，就生成幕墙网格，如图 4.1.20～图 4.1.22 所示。

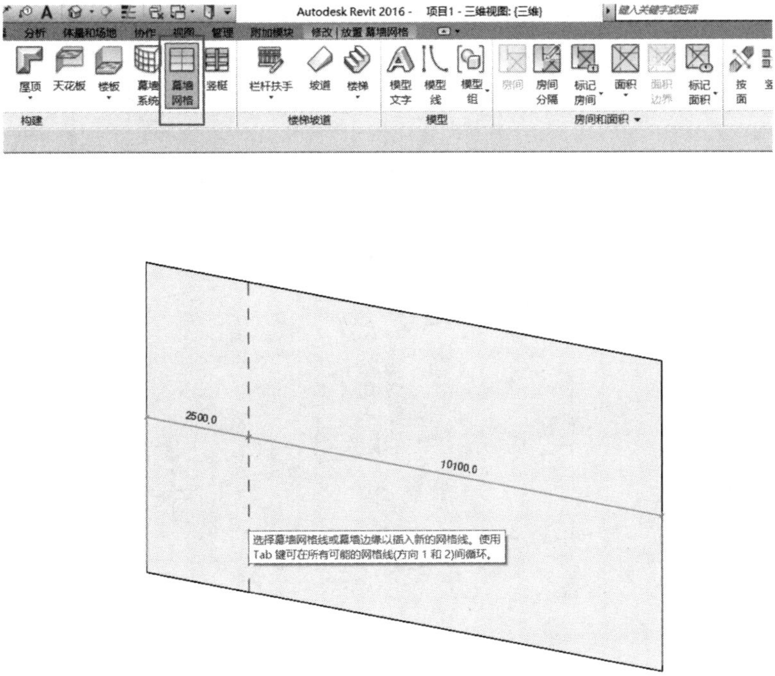

图 4.1.20　幕墙网格放置

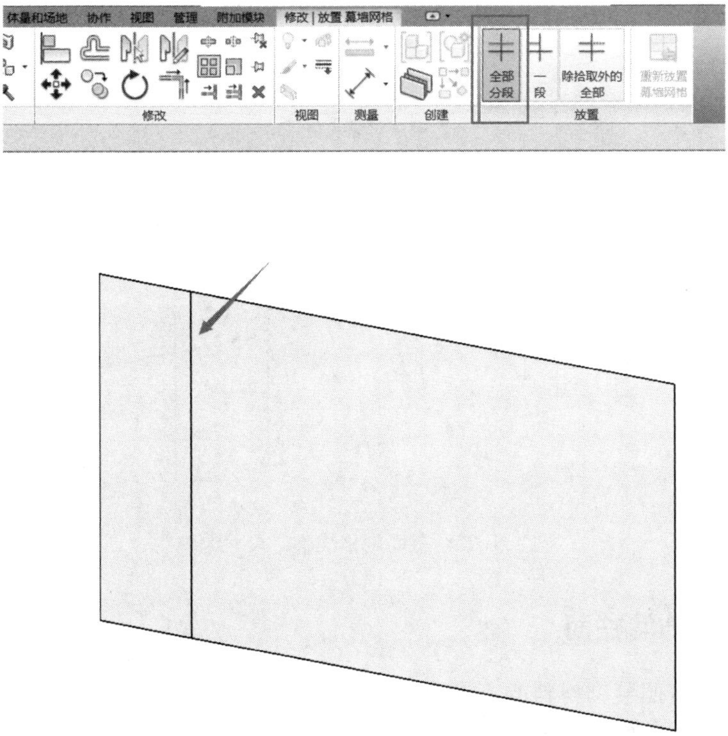

图 4.1.21　幕墙网格全部分段放置

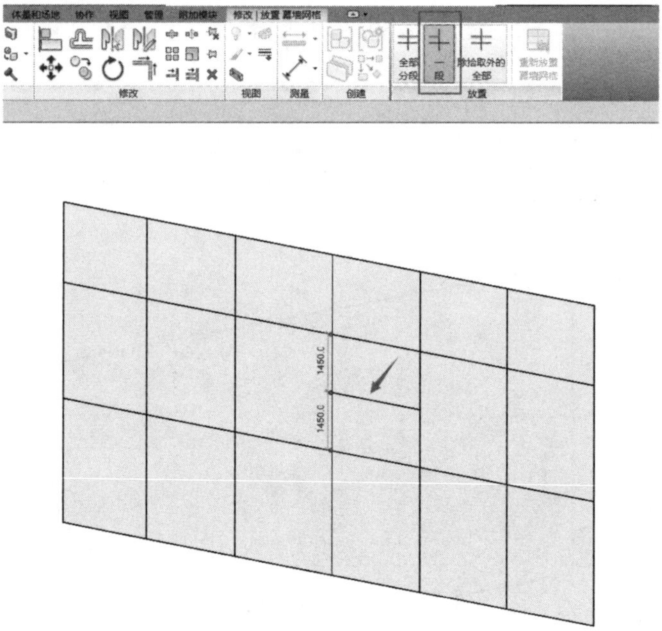

图 4.1.22　幕墙网格一段放置

选择幕墙网格，可以调整网格间距，继续添加幕墙网格，完成玻璃隔墙的创建。依照这个方法，完成整个项目的玻璃隔断墙模型建立，如图 4.1.23 所示。

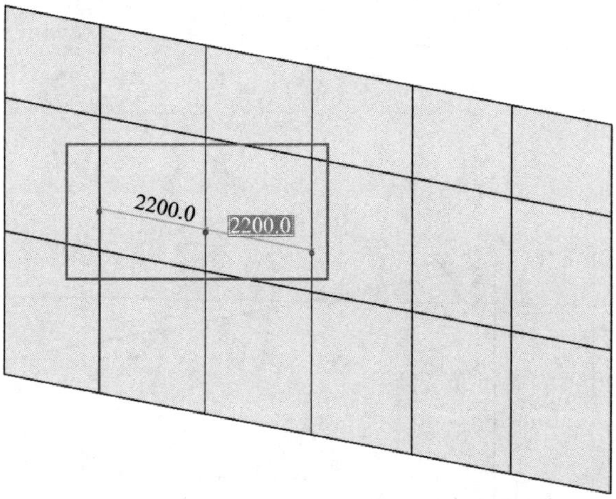

图 4.1.23　幕墙网格线临时尺寸调整

4.1.2　装饰墙柱面

装饰墙柱面按照装饰材料的不同分为涂料装饰墙、墙纸装饰面墙、陶瓷装饰墙、木作装饰墙、石材装饰墙，各类型的隔断墙都可以用常规墙修改来完成制作。装饰墙柱面的约束条件：装饰地面完成面到吊顶完成面，可依据当前项目的设计意图进行微调，例如，如果有踢脚，会出现不同的约束要求；例如壁纸，要是先贴壁纸可为低于踢脚 1～

2cm；要是先装踢脚，则完成面在踢脚上口。

4.1.2.1　壁纸装饰面墙

绘制一段常规墙，点击编辑类型打开类型属性对话框，复制一个墙类型族，命名为“壁纸装饰墙”，点击“确定”，如图 4.1.24 所示。

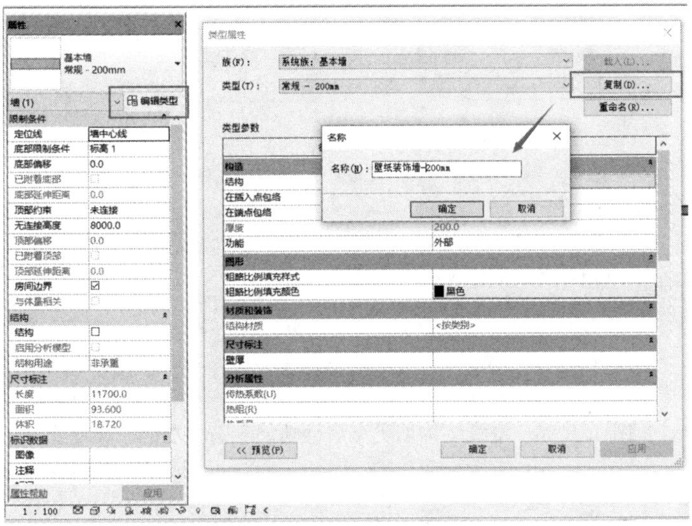

图 4.1.24　壁纸装饰墙类型属性

打开“结构”—“编辑”，在编辑部件对话框中点击两次“插入”，生成两层结构层，通过“向上”“向下”调整插入层的位置，将插入层重命名，数值和材质进行调整，完成壁纸装饰墙的创建，如图 4.1.25～图 4.1.28 所示。

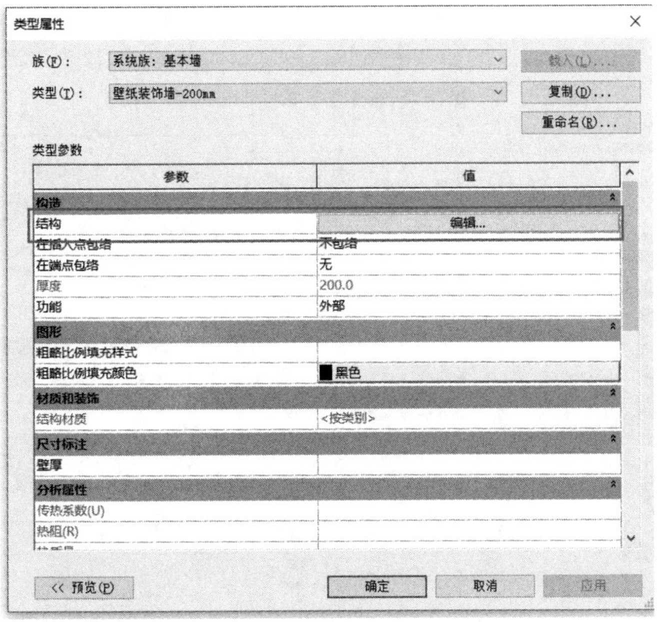

图 4.1.25　壁纸装饰墙类型属性功能参数（结构）

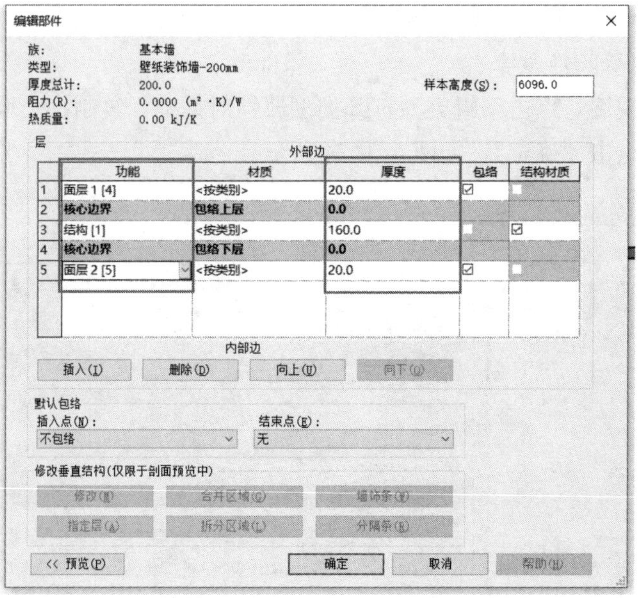

图 4.1.26　壁纸装饰墙类型属性功能参数（功能、厚度）

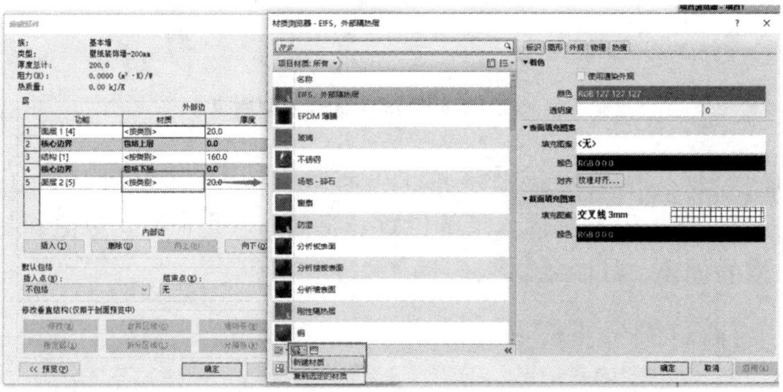

图 4.1.27　壁纸装饰墙类型属性功能参数（按类别）

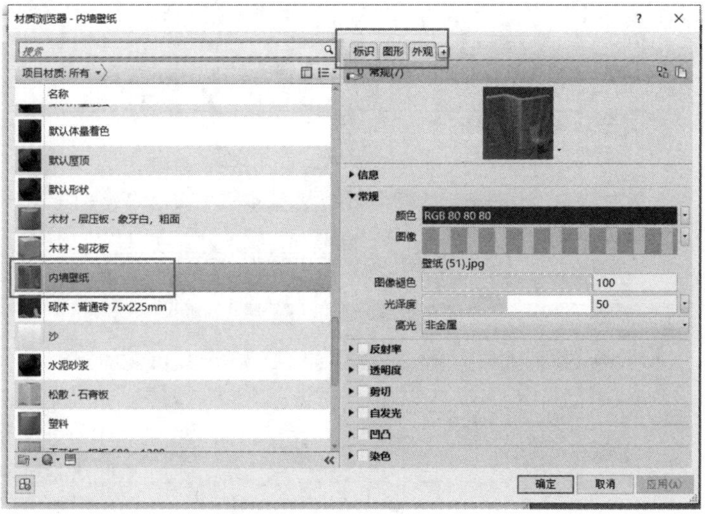

图 4.1.28　壁纸装饰墙类型属性功能参数（内墙壁纸）

4.1.2.2　瓷砖装饰墙

打开绘制好的隔断墙文件，使用玻璃幕墙嵌板原理制作墙面瓷砖，打开幕墙族类型进行编辑修改。打开类型属性进行复制类型，调整类型参数，更换幕墙嵌板、调整600mm×300mm 瓷砖大小参数，利用幕墙的竖梃调整瓷砖缝隙，族类型制作完成，如图 4.1.29 所示。

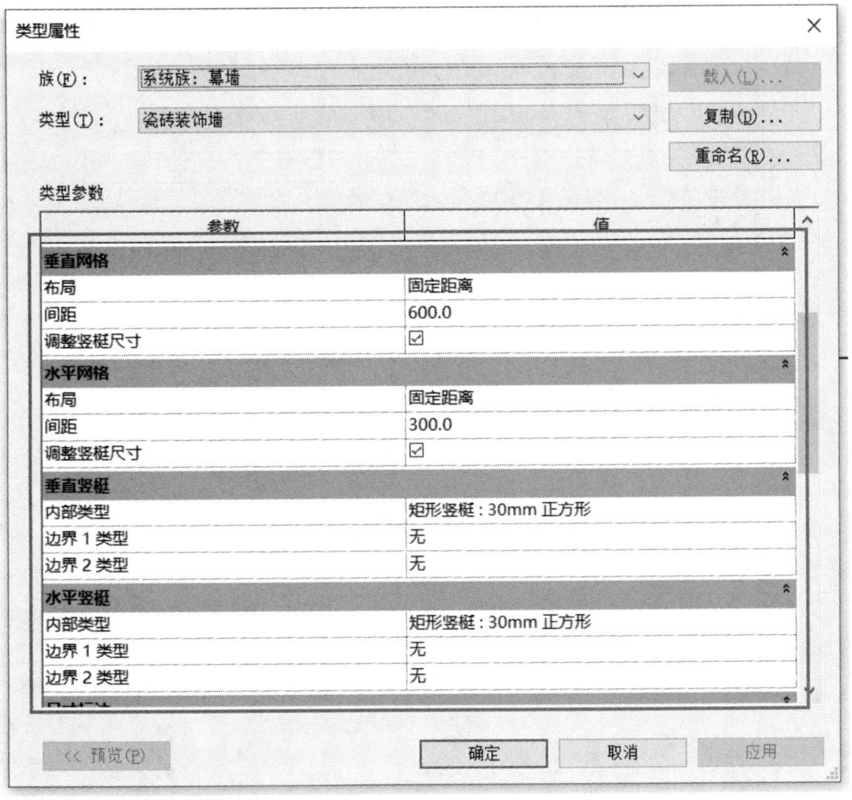

图 4.1.29　瓷砖装饰墙类型属性功能参数

绘制瓷砖装饰墙，将视图切换平面视图进行绘制，选择墙体命令，将墙体切换到已经设置好的幕墙类型，设置好顶部约束标高及顶部偏移（注：吊顶区域标高），然后沿墙体边缘进行绘制、添加材质。依照这个方法，完成整个项目的装饰墙柱面模型建立，如图 4.1.30～图 4.1.33 所示。

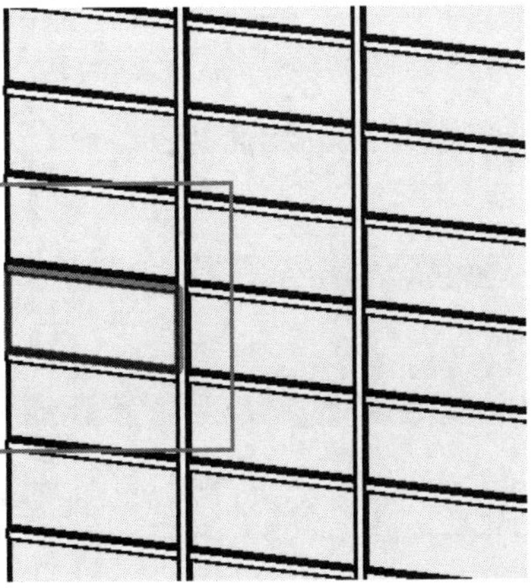

图 4.1.30　幕墙系统嵌板选择

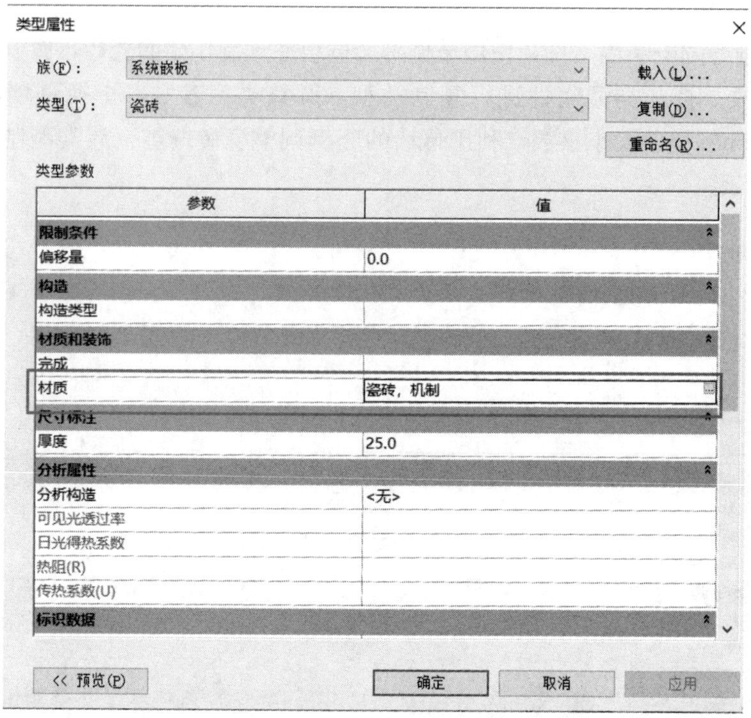

图 4.1.31　幕墙系统嵌板类型属性功能参数

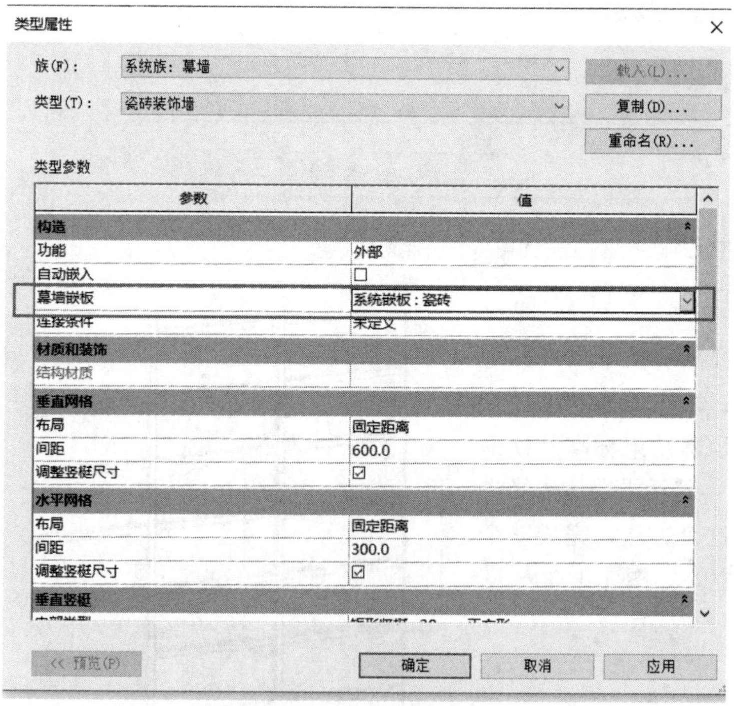

图 4.1.32　幕墙系统类型属性功能参数

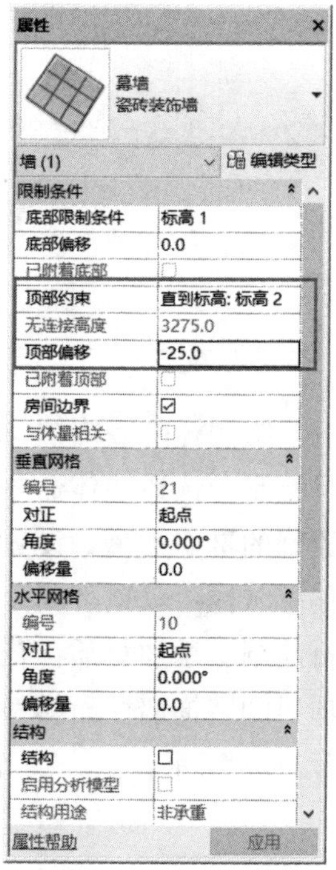

图 4.1.33　瓷砖装饰墙实例属性设置

4.1.3　门窗

在建筑装饰装修中门与窗都是主要的构件，它们的形状、尺寸、色彩、造型等对室内效果都有很大的影响。建筑样板里，门、窗样式比较单一，项目中如需放置其他类型的门与窗，可下载或制作所需样式的门、窗，再将其载入到项目中使用，同时软件也提供了一个族库，内有常见门、窗族供用户直接使用。

单击“插入”选项卡中的“载入族”命令，弹出“载入族”对话框，如图 4.1.34 所示。

图 4.1.34　载入族选项

在“载入族”对话框中选择“平开门”族，单击打开。将“门”载入进入项目中，如图 4.1.35 所示。

方法一，将门放置到模型中，单击在“建筑”选项卡中的“DR”命令。在“属性”面板中找到平开门，将光标放置在墙体上，此时墙体会出现门的预览图像。如图 4.1.36所示。在放置门时，按空格键可将开门方向从左开翻转为右开或从右开翻转为左开；要翻转门面（使其向内开或向外开），应将光标移到靠近内墙边缘或外墙边缘的位置；当预览图像位于墙上所需位置时，单击鼠标左键以放置门，如图 4.1.37 所示。

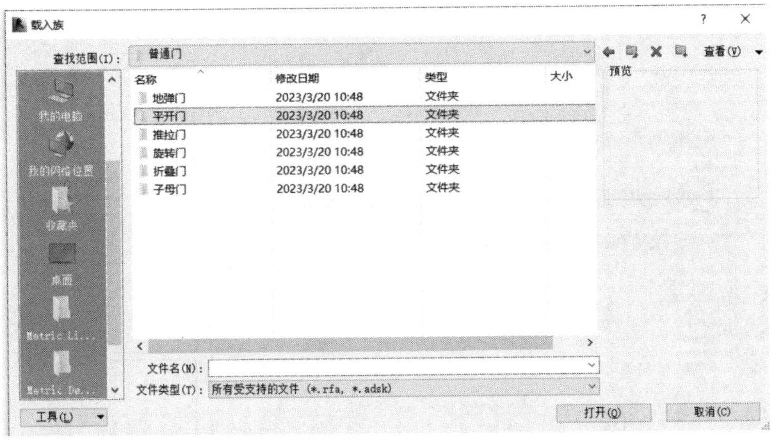

图 4.1.35　载入平开门

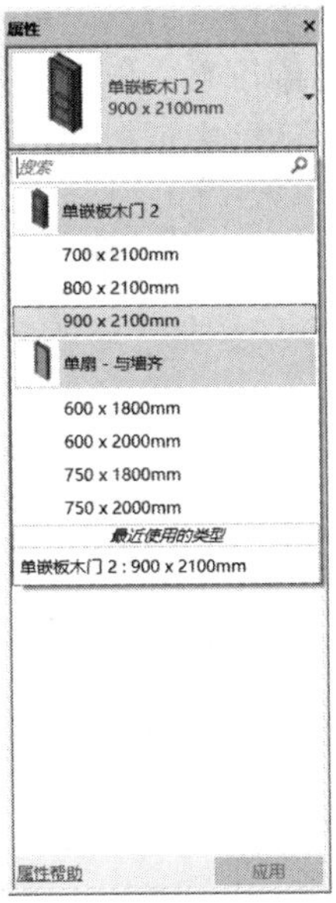

图 4.1.36　门的属性面板预览图像

方法二，在“项目浏览器”面板的“族”选项卡中找到载入的“平开门”族，将其拖曳至墙体上放置，如图 4.1.38 所示。

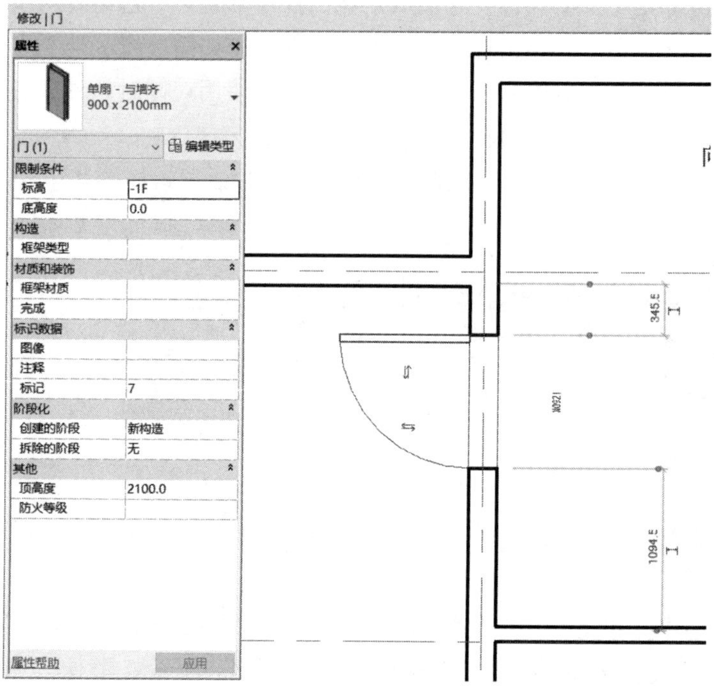

图 4.1.37　放置门

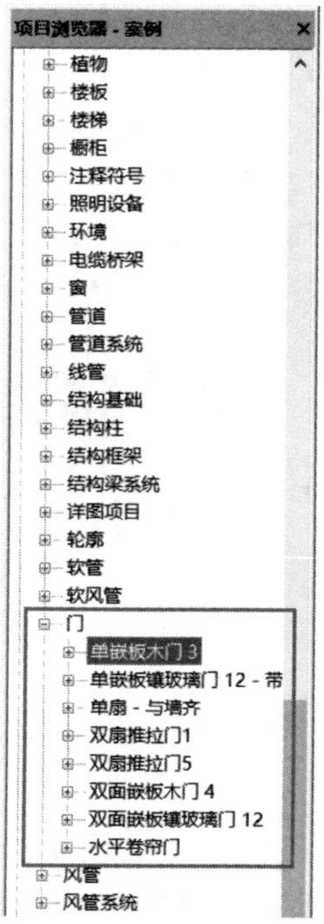

图 4.1.38　选择“板木门 3”

放置完门后，选中该实例，还可通过控件调整门的开启方向。如果调整门位置，可选中该实例，单击出现的临时尺寸标注数据，通过编辑临时尺寸标注数据将其放置到合适的位置。单击“属性”面板中“编辑类型”命令，将弹出“类型属性”的对话框。在对话框中可根据“参数名称”修改相应的值，如图 4.1.39 所示。

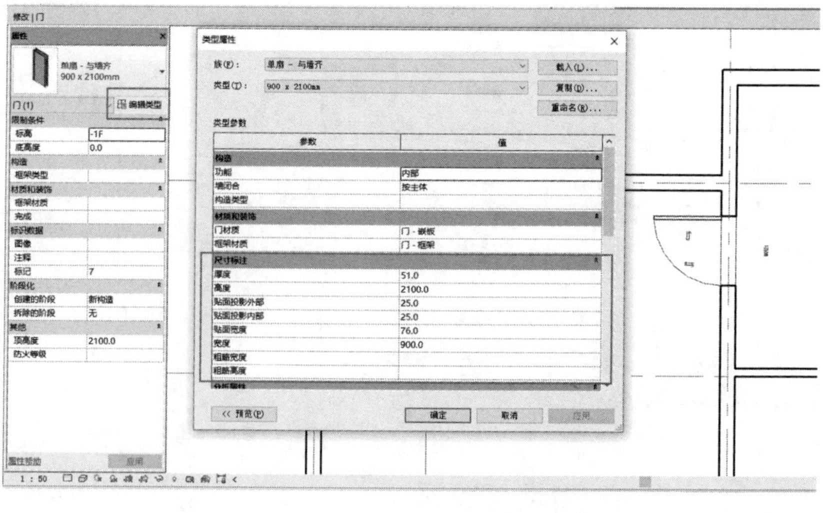

图 4.1.39　门的类型属性编辑器

在“项目浏览器”面板中进入三维视图，将视图样式更改为“真实”。依照这个方法，完成整个项目的门放置工作。

4.1.4　楼地面

楼地面基本结构主要由基层、垫层和面层等组成。楼地面根据材料分类可分为水泥类楼地面、陶瓷类楼地面、石材类楼地面、木质类楼地面、软质楼地面、塑料类楼地面、涂料类楼地面等；根据构造可分为整体式楼地面、板块式楼地面、木（竹）楼地面、软质楼地面等。

在室内装饰 BIM 模型的制作中，Revit 为楼地面的绘制提供了灵活的楼板与玻璃斜窗（屋顶工具中的类型之一）工具，可以在项目中创建任意形式的楼板与玻璃斜窗，并且根据工具的特点，进行功能用途的随机变化，可以满足不同的建模需求。楼板、玻璃斜窗都属于系统族，可以根据草图轮廓及类型属性中对参数属性的定义生成任意形状的楼地面或其他类型的装饰层。

楼板是建筑设计中常用的建筑构件，用于分割建筑的各层空间。Revit 中提供了三种楼板：建筑楼板、结构楼板与面楼板。其中面楼板主要适用于将概念体量模型的体量楼层转换为楼板图元，该方式只能用于从体量拾取生成楼板模型时，不能够自行绘制。在整体式楼地面的建模过程中，主要使用建筑楼板命令。Revit 还提供了楼板边缘工具，用于创建基于楼板边缘的放样模型图元，如踢脚线等。通过实际操作在项目中绘制板块式楼地面，学习楼板工具的使用方法如下：

使用 Revit 的楼板工具，可以创建任意形式的室内楼地面。只需要在楼层平面视图中绘制楼板的轮廓边缘草图，即可以生成指定构造的楼地面模型。与 Revit 其他对象类似，在绘制前，需预先定义好需要的楼板类型。在已有的项目文件中，切换至楼层平面视图，将视图放大至合适大小。单击“常用”选项卡“构建”面板中的“楼板”工具（或直接点击下拉三角形，选中“楼板 · 建筑”），如图 4.1.40 所示。

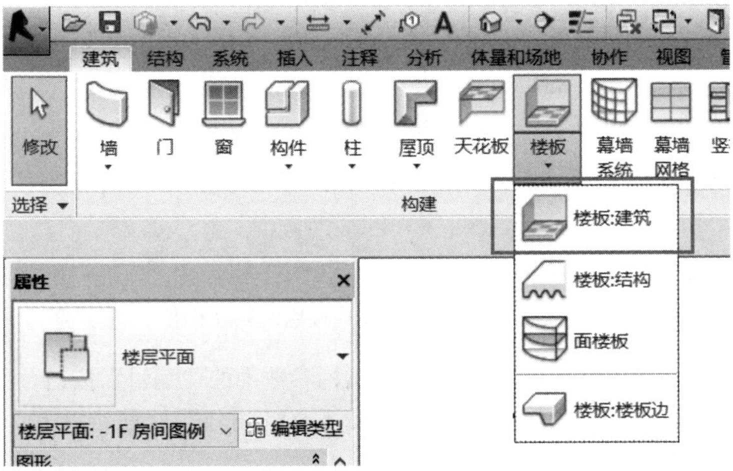

图 4.1.40　楼板工具

进入创建楼板边界模式，自动切换至“修改楼层边界”上下文选项卡。如在建模过程中发现视图模型被淡显且无法选中，可以检查是否进入了类似楼板这样的编辑环境下，如果是，则单击退出，即可退出编辑环境，如图 4.1.41 所示。

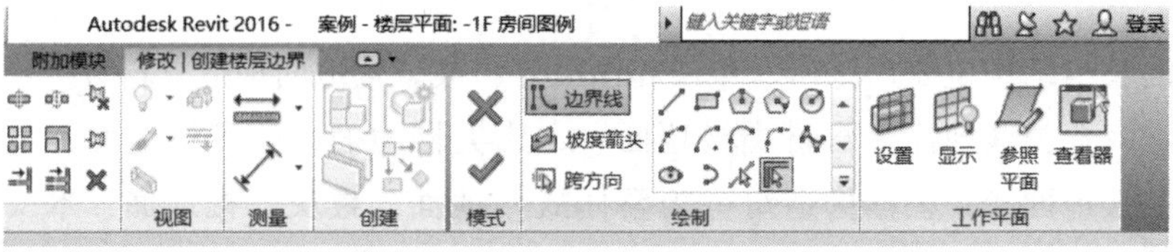

图 4.1.41　楼层边界编辑

以深圳某售楼处项目的卫生间楼地面为例，进行命令使用方法的讲解，在“属性”面板中单击“编辑类型”，进入楼板类型编辑对话框。首先需要对楼板类型进行复制（为了保证在操作过程中能够始终有一个系统标准类型存在项目中），并且根据具体项目需求进行命名即可，如本项目中命名“CT _ HB 灰白瓷砖—250”，如图 4.1.42 所示。

图 4.1.42　新建卫生间楼地板类型属性

保持类型属性对话框为打开状态，点击结构参数中的“编辑”按钮，弹出“编辑部件”对话框，该对话框与前面章节中的墙体“编辑部件”对话框类似，如图 4.1.43 所示。

图 4.1.43　卫生间楼地板类型属性功能参数

通过“插入”选项可以插入更多的结构层次，并且通过“向上”“向下”调整层级顺序。与墙体结构层功能类似，Revit 共提供了 7 种楼板层功能，分别是结构 [1]、衬底 [2]、保温层/空气层 [3]、面层 1 [4]、面层 2 [5]、涂抹层和压型板 [1]。其中“压型板 [1]”是型钢楼板结构使用。因为本次绘制的楼板为楼地面（装饰面），所以将表面材质的功能类别设置为“面层 1 [4]”，材质类别点击进入材质库，选择与要设置的材质种类相类似的材质，进行复制后重命名，得到编辑结构层三层构造分层，功能为：ct. d. hs. 地砖 . 灰色 . 600×600. 标准、JC _ 水泥砂浆找平层。在相似材质上复制有利于后期相似材质的管理与参数的共用，厚度根据需要进行设置，如图 4.1.44 所示。

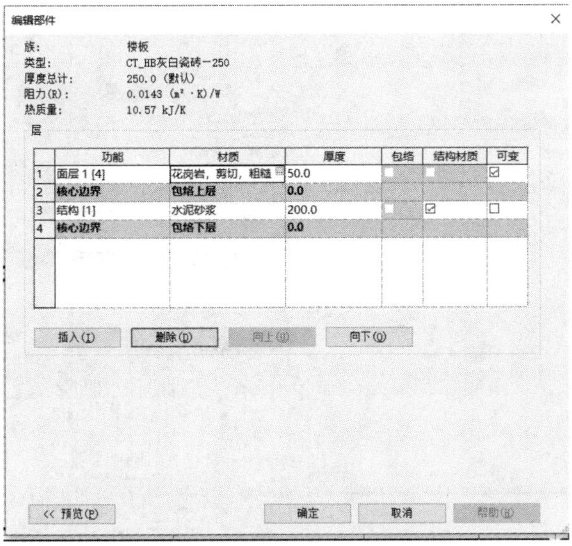

图 4.1.44　设置卫生间楼地板功能参数

为了实现剖面的材质填充样式的表达，需要在对应的材质中，对“截面填充图案”进行设置（Revit 的平面填充图案设置方法有别于 CAD 的 Hatch 命令，Revit 的平面填充图案需要在对应的材质中的“剖面填充图案”中进行设置；并且为了能够在材质的表面有一定的图案显示，也可以对“表面填充图案”进行设置），如图 4.1.45 所示。

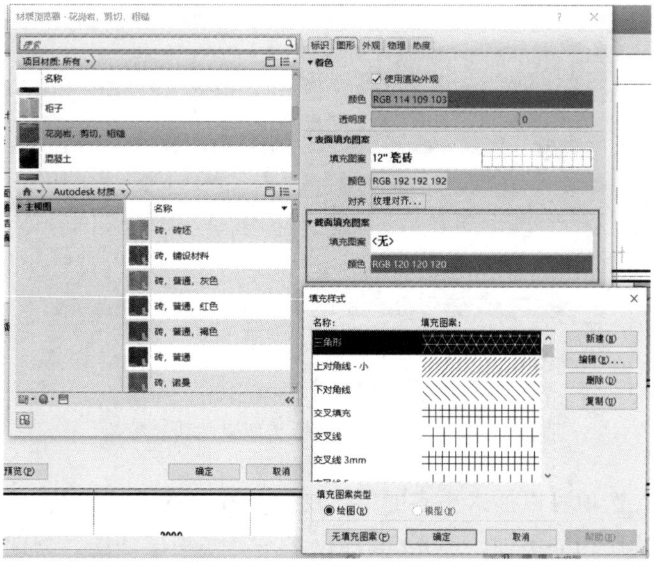

图 4.1.45　设置楼地板截面填充图案

在楼地面的三维表达中，经常需要绘制如地面砖块划分的情况，可以通过“材质”选项中的“表面填充图案”来解决。进入楼板的“编辑部件”窗口，弹出材质选择框，点击“表面填充图案”中的“填充图案”，然后选择需要的图案划分类型或自行新建新的类型。在设置表面填充图案时，需要将“填充图案类型”设置为“模型”，如图 4.1.46 所示。

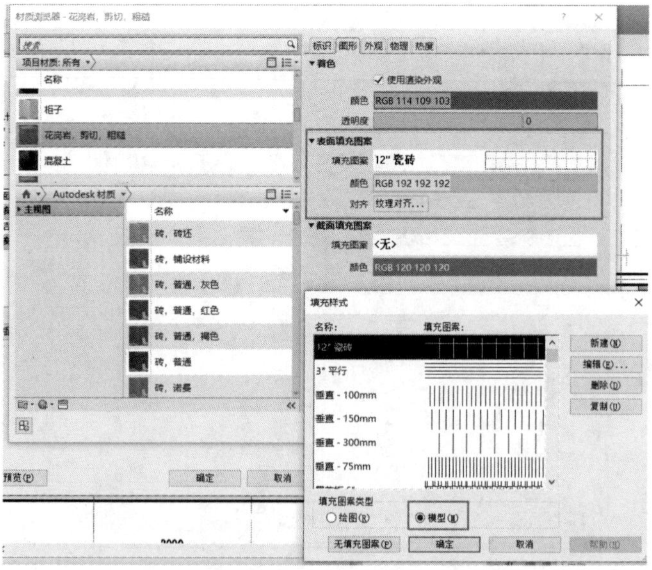

图 4.1.46　设置楼地板填充图案类型

完成图形面板的设置，接下来要进行外观（渲染效果）的设置，这也是板块装饰面层后期表现成果的重要步骤。外观的主要成分是“图像”，也就是所谓的“贴图”，点击“图像”的预览图片，可以进入到图像的编辑模式，进行图像大小、比例的调整，出现的纹理编辑器后，可以点击“源”，进行贴图的替换（如找到的贴图在显示时总是有拼贴缝，可以使用无缝贴图制作软件进行贴图的处理，再进行导入使用）。设置完图像后，可以进行下一步的设置，为了达到真实模式的显示质量或渲染效果，则需要添加一定的凹凸度或浮雕图案。点击“浮雕图案”下方的图像后将出现“纹理编辑器”，此处出现的图像与上方贴图一样，但是为黑白灰显示，即所谓的“凹凸贴图”或“法线贴图”，可以自行使用软件进行制作或使用 PS 进行去色即可。设置完成后，检查各参数的设置的正确性，没问题后即可点击“确定”按钮两次退出“类型属性”对话框，如图 4.1.47所示。

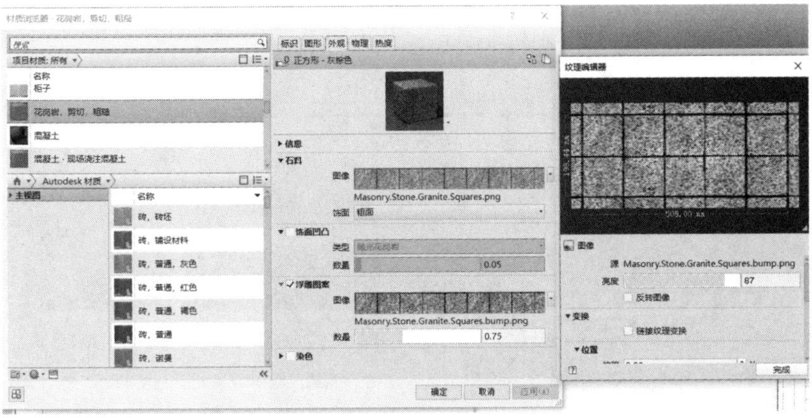

图 4.1.47　楼地板类型属性功能参数

每一个楼板或者一个类型的参数属性的详细设置，对后期图纸表达、可视化表达等具有非常重要的作用，也是属于 Revit 模型图元的信息录入，为了防止后续返工修改参数，建议在绘制每一个图元之前便进行详细的参数设置。

确认“绘制”面板中的绘制状态为“边界线”，绘制方式为“拾取墙”，移动鼠标至需要创建楼板的墙的位置，单击即可自动拾取生成粉红色楼板边界。绘制完成后，须保证绘制的轮廓为闭合回路，不得出现开放、交叉或重叠的情况，点击“修改边界”中的确认勾选即可完成楼板的绘制（绘制模式可以为手动绘制线条模式、拾取墙模式，两者的区别在于拾取墙模式生成的边界线与墙体关联，当墙体移动时，楼板大小会跟随着发生移动，而手动绘制线条的模式则不受墙体移动的影响），如图 4.1.48 所示。

在绘制过程中，如果发现线条显示很粗影响绘制，则可以使用“视图”选项卡“图形”面板中的“细线”显示模式，用细线替代所有真实线宽，如图 4.1.49 所示。

楼板的绘制中，可以同时存在多个闭合、不相交、不重叠的轮廓。所达到的效果分为两种情况：①一个大的闭合轮廓包含多个闭合小轮廓，且不相交、不重叠，则是默认开洞的功能；②多个闭合的、不相交、不重叠也不互相包含的轮廓，则会形成一个编辑模式下的多块楼板，便于管理。

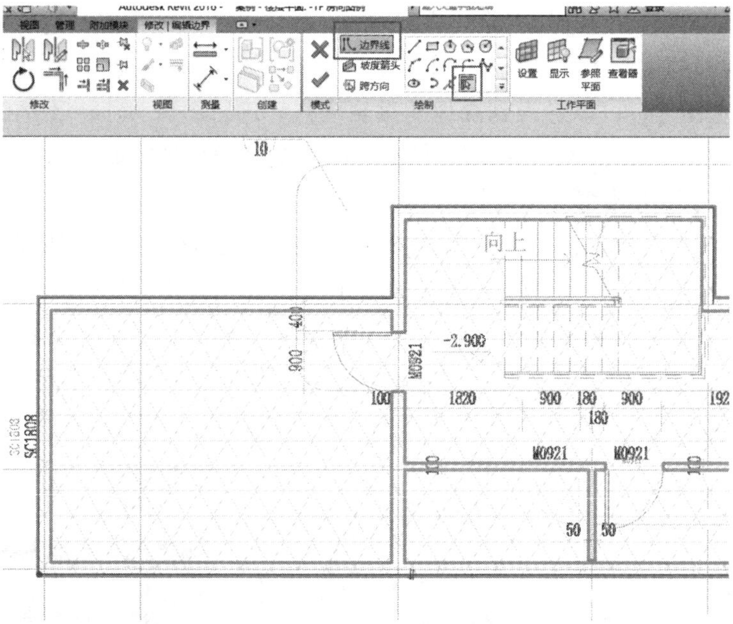

图 4.1.48　绘制楼板边界线

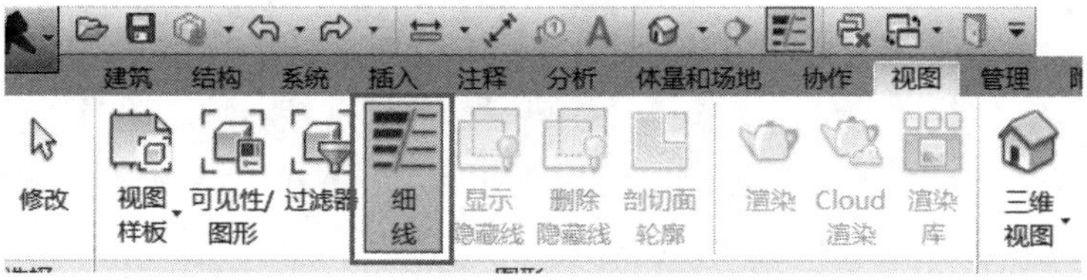

图 4.1.49　细线显示模式

楼地面的创建方式比较简单，与楼板的绘制方法一致。板块式楼地面的主要难点在于要熟悉材质的调整方法，如“图形”中的“表面填充图案”与“剖面填充图案”的设置，前者直接影响到非真实模式下的三维显示效果，以及“外观”中的贴图的选择、调整与设置，直接影响到整体的渲染效果。

楼地面更多的是一些技巧的延伸与能动性，根据需求进行多种命令的组合，如楼板绘制、楼板修改子图元、玻璃斜窗等，在熟悉了解命令的制作逻辑的基础上，自行延伸学习，在发生错误时，可以直接将其复原到修改前的样式，如修改子图元命令可以进行“重设形状”，玻璃斜窗的轮廓可以随时进入到编辑模式进行形状调整等。依照这个方法，完成整个项目楼地面的模型，如图 4.1.50 所示。

图 4.1.50　编辑楼板模型

4.1.5　天花板

天花板主要分为石膏板、夹板、彩绘玻璃和其他材料等，在本次建模中可以分为两大类，与楼地面相似，分为整体式天花板与模块化天花板两种。使用天花板工具，可以快速创建室内天花板。

第一，将视图切换至 F1 楼层平面视图。单击“常用”选项卡“构建”面板中“天花板”工具，进入“修改｜放置天花板”编辑模式，如图 4.1.51 所示。

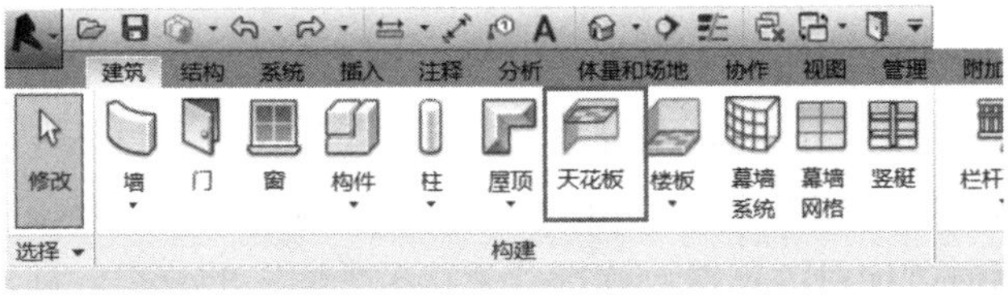

图 4.1.51　天花板工具

与绘制楼板方法类似，选好命令后，在开始绘制之前，需要在“属性”面板中选择天花板的类型如“PT _ 01 白色乳胶漆”（与楼板编辑时复制新的类型方法类似，自行在系统默认的天花板的基础上进行复制与重命名新的天花板类型），如图 4.1.52 所示。

同时，回到属性面板，将天花板的高度进行设置，即“自标高的高度偏移”的值进行设置，如图 4.1.53 所示。

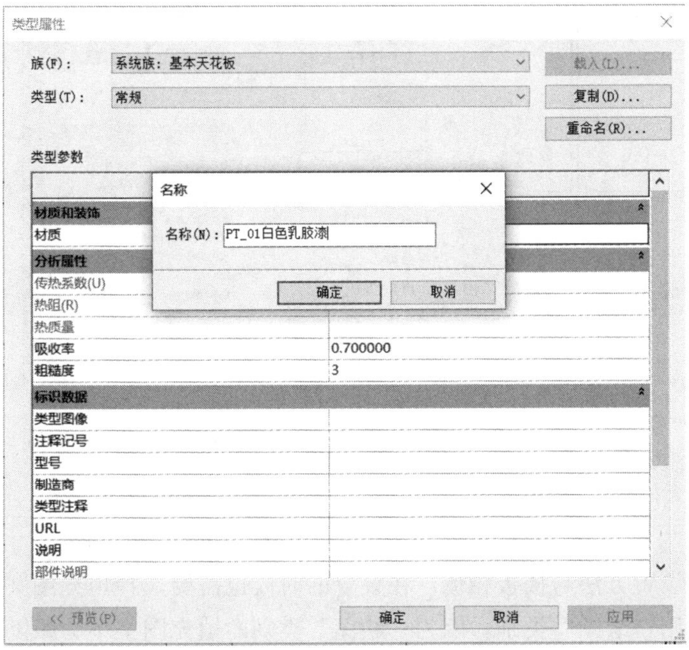

图 4.1.52　新建天花板类型属性

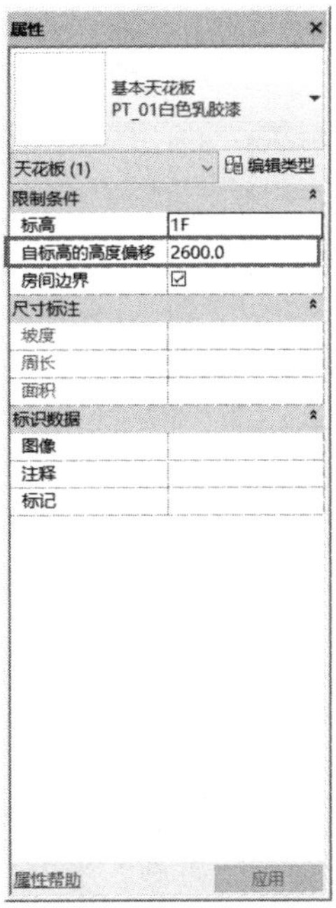

图 4.1.53　天花板高度设置

开始绘制时，可以将天花板的创建方式设置为“自动创建天花板”。注意，该方式将自动搜索房间边界，生成指定类型的天花板图元。但是针对没有确切墙体的空间进行绘制时，也可以使用手动绘制轮廓线的方式绘制天花板轮廓，如图 4.1.54 所示。

图 4.1.54　自动创建天花板

绘制完成后，点击打勾确认，系统将提示“所绘制图元不可见”的警告框，因为所处的视图的剖切高度为默认 1200mm，而天花板的高度是 2600mm，因此不可见。不必理会此窗口，可以通过项目浏览器，选择“天花板平面”的分类，进入“F1”天花板平面，则可以看到绘制完成的天花板了，如图 4.1.55 所示。如果想要在楼层平面对天花板进行简单的查看，可以在属性面板中找到“视图范围”，将剖切高度进行调整。注意，顶高度要大于或等于剖切面的高度)，如图 4.1.56 所示。

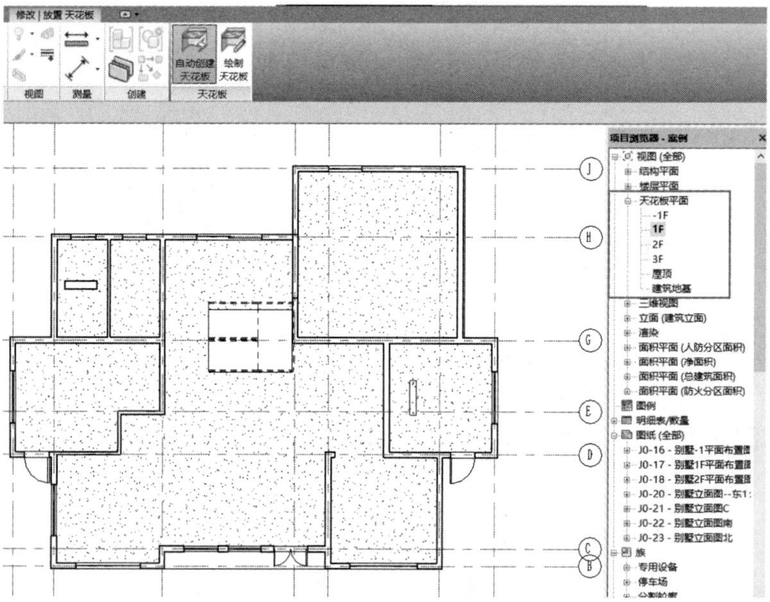

图 4.1.55　天花板平面识视图

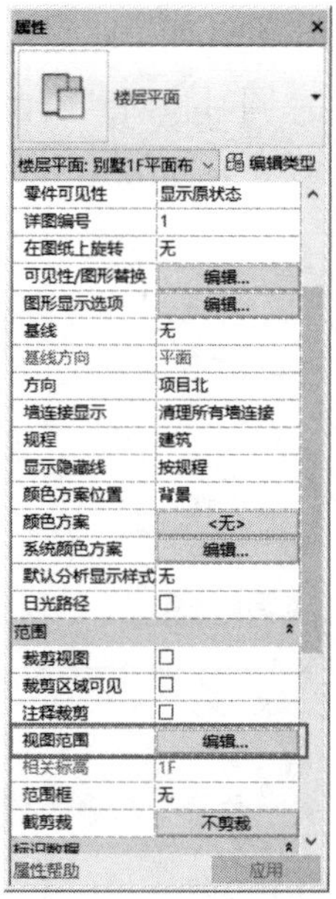

图 4.1.56　天花板视图范围编辑

天花板的表面填充图案的设置方法与楼板相似，在设置的时候也需要选择填充图案的类型为“模型”类别，切勿用“绘图”类别，因为“绘图”类别的填充图案不会跟随着三维视图的旋转而旋转。“模型”类别的填充图案，能够在三维中进行位置的移动和砖缝的对位，“绘图”类别无法做到，如图 4.1.57 所示。

除了上面绘制的普通天花板外，根据项目需求，可以进行坡度箭头的添加，能够实现具有一定坡度形状的天花板，如图 4.1.58 所示。

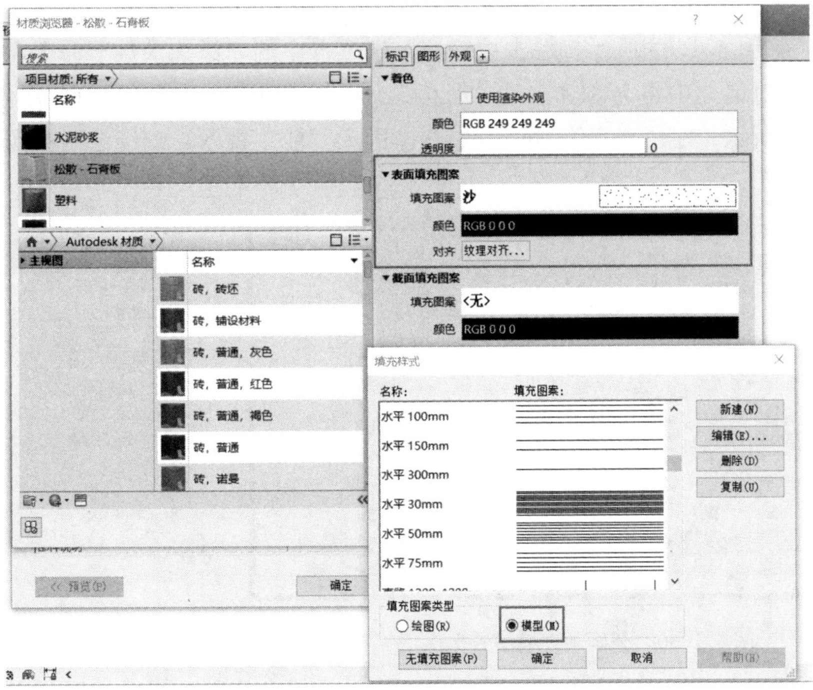

图 4.1.57　设置天花板填充图案类型

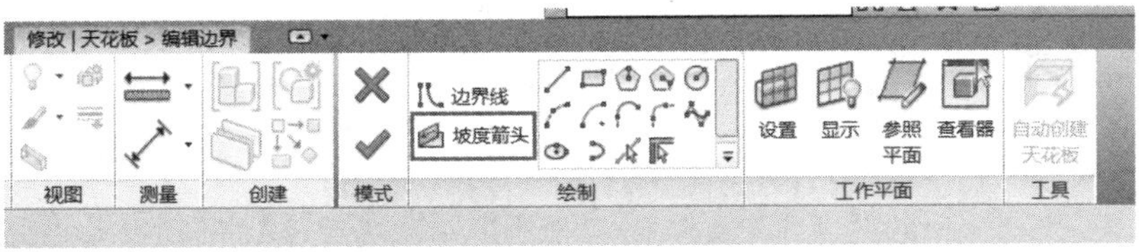

图 4.1.58　绘制坡度天花板

4.1.6　固装家具

固装家具指的是在项目实施中现场实施的分部分项工程，固定在墙壁上或地面上，不能移动的家具。固装家具一般由场外定制部分和场内制作部分组成，可以根据空间的大小自由控制尺寸。

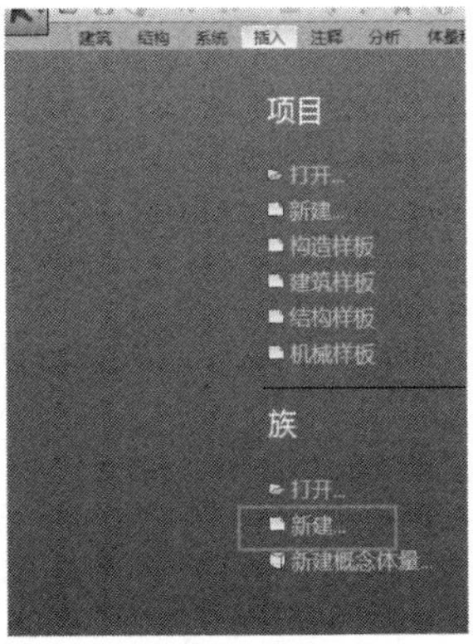

图 4.1.59　新建族样板文件

4.1.6.1　选择样板文件

打开 Revit 软件，单击左侧“族”选项中的“新建”命令，如图 4.1.59 所示；在“新族-选择样板文件”对话框中的“公制常规模型”样板，单击“打开”，如图 4.1.60 所示。

4.1.6.2　绘制参照平面

双击“项目浏览器”选项卡中的“参照标高”，进入参照标高视图，单击“建筑”选项卡中的“参照平面”命令，绘制参照平面，如图 4.1.61 所示。单击“注释”选项卡中的“对齐”命令，进行标注，选择标注，如图 4.1.62 所示。单击“标签”选项卡中的“添加参数”命令，在弹出的“参数属性”对话框中将名称命名为“长度”，单击“确定”，并将其他标注添加参数，如图 4.1.63 所示。在“项目浏览器”中双击进入“前”视图，继续绘制参照平面，如图 4.1.64 所示。

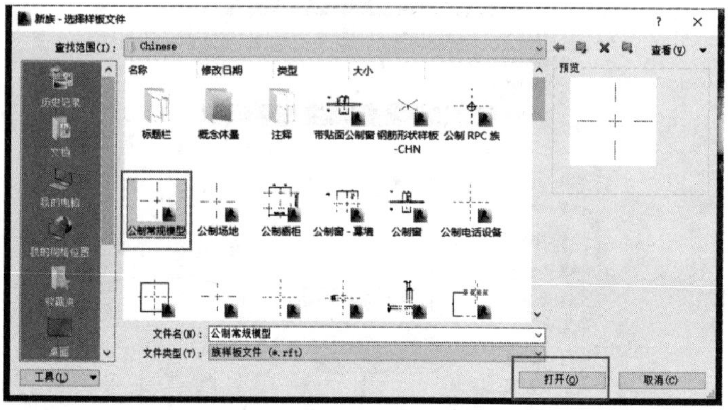

图 4.1.60　公制常规模型族文件

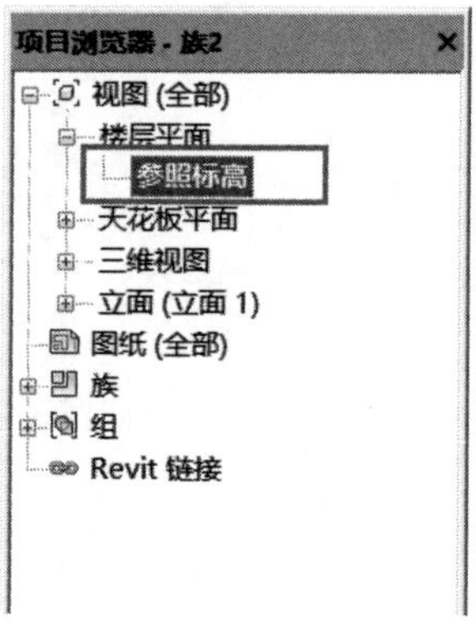

图 4.1.61　参照标高视图

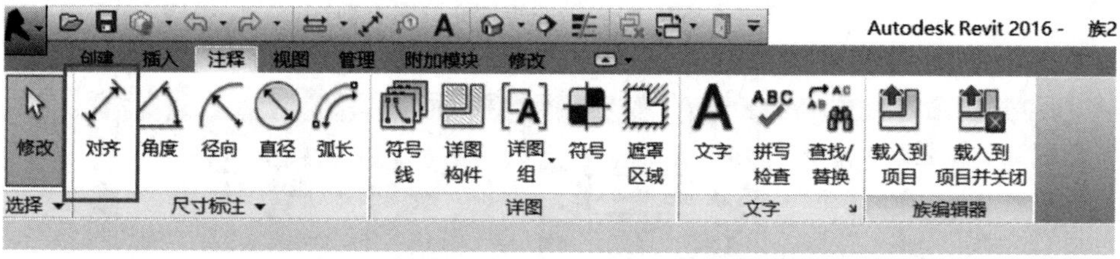

图 4.1.62　绘制参照平面（1）

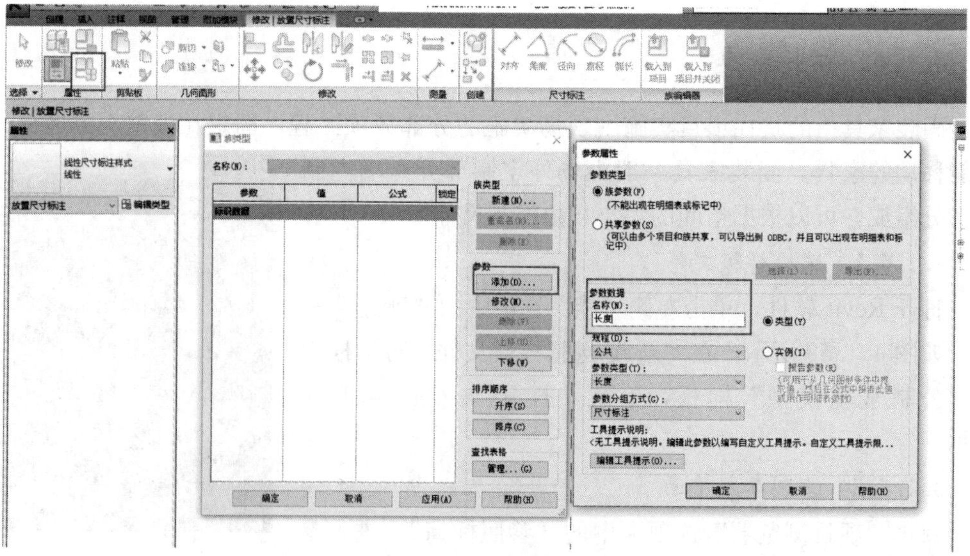

图 4.1.63　绘制参照平面（2）

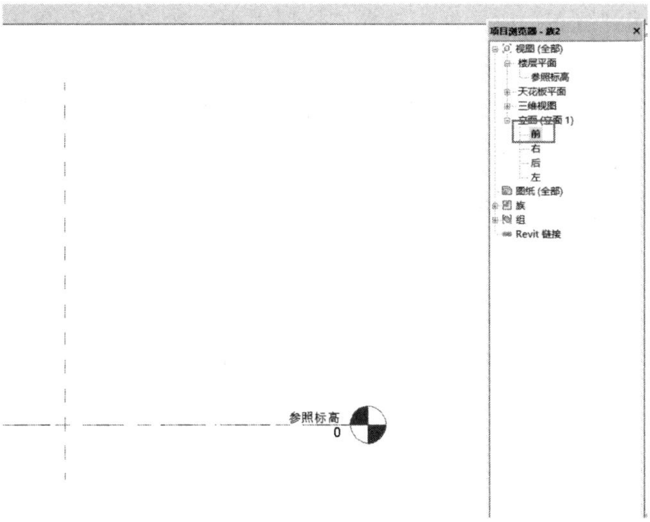

图 4.1.64　绘制参照平面（3）

4.1.6.3　绘制模型

单击“创建”选项卡中的“拉伸”命令，如图 4.1.65 所示；单击“设置”命令，设置工作平面，在弹出的“工作平面”对话框中选择“拾取一个平面”，单击“确定”，如图 4.1.66 所示；选择“前”视图中的最上方的参照平面为工作平面。

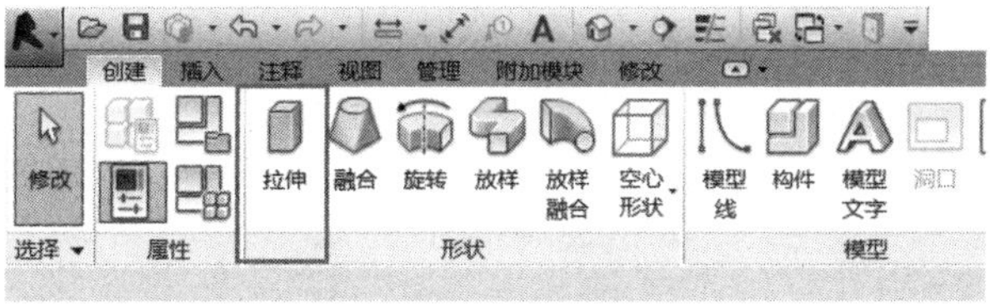

图 4.1.65　拉伸命令

图 4.1.66　拾取一个平面

在弹出的“转到视图”对话框中选择“楼层平面：参照标高”单击打开视图，单击“矩形”命令，绘制图形，并和参照平面锁定，单击“√”完成绘制，如图 4.1.67 所示。在项目浏览器中切换到“前”视图，绘制一条参照平面，选中刚拉伸绘制的形体，拉伸上部与参照平面对齐锁定，下部与新绘制的参照平面对其锁定，如图 4.1.68 所示。

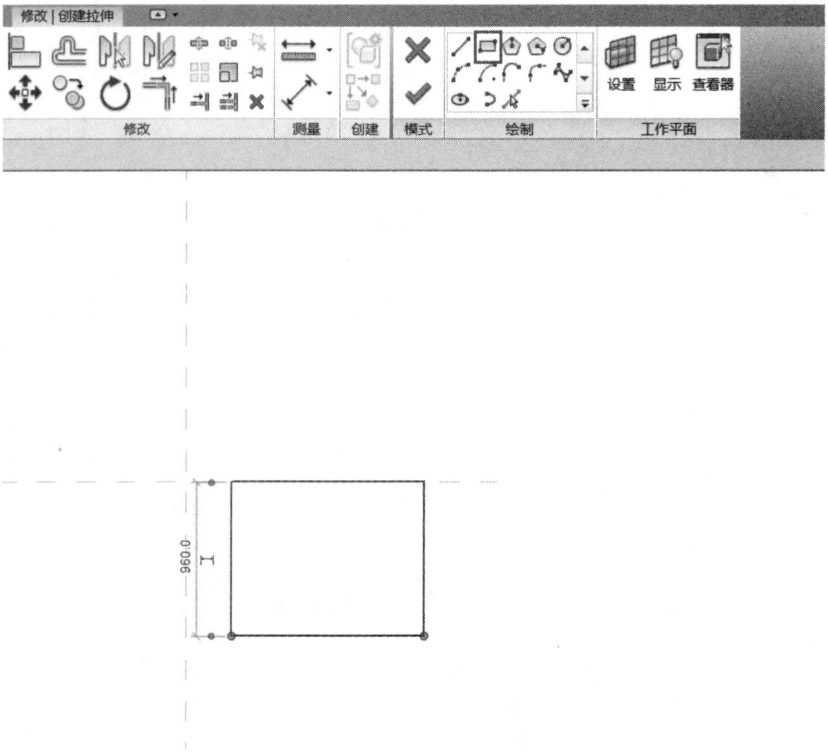

图 4.1.67　绘制平面

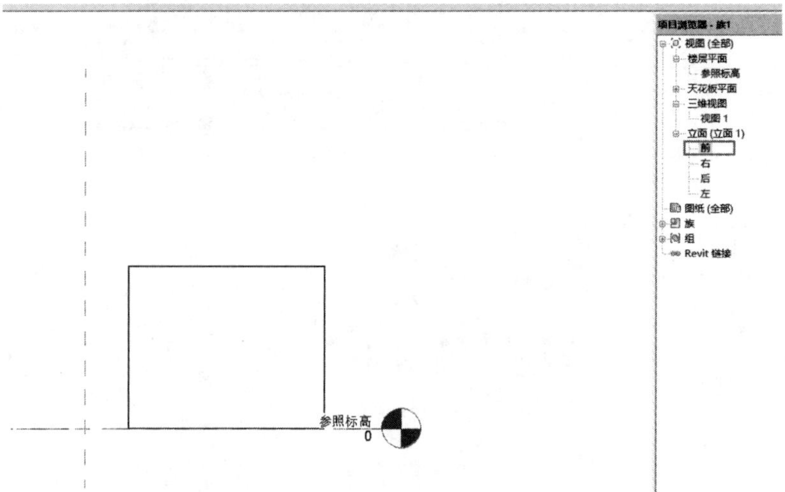

图 4.1.68　锁定平面

选中刚绘制的模型，单击“属性”面板中“材质和装饰”选项卡中“关联族参数”命令，在弹出的“关联族参数”对话框中单击“添加参数”命令，在弹出的“参数属性”对话框中将名称命名为“石材”，单击“确定”，在“关联族参数”对话框中单击“确定”，如图 4.1.69 所示。

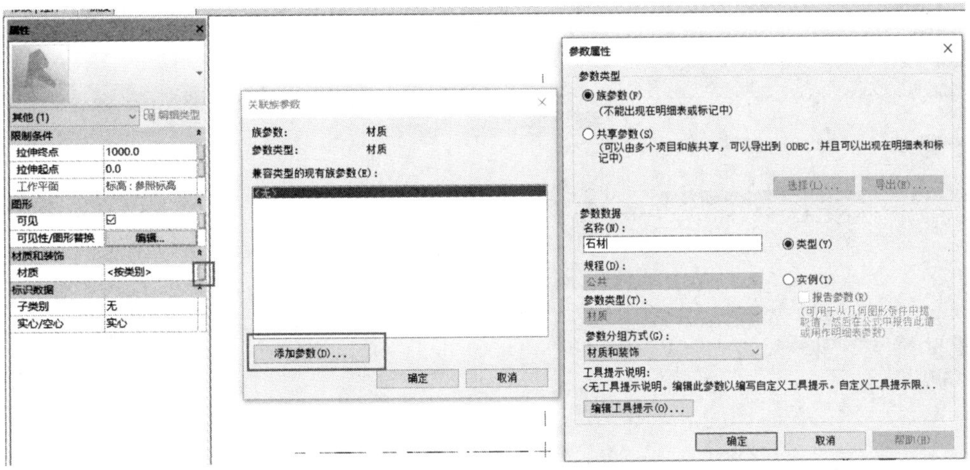

图 4.1.69 编辑绘制模型的参数属性（1）

单击“创建”选项卡中的“拉伸”命令，单击“设置”命令，设置工作平面，如图 4.1.70所示。在弹出的“工作平面”对话框中选择“拾取一个平面”，单击“确定”，选择“前”视图中的最上方的参照平面为工作平面，如图 4.1.71 所示。

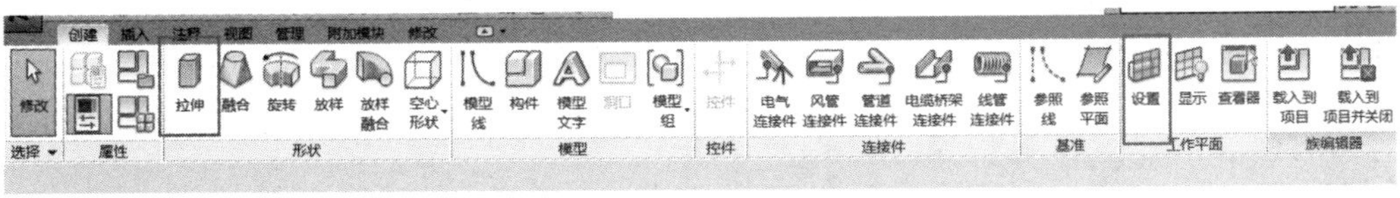

图 4.1.70 设置工作平面

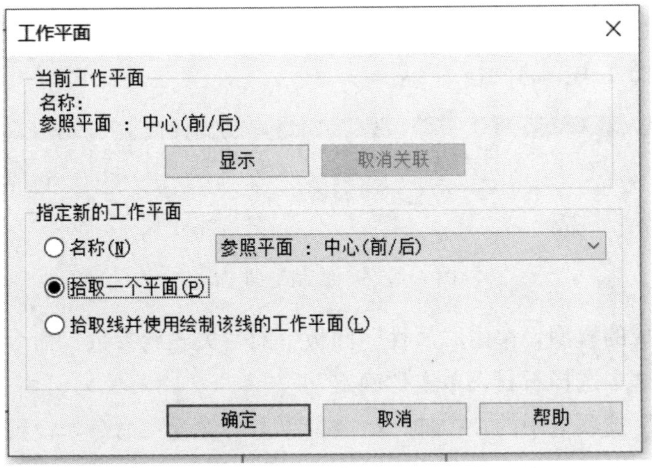

图 4.1.71 拾取一个平面

在弹出的“转到视图”对话框中选择“楼层平面：参照标高”单击打开视图，单击“矩形”命令，绘制图形，并与参照平面锁定，单击“√”完成绘制，如图 4.1.72 所示。在项目浏览器中切换到“前”视图，选中刚拉伸绘制的形体，拉伸上部与参照平面对齐锁定，下部与参照标高对其锁定。

选择绘制完成的模型，单击“属性”面板中的“关联族参数”命令，在弹出的“关联族参数”对话框中选择石材，单击“确定”，如图 4.1.73 所示。

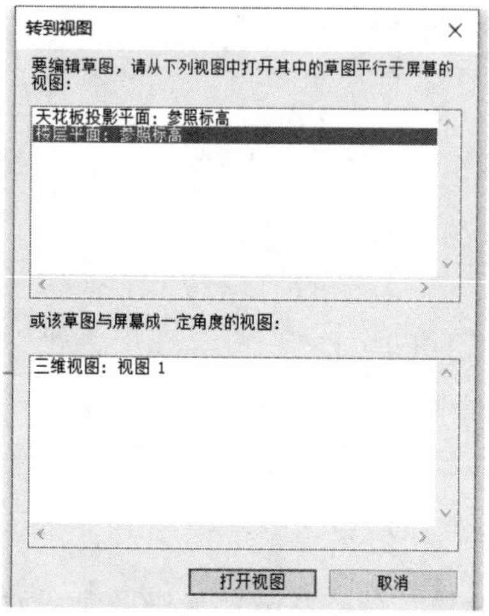

图 4.1.72　绘制平面（1）

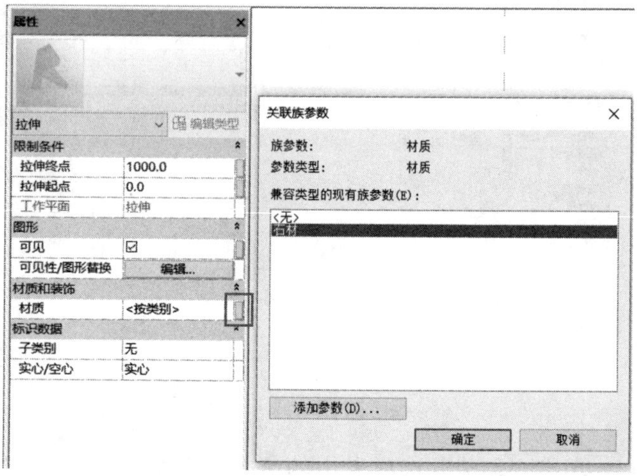

图 4.1.73　编辑绘制模型的参数属性（2）

切换至“参照标高”视图，绘制一条参照平面，之后单击“创建”选项卡中的“拉伸”命令，单击“设置”命令，设置工作平面，在弹出的“工作平面”对话框中选择“拾取一个平面”，单击“确定”，选择“参照标高”视图中的最下方的参照平面为工作平面。

在弹出的“转到视图”对话框中选择“立面：前”单击打开视图，单击“直线”命令，绘制图形，并和参照平面锁定，单击“√”完成绘制，在项目浏览器中切换到“参照标高”视图，绘制一条参照平面选中刚拉伸绘制的形体，拉伸上部与下部分别与相应边对齐锁定，如图 4.1.74 所示。

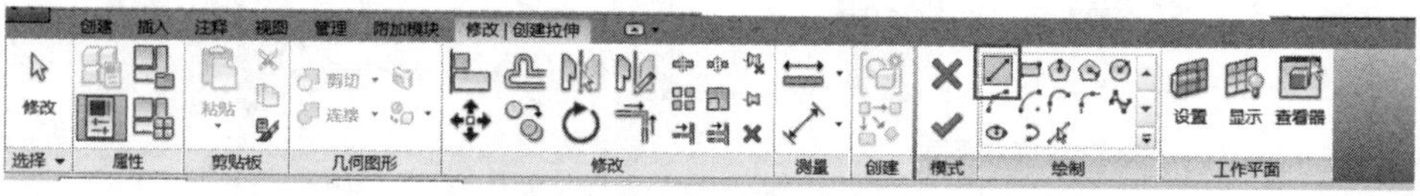

图 4.1.74　绘制平面（2）

选择绘制完成的模型，单击“属性”面板中的“关联族参数”命令，在弹出的“关联族参数”对话框中选择石材，单击“确定”。

单击“创建”选项卡中的“拉伸”命令，单击“设置”命令，设置工作平面，在弹出的“工作平面”对话框中选择“拾取一个平面”，单击“确定”，选择“参照标高”视图中水平方向上中间的参照平面为工作平面。

在弹出的“转到视图”对话框中选择“立面：前”单击打开视图，单击“直线”命令，绘制图形，并和参照平面锁定，单击“√”完成绘制，在项目浏览器中切换到“参照标高”视图，选中刚拉伸绘制的形体，拉伸上部与参照平面对齐锁定，下部与新绘制的参照平面对齐锁定。

选中刚绘制的模型，单击“属性”面板中“材质和装饰”选项卡中“关联族参数”命令，在弹出的“关联族参数”对话框中单击“添加参数”命令，在弹出的“参数属性”对话框中将名称命名为“黑钢”，单击“确定”，在“关联族参数”对话框中单击“确定”，如图 4.1.75 所示。

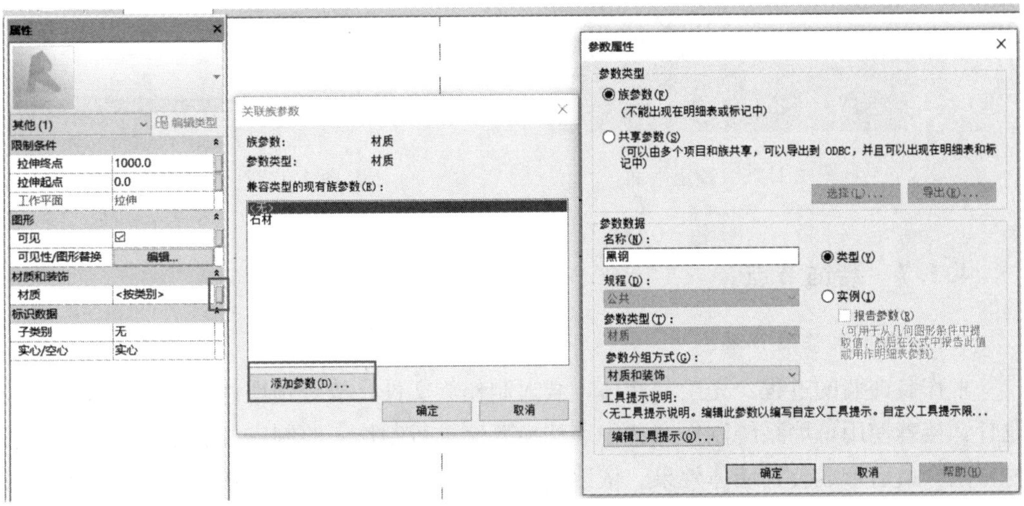

图 4.1.75 编辑绘制模型的参数属性（3）

切换至“前”视图，单击“创建”选项卡中的“拉伸”命令，单击“设置”命令，设置工作平面，在弹出的“工作平面”对话框中选择“拾取一个平面”，单击“确定”，选择“前”视图中最中间的参照平面为工作平面。

在弹出的“转到视图”对话框中选择“楼层平面：参照标高”单击打开视图，单击“矩形”命令，绘制图形，并和参照平面锁定，单击“√”完成绘制，在项目浏览器中切换到“前”视图，选中刚拉伸绘制的形体，拉伸边与相应参照平面对齐锁定。

选择绘制完成的图形，单击“属性”面板中的“关联族参数”命令，在弹出的“关联族参数”对话框中选择石材，单击“确定”。

沿服务台台面绘制参照平面，单击“创建”选项卡中的“拉伸”命令，单击“设置”命令，设置工作平面，在弹出的“工作平面”对话框中选择“拾取一个平面”，单击“确定”，选择“前”视图中的绘制的参照平面为工作平面。

在弹出的“转到视图”对话框中选择“立面：右”单击打开视图，单击“矩形”命令，绘制图形，并和参照平面锁定，单击“√”完成绘制，在项目浏览器中切换到“参照标高”视图，选中刚拉伸绘制的形体，拉伸左右两边与台面边对其锁定，如

图 4.1.76所示。

选择绘制完成的图形，单击“属性”面板中的“关联族参数”命令，在弹出的“关联族参数”对话框中选择石材，单击“确定”。在族类型中将相应材质的值进行更改。

4.1.6.4 效果图

在项目浏览器中进入三维视图，将视图样式更改为“真实”，查看服务台三维图。依照这个方法，完成整个项目固装家具的模型，如图 4.1.77 所示。

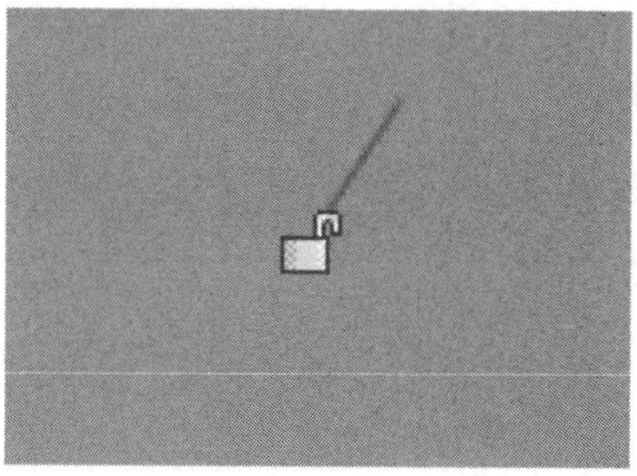

图 4.1.76 锁定平面

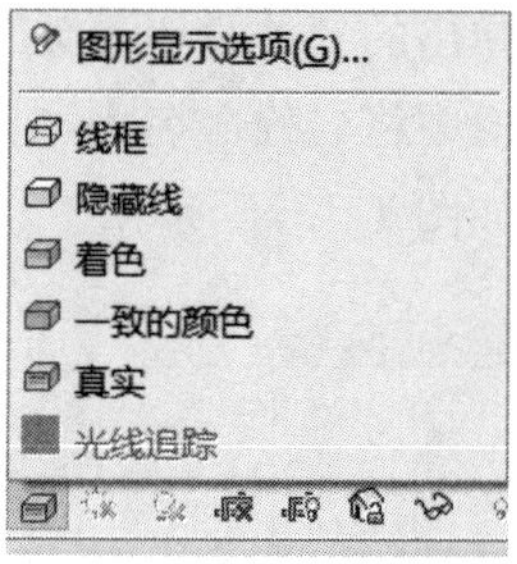

图 4.1.77 视觉样式

4.1.7 装饰节点

4.1.7.1 木作装饰墙

木作装饰墙的过程：先绘制墙体，载入制作族文件，放置预埋件，再放置连接件及龙骨，接着使用幕墙系统制作，选中墙切换幕墙进行制作，绘制完成后根据图纸细分板材分割，最后形成装饰墙体效果。依照这个方法，完成整个项目木作墙面部分模型，如图 4.1.78 所示。

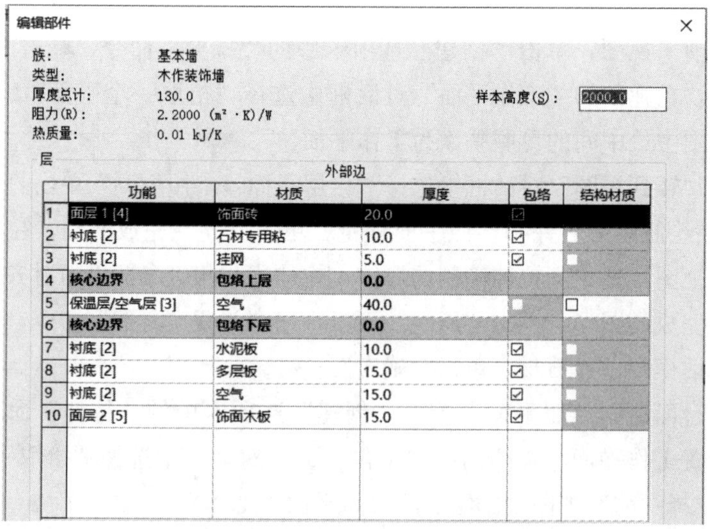

	功能	材质	厚度	包络	结构材质
1	面层 1 [4]	饰面砖	20.0	☑	
2	衬底 [2]	石材专用粘	10.0	☑	
3	衬底 [2]	挂网	5.0	☑	
4	核心边界	包络上层	0.0		
5	保温层/空气层 [3]	空气	40.0		☐
6	核心边界	包络下层	0.0		
7	衬底 [2]	水泥板	10.0	☑	
8	衬底 [2]	多层板	15.0	☑	
9	衬底 [2]	空气	15.0	☑	
10	面层 2 [5]	饰面木板	15.0	☑	

图 4.1.78 木作装饰墙类型属性功能参数

4.1.7.2　轻钢龙骨隔墙

“轻钢龙骨隔墙高度超出图集规范限制高度后，需要通过对超高隔墙进行受力分析，增加竖向和横向方钢管的方式进行加固处理。”① 创建结构框架族：新建族文件—选择公制结构框架族—打开族文件后，将试图切换到立面视图；点击模型，编辑拉伸，创建轻钢龙骨的形状轮廓，创建完成后保存族文件。

第一，打开项目文件创建轻钢龙骨隔墙，载入已制作好的轻钢龙骨族文件。

制作轻钢龙骨的方法：菜单结构面板选择梁命令进行绘制，如图 4.1.79 所示；选择刚载入的族文件，根据图纸进行轻钢龙骨绘制。

图 4.1.79　绘制梁

石膏面制作。利用墙体制作石膏面板层、面层找平层、粉刷层；创建墙体命令，墙体族属性修改三层属性，然后进行创建。依照这个方法，完成整个项目木作墙面部分模型，如图 4.1.80 所示。

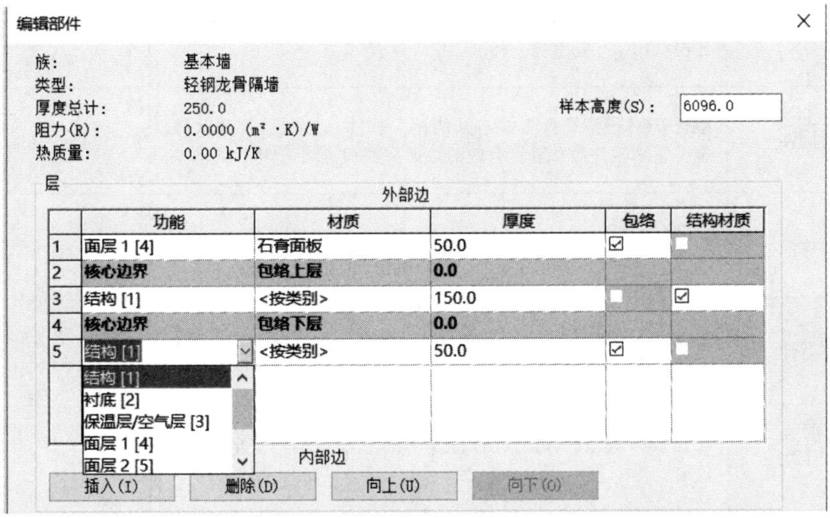

图 4.1.80　轻钢龙骨隔墙类型属性功能参数

---

① 高博．单元装配式超高轻钢龙骨隔墙一体安装施工技术［J］．建筑施工，2023，45（03）：538.

任务工单

任务 4.1　创建分部分项工程参数化模型		
分项工程模型检验清单		
工作组名称		
成员及分工		
完成时间		
检验项目	检验标准	检验情况
模型项目信息	是否完整	
模型完整性	检查 BIM 模型是否包含所有必要的构件和元素，如结构、设备、管道等	
模型精度	检查 BIM 模型的尺寸、位置、形状等参数是否准确无误	
模型一致性	检查 BIM 模型中的各个构件和元素之间的关联性和协调性，确保模型的整体一致性	
模型规范性	检查 BIM 模型是否符合相关的设计规范和标准，如建筑信息建模（BIM）应用统一标准（UMS）等	
模型协同性	检查 BIM 模型是否能够与其他相关软件（如项目管理软件、施工管理软件等）进行有效的数据交换和协同工作	
模型可读性	检查 BIM 模型的可视化效果，确保模型的可读性和易理解性	
模型更新性	检查 BIM 模型是否能够根据设计变更和施工进度的变化进行及时的更新和调整	
模型安全性	检查 BIM 模型的数据安全措施，确保模型数据的安全存储和传输	
模型互操作性	检查 BIM 模型是否能够与其他 BIM 软件进行有效的数据交换和互操作	

任务 4.1 创建分部分项工程参数化模型任务工单二维码

任务 4.2　创建装饰施工图

任务描述

本节任务将围绕建筑装饰工程中 BIM 的操作技术，以创建装饰施工图为目标。具体内容包括图纸附表、平面图、天花图、剖立面图、节点详图、综合点位图和布图打印。通过本节任务的学习，能够熟练运用 BIM 软件进行建筑装饰工程的施工图绘制及成果输出，提高设计效率和质量，确保图纸的准确性和可读性，并满足工程项目的要求。

知识准备

4.2.1　图纸附表

4.2.1.1　创建自定义标题栏

图框是工程图纸中限定绘图区域的线框。在 Revit 中，通过创建标题栏族可定制图框。装饰工程一般用 A3 或 A2 图纸，具体视情况确定。本案例选择 A2 图纸。

打开族样板文件，绘制图框。选择 A2 公制族样板文件，单击打开后，会出现一张空白图纸。使用“创建”面板中的直线、裁剪等工具，绘制如图 4.2.1 所示的图框。

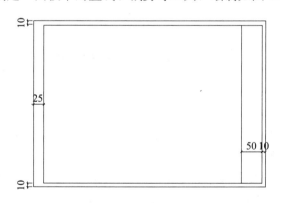

图 4.2.1　绘制 A2 图框

使用“图案填充”工具，为标题栏添加分隔线。单击“创建”选项卡→“详图”面板→“填充区域”→“属性”面板→“编辑类型”按钮，在弹出的“类型属性”对话框中将“前景填充样式”修改为“实体填充”，如图 4.2.2 所示。

在标题栏中添加文字。单击“创建”选项卡→“文字”面板→“文字”按钮，为标题栏添加恒定文字，如公司名称等。在“属性”栏中，编辑“文字”类型属性，复制文字族，并将文字修改成 5mm 高。重命名文字类型为“5mm”，并为标题栏添加公司信息及项目信息，如图 4.2.3 所示。

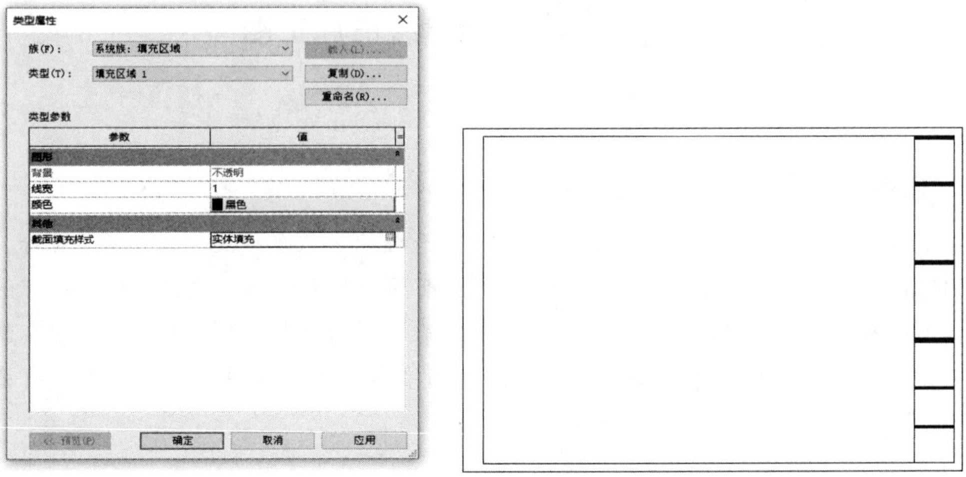

图 4.2.2　图案填充工具

图 4.2.3　添加文字（1）

以上的文字信息在项目中是恒定的。此外，有一些文字，例如日期、审核人员名称等，随着项目的不同而不同。这时就需要用到标题文字。单击“文字”左边的“标题文字”，选择或创建合适高度的文字，单击页面，弹出“标题文字”对话框，选择添加合适的内容，如图 4.2.4 所示。

第四，单击“创建”选项卡→“文字”面板→“标签”按钮，在弹出的“编辑标签”对话框左侧列表内寻找相应字段。若没有，单击对话框左下角“添加参数”按钮（图 4.2.5），新建共享参数，创建“门窗参数 . txt”文件。在“编辑共享参数”对话框中，新建“图纸”参数组，然后在”参数组下新建参数，建设单位、版本、修改内容等。

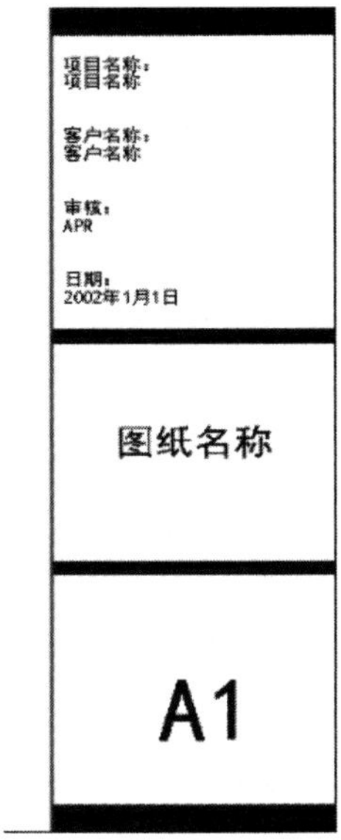

图 4.2.4　添加文字（2）

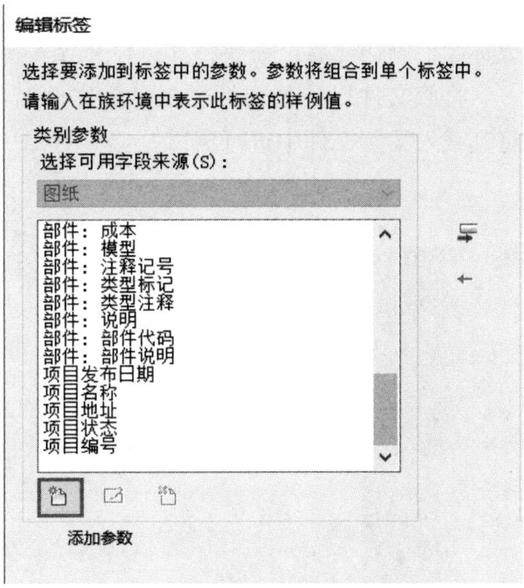

图 4.2.5　添加参数

第五，重复上一步骤，依次给所有需要添加标签的参数（如项目名称、图纸名称等）添加标签。如果原有字段列表中含有需要的标签字段，则不需要新建；如缺少则新建。添加完成后，移动到合适位置，标签文字大小则根据需要来调整。

第六，单击“插入图片”按钮，插入公司图标，完成标题栏制作，如图 4.2.6 所示。

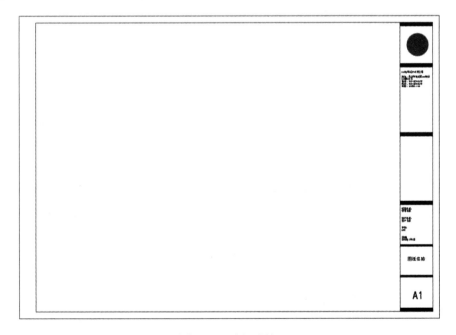

图 4.2.6　插入图标

4.2.1.2 保存与导入自定义标题栏

完成标题栏制作之后，需要将其保存并导入项目中使用。

第一，将族文件以“公司标题栏”为文件名，保存到合适的位置。如图 4.2.7 所示。并将其载入案例文件中进行测试。

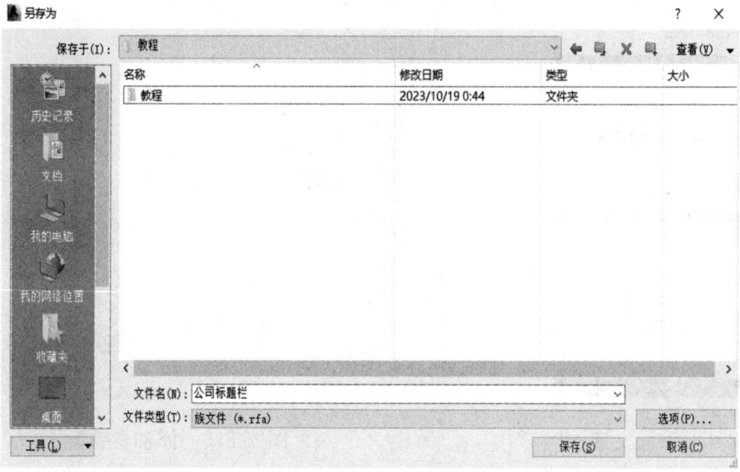

图 4.2.7 保存族文件

第二，载入项目后，新建图纸，单击“管理”选项卡→“设置”面板→“项目参数”按钮，将图纸中创建的“共享参数”添加至项目中。

单击“视图”选项卡→“图纸组合”面板→“图纸”按钮，在弹出的“新建图纸”对话框中找到“公司标题栏”文件，新建图纸，如图 4.2.8 所示。此外，也可通过“项目浏览器”新建图纸。

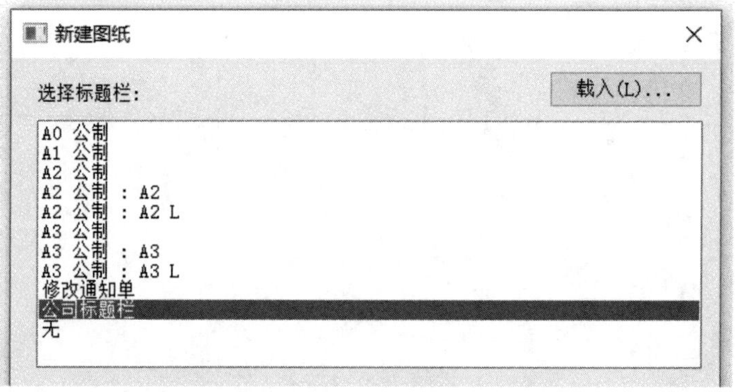

图 4.2.8 新建图纸

第三，单击“确定”按钮打开，项目中即出现一张使用了自定义标题栏的图纸。后续可以在图纸之上添加其他内容，如图 4.2.9 所示。

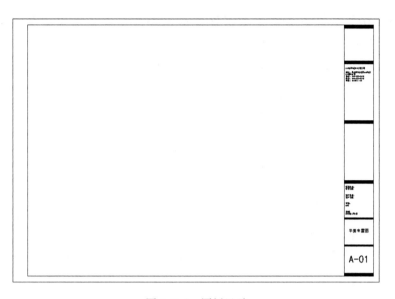

图 4.2.9　图纸显示

4.2.2　平面图

4.2.2.1　平面布置图制作

在“项目浏览器”中选择平面布置图，然后右击，在弹出的快捷菜单中选择“复制视图”→“带细节复制”，并将其命名为“装饰-平面布置图”。

1）修改显示模式

在平面图中，单击“视图”选项卡→“图形”面板→“可见性/图形替换”按钮，弹出“平面布置图的可见性/图形替换”对话框，如图 4.2.10 所示。

图 4.2.10　视图显示编辑器

如果有内容需要关闭，取消对应内容的第一竖排的“√”即可。例如取消“家具”的可见性，“家具”不再出现在平面上，如图 4.2.11 所示。

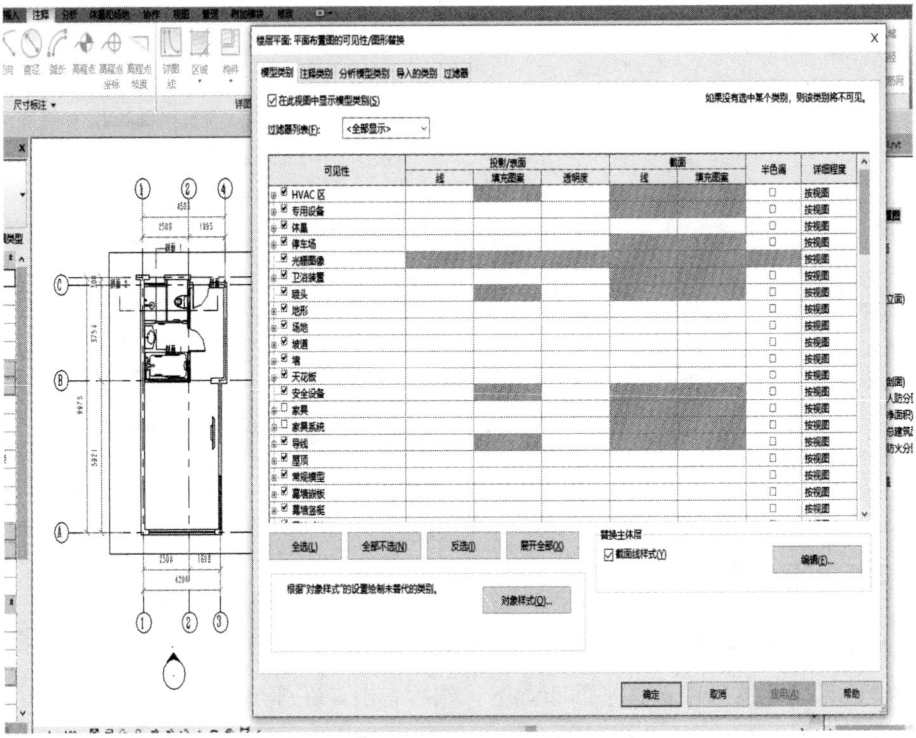

图 4.2.11　关闭家具显示

将家具显示出来，单击“线”，将其修改成红色，效果如图 4.2.12 所示。

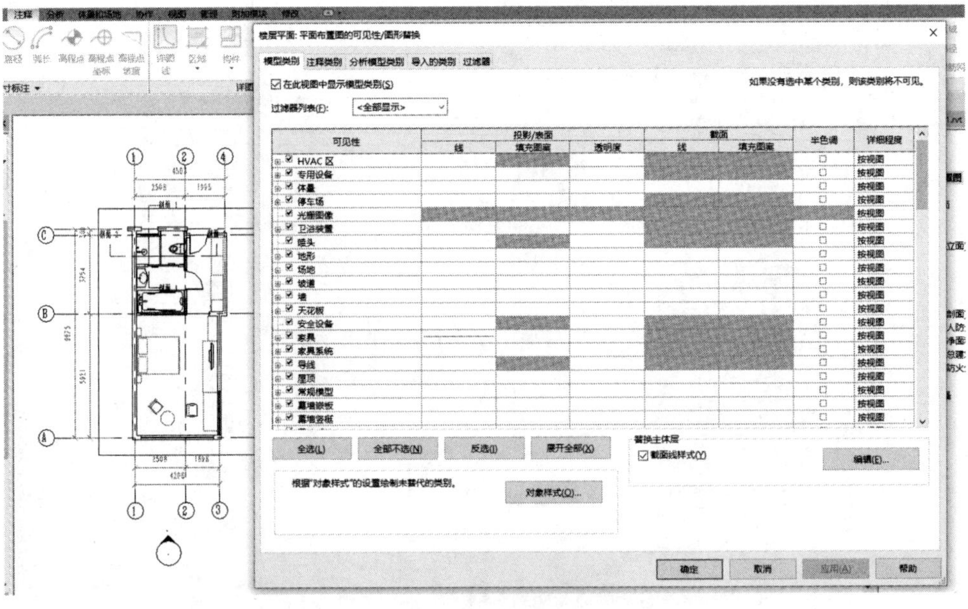

图 4.2.12　修改家具显示线颜色

单击“填充图案”，将“前景”的“填充图案”改成“上对角线”，家具内即可填充上对角线图案，如图 4.2.13 所示。

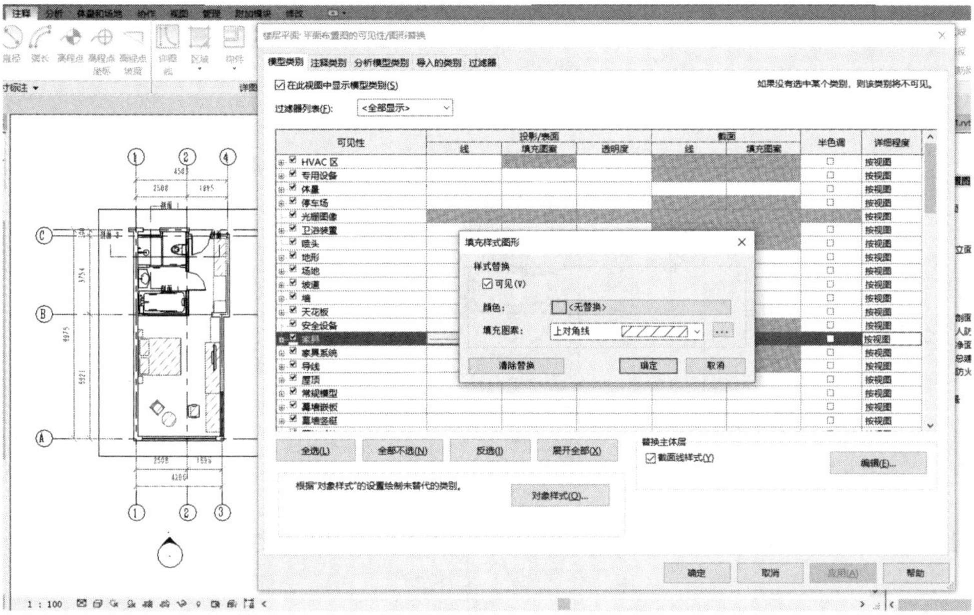

图 4.2.13　修改家具填充图案

用这些方法可以调整任何一个构件的可见性及显示效果。

地面铺装图可与平面布置图绘制在同一张图纸中。若布置地面铺装图，则需要找到地面材料，将填充图案设置成需要的效果。

使用“材质修改器”同样可以修改显示模式。单击“管理”选项卡→“设置”面板→“材质”按钮，在弹出的“材质浏览器”对话框中，输入“地毯”查找到地面材质，将地毯表面填充图案设置为“分区 10”，如图 4.2.14 所示。

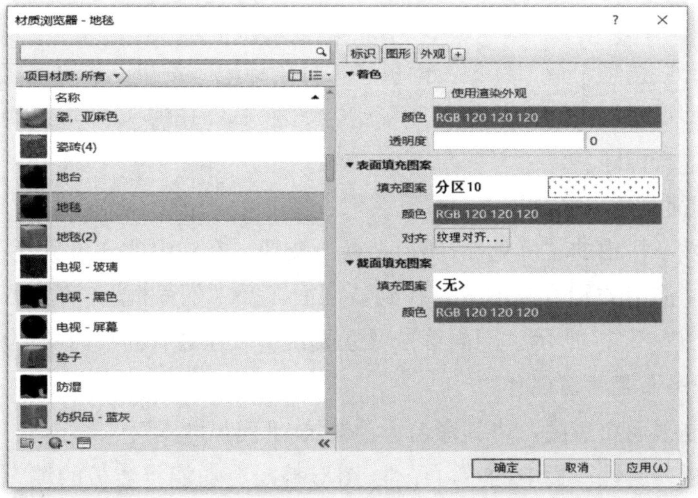

图 4.2.14　材质修改器

平面图中出现了铺地图案如图 4.2.15 所示。此外，也可复制新视图，单独创建地面铺装图。

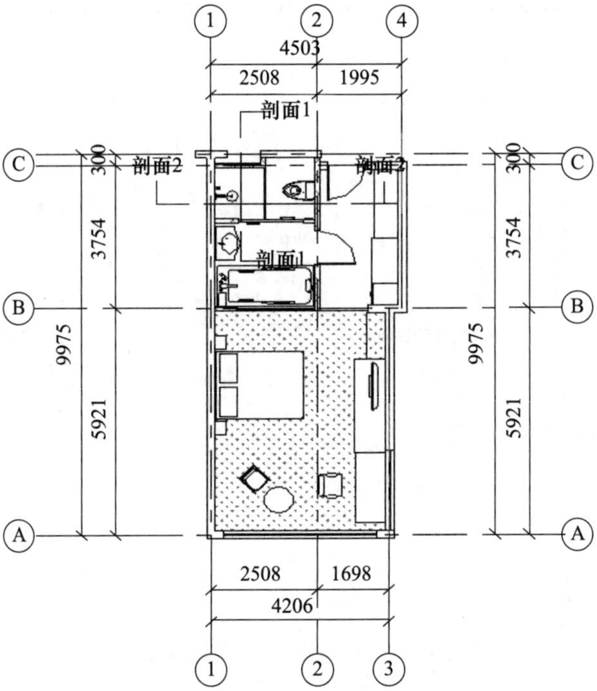

图 4.2.15　地面填充图案显示

2）创建尺寸标注

出图中，尺寸标注是非常重要的，平面布置图中虽然已经清楚地表达各部分的形状及相互间的关系，但还必须注上足够的尺寸，才能明确各部分的实际大小和相对位置。平面布置图需制作两道尺寸线。单击“注释”选项卡→“尺寸标注”面板→“对齐”按钮，捕捉图中要标注的构体即可进行尺寸标注。

3）制作文字注释

单击“注释”选项卡→“标记”面板→“材质标记”按钮，在绘图区域内单击需要标注的构件，即可对构件自动进行材质标记，如图 4.2.16 所示。重复操作，将需要标注的构件依次进行标注。

4）隐藏剖面符号

单击“属性”栏中的“可见性/图形替换”按钮，在弹出的“可见性/图形替换”对话框中，选择“注释类别”选项卡，找到“剖面”及“剖面框”，将其取消可见，隐藏剖面符号，如图 4.2.17 所示。剖面符号及立面索引可在之后的平面图中单独列出。

4.2.2.2　平面尺寸图制作

第一，复制平面布置图，将其命名为“装饰-平面尺寸图”。

第二，通过“属性”栏中的“可见性/图形替换”功能将楼板的填充颜色替换成白色，如图 4.2.18 所示。关闭“灯具”“电气”“轴网”等无关图元。

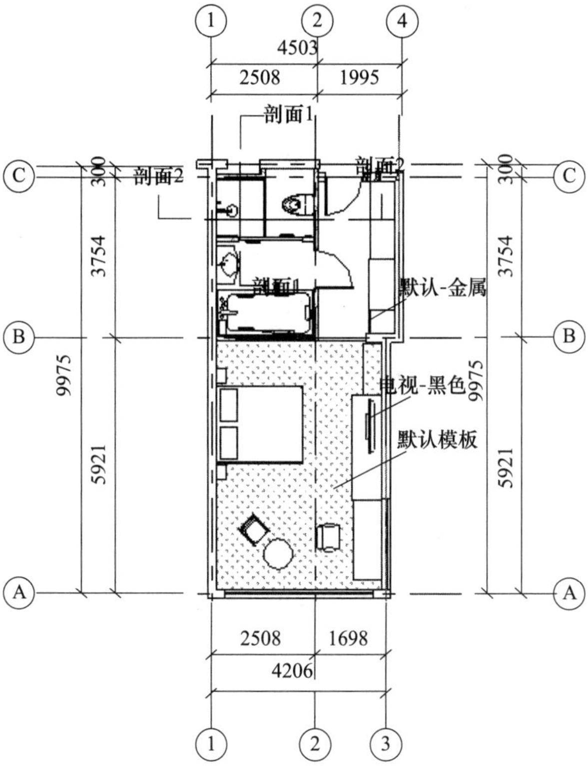

图 4.2.16　材质标记

图 4.2.17　隐藏剖面符号

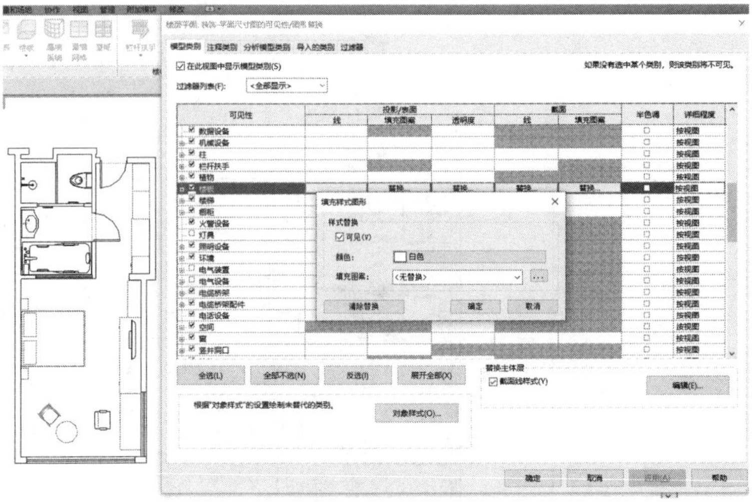

图 4.2.18　修改楼板填充颜色

第三，平面尺寸图上需要标注家具的大小及定位。单击“注释”选项卡→“尺寸标注”面板→“对齐”按钮，对具体需要标注的位置进行尺寸标注，如图 4.2.19 所示。

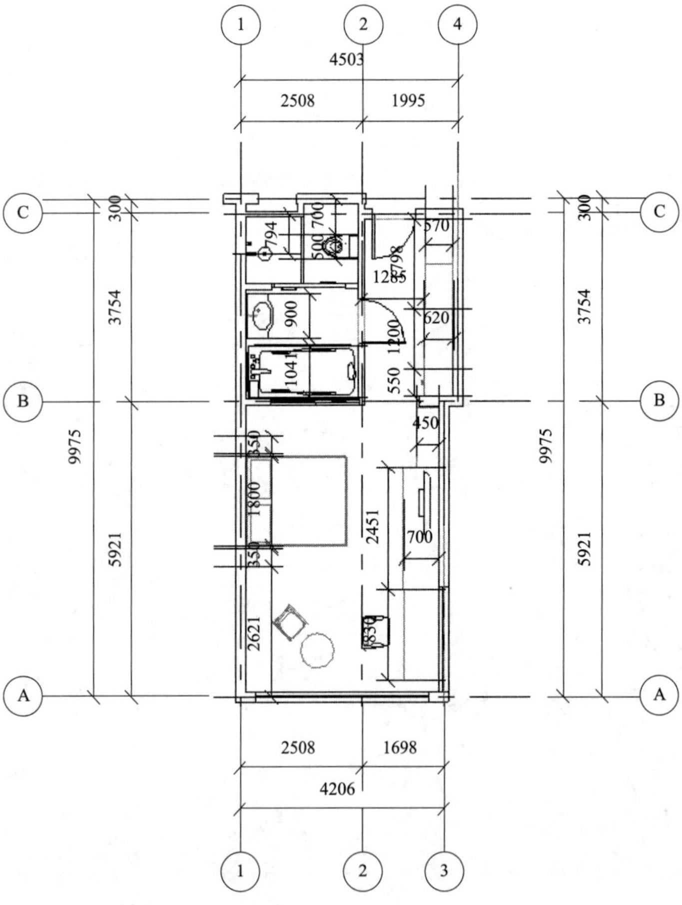

图 4.2.19　标注尺寸

4.2.2.3　平面填色图制作

Revit 软件还可以制作平面填色图，以表达平面分区。

第一，复制平面布置图，将其命名为“装饰-平面填色图”。

第二，创建平面填色图时，首先需要创建房间。单击“建筑”选项卡→“房间和面积”面板→“房间”命令按钮，自动跳转至“修改｜放置房间”选项卡。勾选“在放置时进行标记”，在“类型选择器”中选择标记房间的样式。将鼠标移动至平面图中，即可出现系统的线条提示，用两条交叉的直线来确定房间的位置。确定房间位置后，单击依次进行放置，如图 4.2.20 所示。

第三，单击已生成的房间，分别修改名称为“卫生间”“走道”“客房”，如图 4.2.21所示。

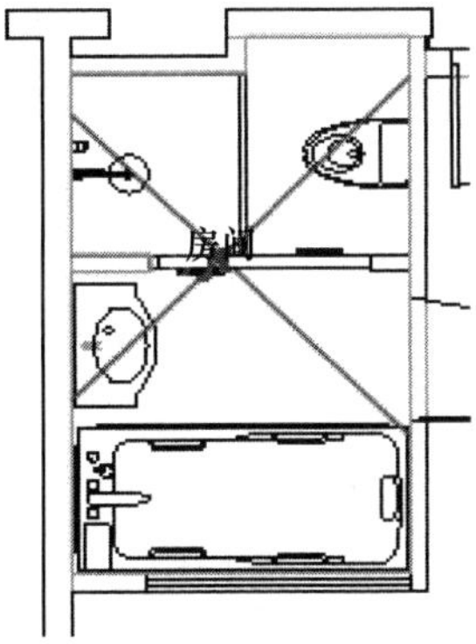

图 4.2.20　创建房间

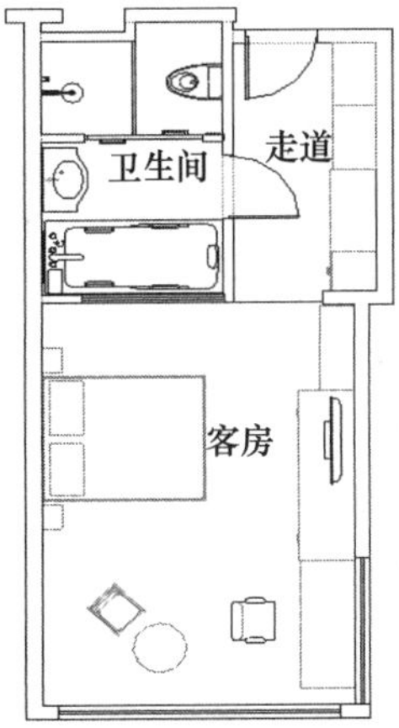

图 4.2.21　修改房间名称

第四，生成房间之后，可对房间进行填色。单击“注释”选项卡→“颜色填充”面板→“颜色填充图例”按钮即可进行填色。单击绘图区域内的任意位置，在平面中出现没有向视图指定的填色方案—未定义颜色。接下来需要给每个房间分别指定颜色。

单击“属性”面板中的“颜色方案”，弹出“编辑颜色方案”对话框。选择“方案类别”为“房间”，在对话框右侧进行方案定义，如图 4.2.22 所示。

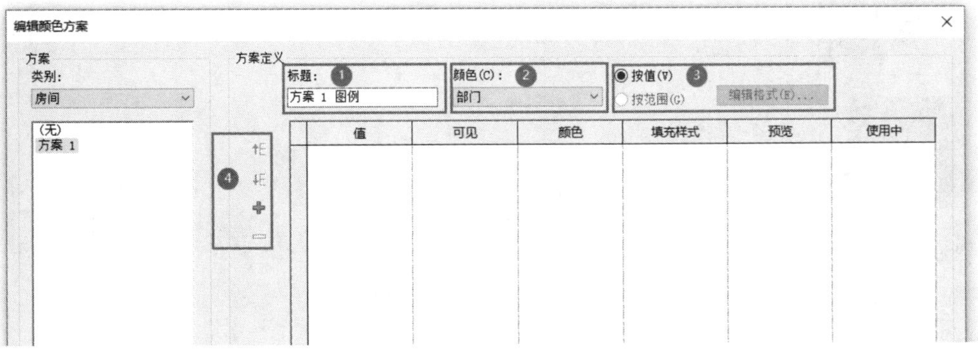

图 4.2.22　编辑颜色方案

在“方案定义”字段中，输入颜色填充图例的标题。将颜色方案应用于视图时，标题将显示在图例的上方。在“颜色填充图例”的“类型属性”中可以设置显示或隐藏颜色填充图例标题。

从“颜色”列表中，选择将用作颜色方案基础的参数，并确保为所选的参数定义了值。在“属性”栏中可以添加或修改参数值。

若要按特定参数值或范围填充颜色，则需选择“按值”或“按范围”。当选择“按范围”时，单位显示格式在“编辑格式”按钮旁边显示，单击“编辑格式”按钮可进行修改。在“格式”对话框中，取消勾选“使用项目设置”，然后从菜单中选择适当的格式设置。

颜色方案定义值可根据需要修改。至少：编辑下限范围值。此值只有在选择了“按范围”时才显示。小于：此为只读值。此值只有在选择了“按范围”时才显示。标题：编辑图例文字。此值只有在选择了“按范围”时才显示。值：此为只读值。此值只有在选择了“按值”时才显示。可见：指明此值在颜色填充图例中是否填充颜色并且可见。颜色：指定值的颜色选项，单击可修改颜色。填充样式：指定值的填充样式。单击可修改填充样式。预览：显示颜色和填充样式的预览。使用中：指明在项目中此值是否正在使用。对于所有列表项目，此为只读值，但添加的自定义值例外。

通过单击行号选择一行。单击“↑”或“↓”在列表中向上或向下移动行。这些选项只有在选择了“按值”时才可用。此外，还可以单击“+”向“方案定义”添加新值。若要允许对链接模型中的图元（例如房间和面积）填充颜色，可以勾选“包含链接中的图元”。例如，设置颜色方案，分别给卫生间、客房、走道空间指定颜色，生成平面填色图，如图 4.2.23 所示。

第五，平面填色图中，家具挡住了填色。此时将视图模式调整成线框模式即可，如图 4.2.24 所示。

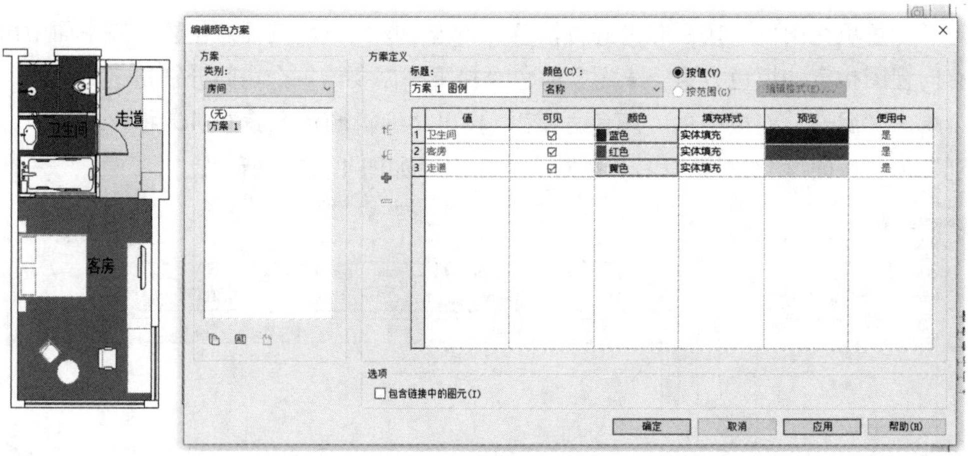

图 4.2.23　平面填色图

4.2.2.4　立面索引图

立面索引图可以用来快速找到剖面图及立面图。复制平面布置图，将其命名为“装饰-立面索引图”。家具颜色可改成浅灰色。单击“视图”选项卡→“创建”面板→“立面”按钮，在平面图上添加立面图。制作并添加剖面图和立面图到图纸中之后，Revit 软件会自动根据图纸编号完成索引内容的填写，如图 4.2.25 所示。

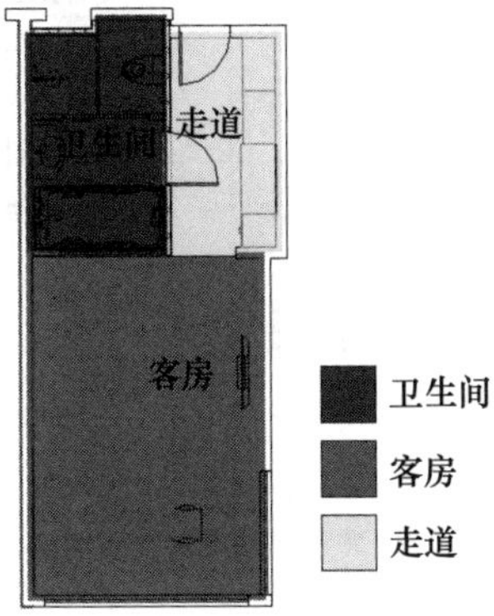

图 4.2.24　线框模式

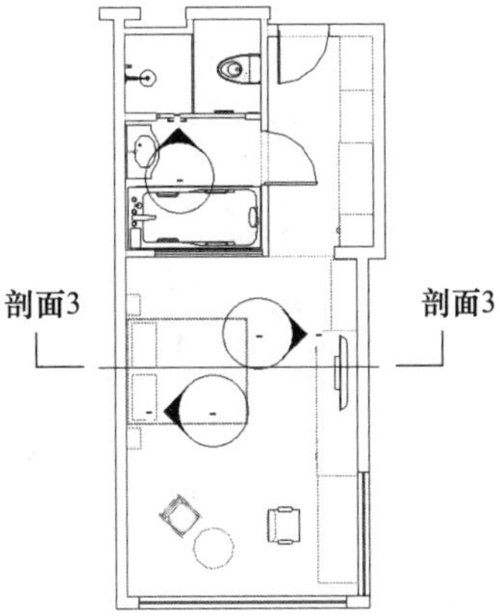

图 4.2.25　立面索引图

因为立面图及剖面图已经布置在“图纸 5”中，所以索引图立面标记已经更新成“图纸 5”及对应的图号。绘制完成之后，需将其他平面视图中的剖面、立面索引关闭。关闭方式为使用“可见性/图形替换”面板，将对应内容取消显示。

4.2.2.5　平面图图纸创建

将“装饰-平面布置图”插入“平面布置图”图框中，发现之前的视图边框很大，比例不协调，需进行调整，如图 4.2.26 所示。

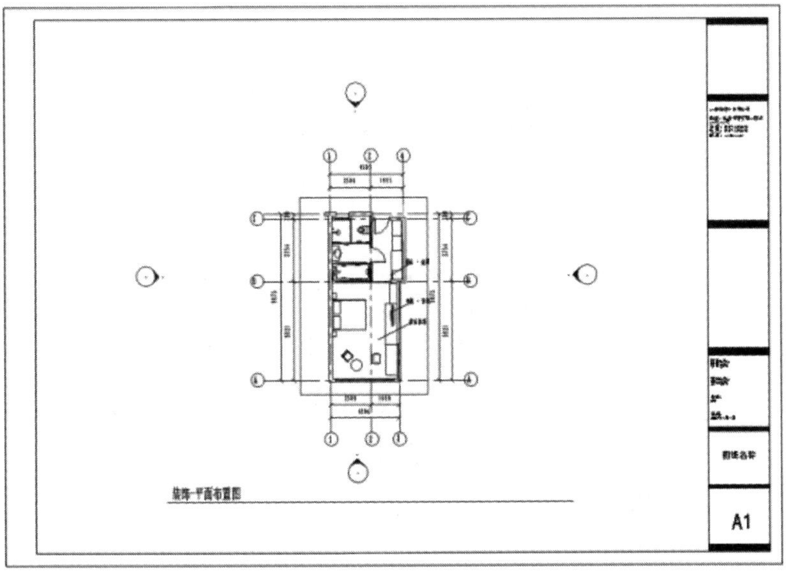

图 4.2.26　平面图纸（1）

进入“装饰-平面布置图”平面视图，在“属性”面板中，开启“裁剪视图”和“裁剪区域可见”。拖曳视图边框，即可以裁剪视图范围。在“属性”面板中关闭“裁剪区域可见”。进入平面图纸中，调整视图位置。用同样的方法可调整其他平面视图，并放置在对应的图框中，如图 4.2.27 所示。

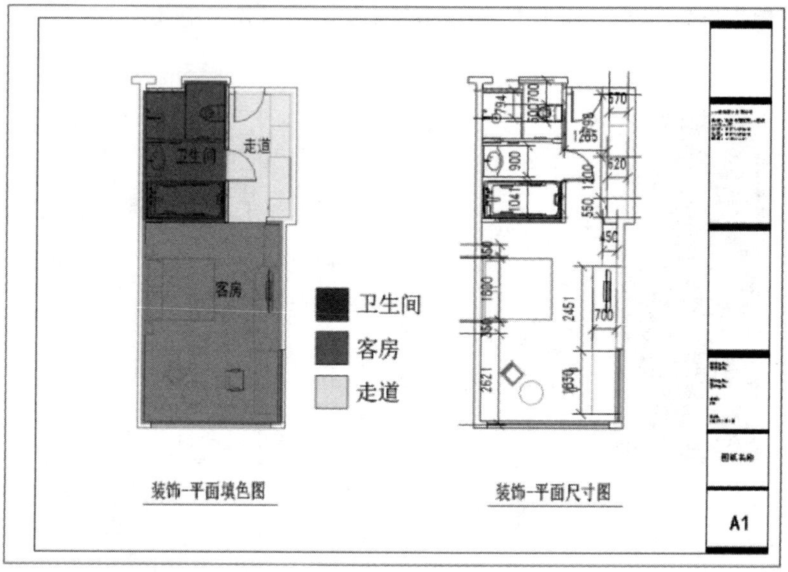

图 4.2.27　平面图纸（2）

4.2.3　天花图

第一，天花布置图。找到“项目浏览器”中的天花平面图。在本案例中，该视图已被命名为“地面完成面（天花）”。复制视图，并重命名为“装饰-天花布置图”，如图 4.2.28所示。

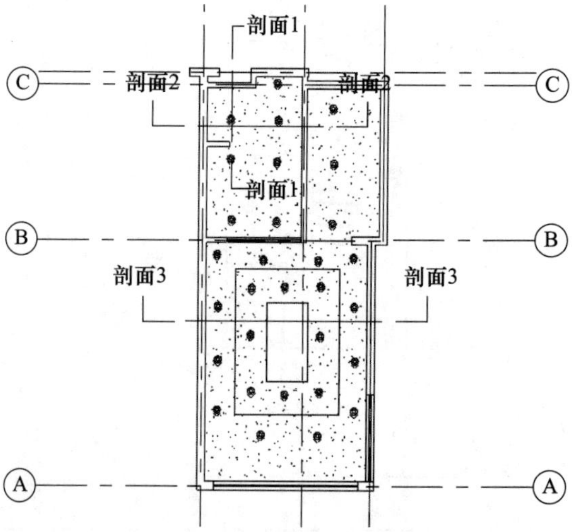

图 4.2.28　装饰-天花布置图

第二，天花尺寸图。复制“装饰-天花布置图”视图，并将其重命名为“装饰-天花尺寸图”。对灯具位置进行尺寸标注，如图 4.2.29 所示。

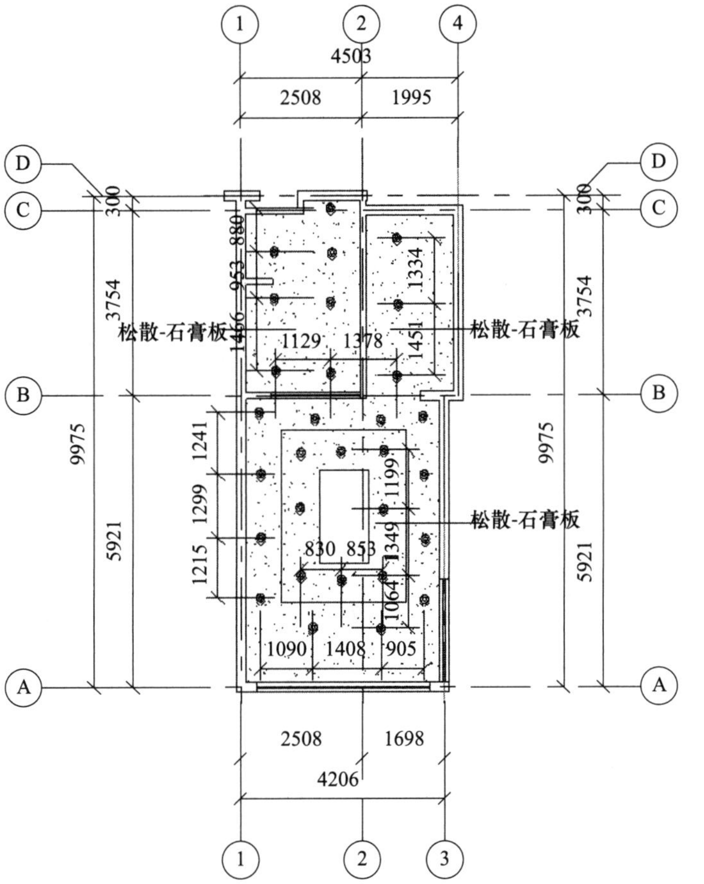

图 4.2.29　天花板灯具尺寸标注

第三，家具及灯具定位图。当需要同时在一张图上展示灯具和家具位置，观察其位置关系时，可以用平面图调整出这类视图。复制“装饰-平面尺寸图”视图，并将其重命名为“装饰-平面家具及灯具定位图”。调整视图范围，在“属性”面板中打开“视图范围”对话框，修改参数，使家具和灯具显示出来，如图 4.2.30 所示。

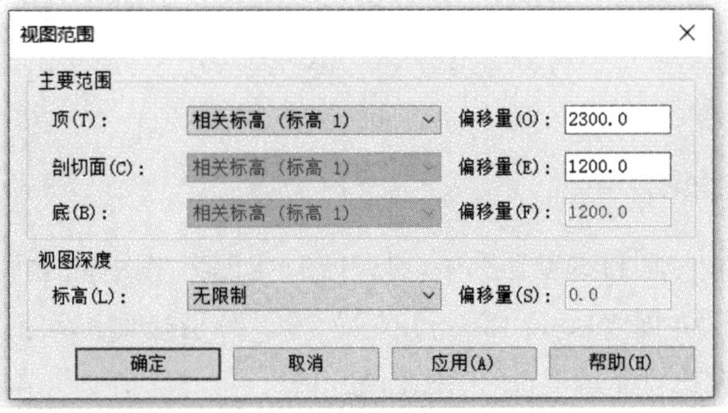

图 4.2.30　视图范围参数设置

“顶部”值与“剖切面”值需要调高到灯具高度值上。灯具高度在3100mm以下，故将“顶部”值及“剖切面”值调到3100mm。灯具和家具已经部分显示出来。天花板需要调整成透明状态，同时可隐藏不需要显示的图元，如管道等。在“属性”栏中设置“可见性/图形替换”，将楼板透明度调成“100%”，这样，下方的家具将显示出来。用同样的方法可将吊顶隐藏。

用“可见性”功能将全部家具调整成浅灰色，可以区分天花内容以及家具内容。将灯具调成黑色，如图4.2.31所示，完成家具及灯具定位图。

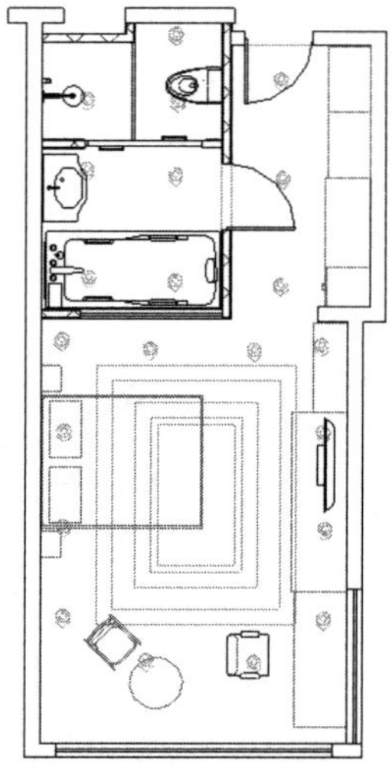

图4.2.31 装饰-平面家具及灯具定位图

第四，天花图图纸设置。新建图纸4——天花图。天花图图纸设置参考平面图。将“装饰-天花布置图”“装饰-天花尺寸图”两张图拖曳到“天花图”图框中，如图4.2.32所示。

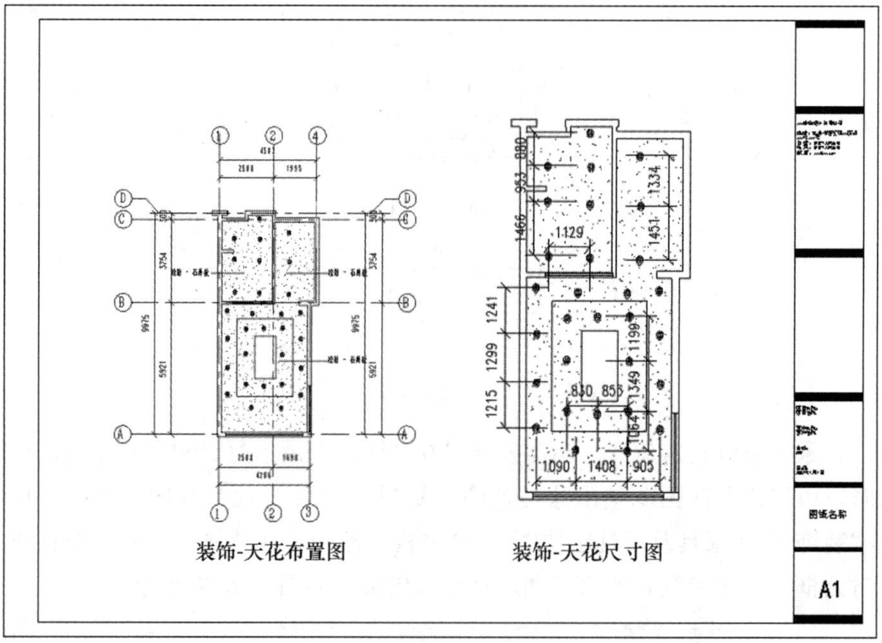

图4.2.32 平面图纸

4.2.4 剖立面图

第一，立面。在“项目浏览器”中，打开在立面索引图中创建的立面图。新创建的立面图为默认生成的立面0-a、立面1-a、立面2-a。分别修改其名字为“装饰-床头背景墙立面”“装饰-电视机背景墙立面”“卫生间立面”。

第二，剖面。进入平面布置图，单击“视图”选项卡→“创建”面板→“剖面”按钮，Revit 软件即可自动生成剖面图，如图 4.2.33 所示。

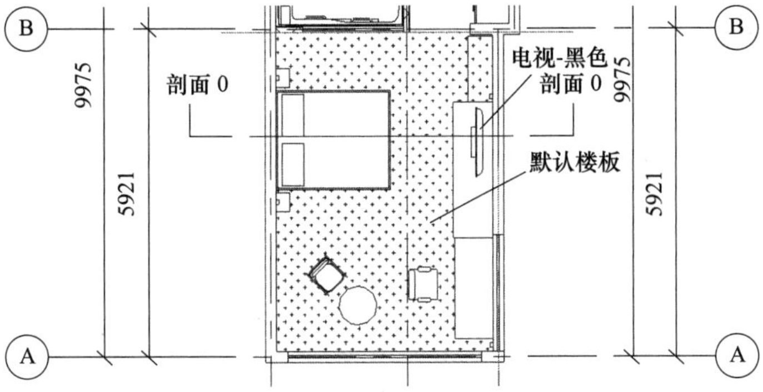

图 4.2.33　剖面图（1）

生成“剖面 0”。在“项目浏览器”中找到“建筑剖面，剖面 0”，双击打开剖面，如图 4.2.34 所示。

单击“注释”选项卡中的“材质标记”添加材质标记，如图 4.2.35 所示。

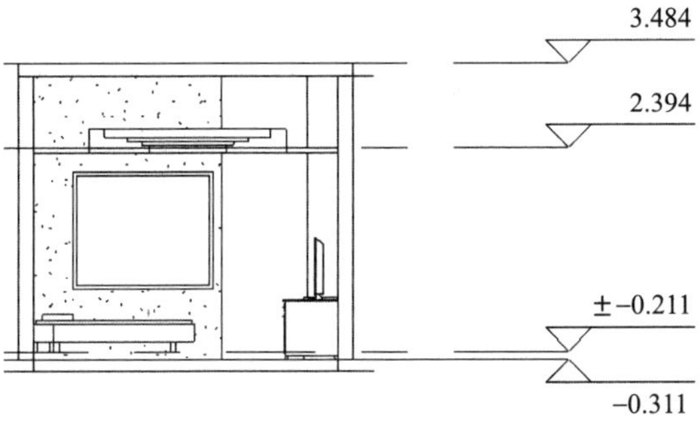

图 4.2.34　剖面图（2）

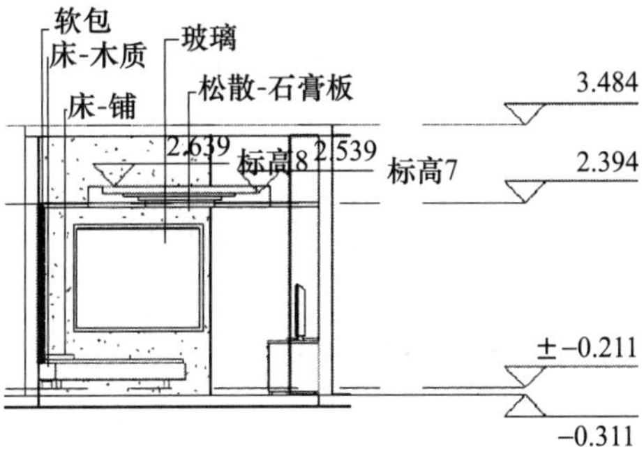

图 4.2.35　剖面图材质标记

第三，剖立面图纸设置。新建图纸 5——剖立面。剖立面图纸设置参考平面图。将“装饰-卫生间立面”“装饰-床头背景墙立面”“装饰-电视机背景墙立面”“剖面 0”4 张图拖曳到对应的图框中即可。

4.2.5　节点详图

以软包详图为例绘制详图。打开“剖面 0”视图，单击“视图”选项卡→“创建”面板→“详图索引”按钮，绘制节点区域，如图 4.2.36 所示。进入详图，如图 4.2.37 所示，将视图比例调整为 1∶20。

第一，绘制填充图例，在细部图的填充图例仅为详图可见，不影响全局材料显示。单击“注释”→选项卡→“填充区域”按钮，绘制填充区域边界，在“类型选择器”中选择“混凝土”为填充图案，如图 4.2.38 所示。用同样的方式，绘制其他的填充图案，如图 4.2.39 所示。

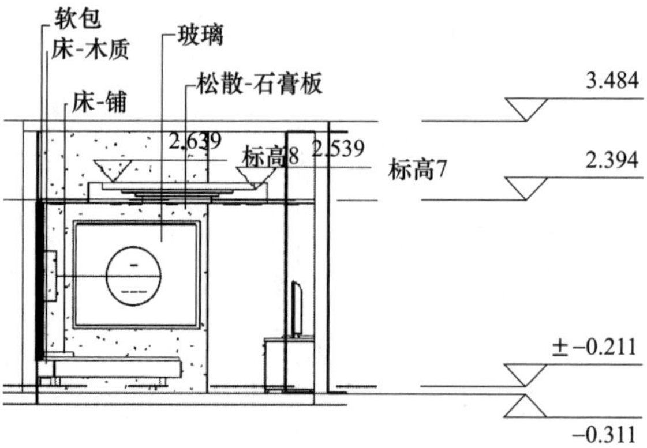

图 4.2.36　剖面图材质标记

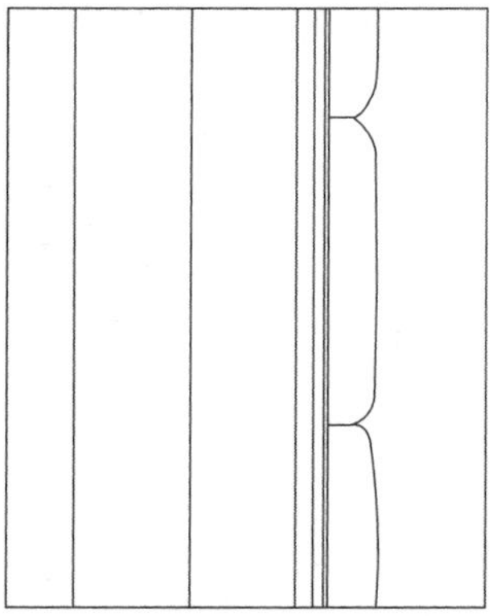

图 4.2.37　软包详图（1）

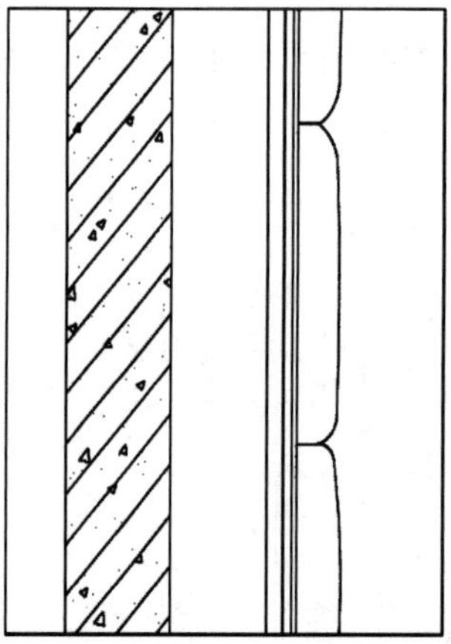

图 4.2.38　软包详图（2）

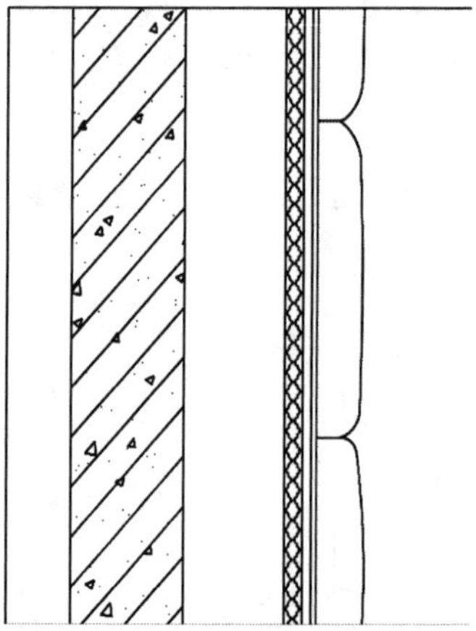

图 4.2.39　软包详图（3）

选择填充完成后的填充图案，进入“类型属性”对话框，修改前景填充样式。进入“填充样式”对话框，单击左下角“编辑填充样式”图标，进入“编辑图案特性-绘图”对话框，将“导入比例”改为“0.3”，如图 4.2.40 所示。

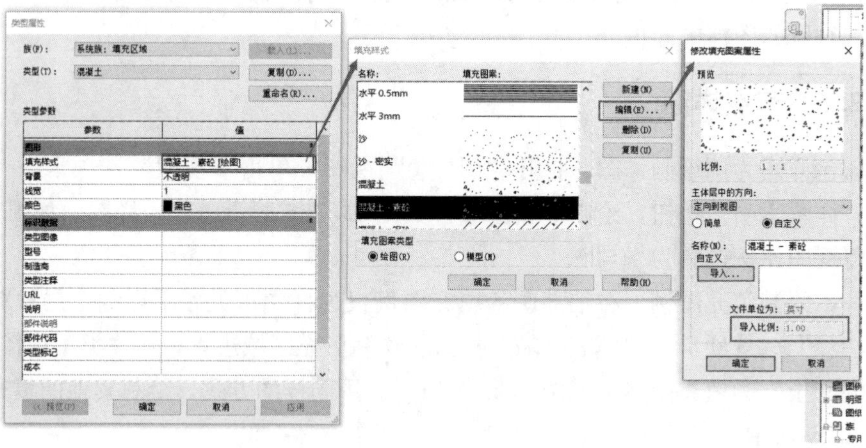

图 4.2.40　类型属性编辑器

第二，绘制木龙骨等构件。单击“注释”选项卡→“详图”面板→“详图线”按钮（详图线仅在详图中显示，不同于模型线，不会影响模型），在“修改｜放置线样式”上下文选项卡“线样式”面板中设置“线样式”为“中线”，绘制木龙骨构件，如图 4.2.41所示。用同样的方法绘制铁钉。如图 4.2.42 所示。

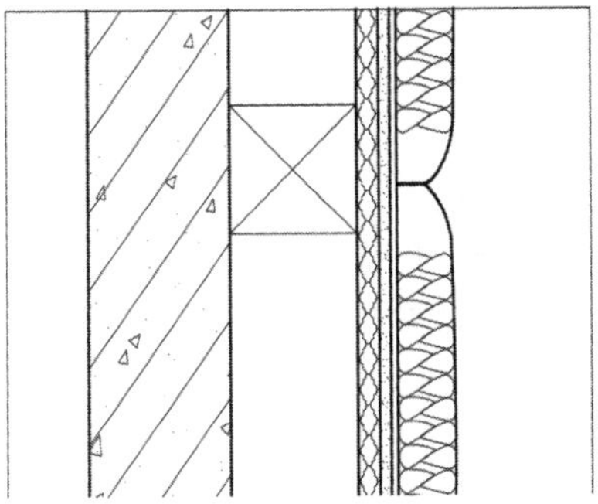

图 4.2.41　软包详图（4）

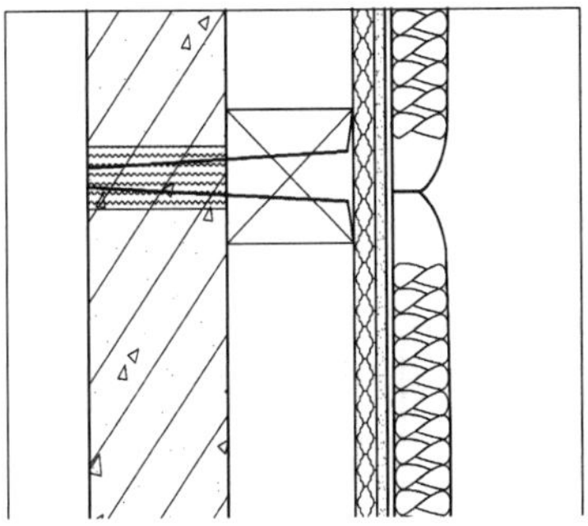

图 4.2.42　软包详图（5）

第三，绘制尺寸。对绘制完成的节点详图进行尺寸绘制，如图 4.2.43 所示。单击“注释”选项卡→“文字”面板→“文字”按钮，添加注释文字。单击注释好的文字，再单击图标添加标注线。将绘制好的详图拖曳进详图图纸中，如图 4.2.44 所示，方法同平面图。

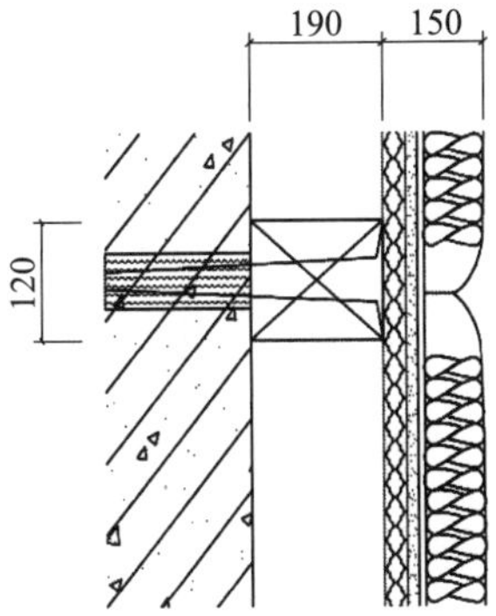

图 4.2.43　软包详图尺寸标注

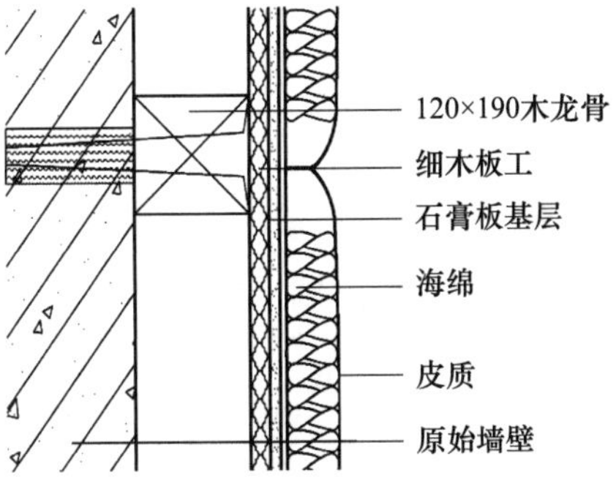

图 4.2.44　软包详图文字标注

4.2.6　综合点位图

第一，插座布置图。在平面图的基础上可以绘制插座布置图。在“属性”栏中设置“可见性/图形替换”，将隐藏的电气装置图元修改成“可见”，并对其添加尺寸，如图 4.2.45所示。

第二，开关布置图。在天花图的基础上可以绘制开关布置图。在“属性”栏中调整视图范围，将剖切高度改为“1000mm”，这样灯具开关将显示出来。

在“属性”栏中设置“可见性/图形替换”，将线图元打开，并使用详图线连接灯具分组，将开关对应的灯具连接起来。为开关类型以及离地高度添加文字注释，如图 4.2.46所示。

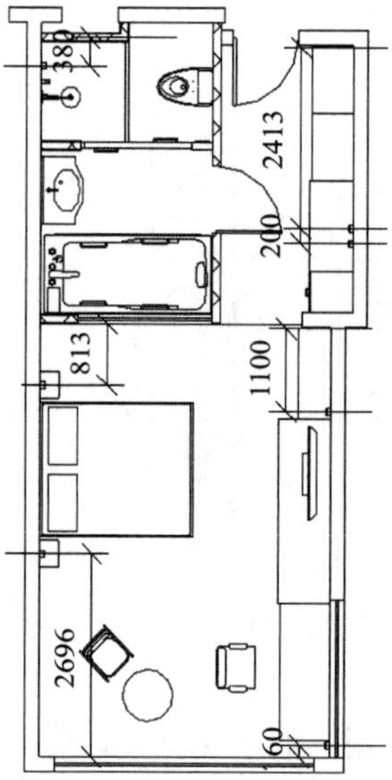

图 4.2.45　插座布置图

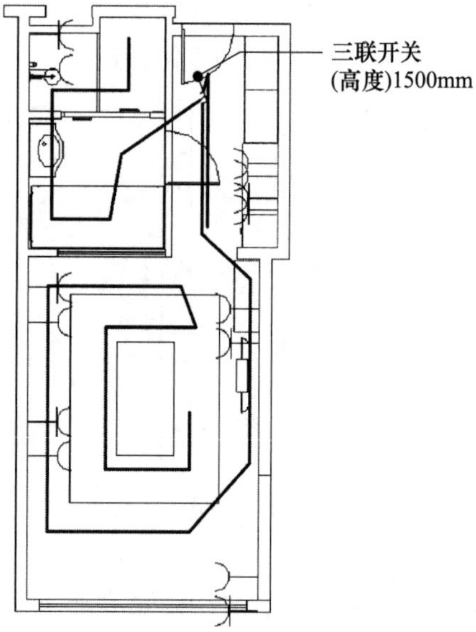

图 4.2.46　开关布置图

完成后将开关布置图及插座布置图拖曳进综合点位图纸中。

4.2.7　布图打印

4.2.7.1　布图

1）放置图纸

将明细表、平面图、天花图、立面图、剖面图、节点详图放置在图纸中。将图纸布好之后，图纸目录也将同步更新。

2）图纸拼接

如果视图太大，图纸放不下，则需要复制视图，进行拼接。以“原始地面”视图为例进行演示。

(1) 复制两次“原始地面”视图，注意要使用“复制作为相关”，这样可以保证图纸随着“原始地面”视图同步更新。将一张新视图命名为“装饰-卫生间及走道”、另一张命名为“装饰-客房”。

(2) 将“装饰-卫生间及走道”视图裁剪到只有卫生间及走道，如图 4.2.47 所示。将“装饰-客房”视图裁剪到只有客房，如图 4.2.48 所示。

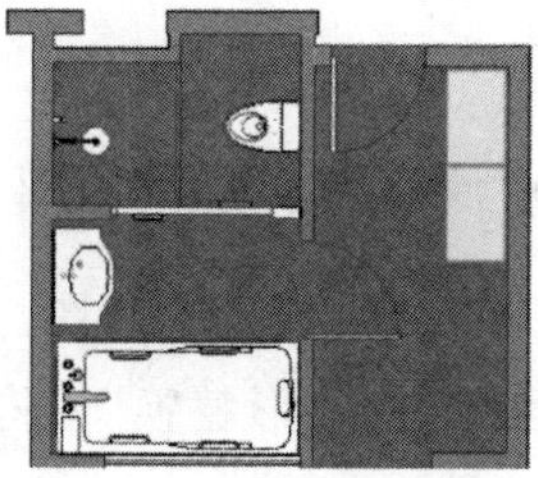

图 4.2.47　装饰-卫生间及走道

图 4.2.48 装饰-客房（1）

图 4.2.49 装饰-客房（2）

（3）单击“视图”选项卡→“图纸组合”面板→“拼接线”，在“装饰-客房”中绘制拼接线，如图4.2.49所示。转到立面索引图，如图4.2.50所示，可以看到拼接线已经显示在视图之中。隐藏其他视图中的拼接线，将两个新视图拖曳进装饰-平面图图纸中即可。

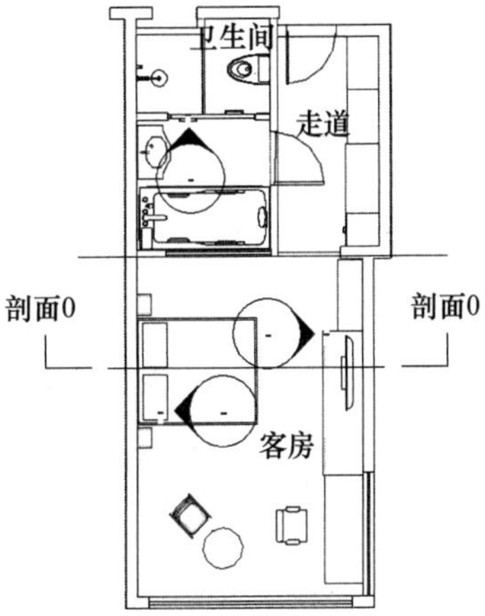

图 4.2.50 装饰-客房立索引图

（4）将两张新视图拖曳进装饰-平面图图纸中即可。

4.2.7.2 打印

第一，“文件”选项。将多个所选视图/图纸合并到一个文件，可以同时打印多个文件；创建单独的文件。视图/图纸的名称将被附加到指定的名称之后，选择此选项可以在下方指定文件保存路径及名称，如图4.2.51所示。

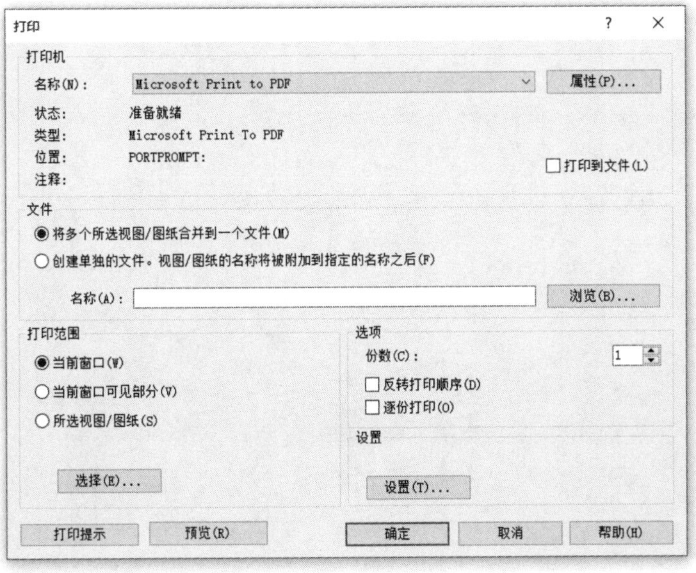

图 4.2.51 文件打印参数设置（1）

第二，“设置”面板选项单击“设置”，在弹出的“打印设置”对话框中，设置基本的打印设置，如图 4.2.52 所示。在对话框中设置图纸大小、页面位置、缩放、颜色模式、页面方向（纵向或横向）。最下方的选项可以把图中半色调显示的图元打印成细线等更详细的设置。设置完成后单击“打印”即可。

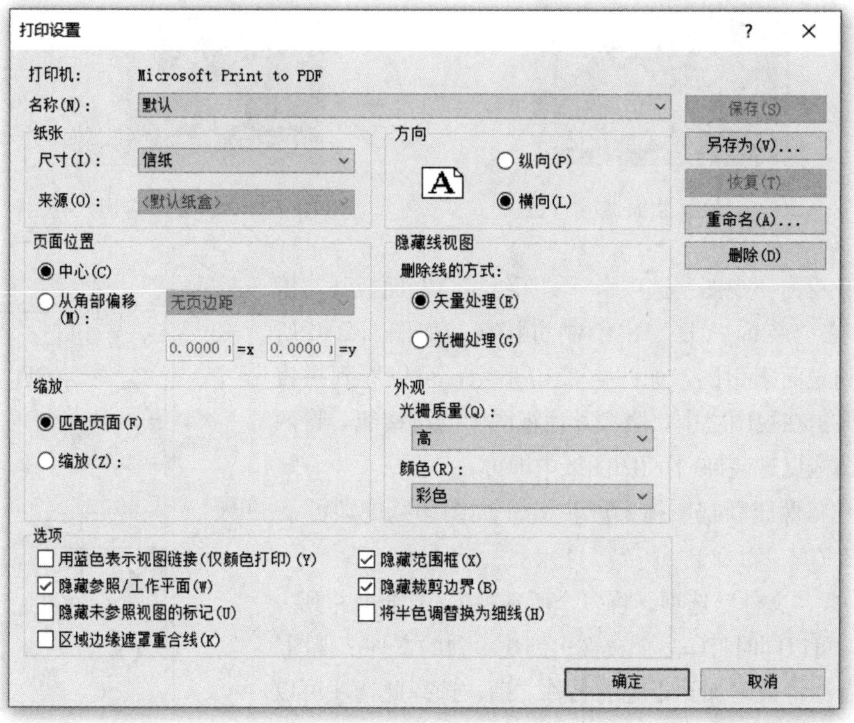

图 4.2.52　文件打印参数设置（2）

任务工单

任务 4.2　创建装饰施工图		
装饰施工图检验清单		
工作组名称		
成员及分工		
完成时间		
检验项目	检验标准	检验情况
图纸附表	检查图纸附表中是否包含所有必要的信息，如材料、规格、数量等	
平面图	检查平面图中是否包含所有必要的元素和尺寸，如墙体、门窗、家具等	
天花图	检查天花图中是否包含所有必要的元素和尺寸，如吊顶、灯具、空调等	
剖立面图	检查剖立面图中是否包含所有必要的元素和尺寸，如墙面、地面、天花板等	
节点详图	检查节点详图中是否包含所有必要的细节和尺寸，如连接方式、固定件等	
综合点位图	检查综合点位图中是否包含所有必要的设备和管线的位置和尺寸，如插座、开关、水管等	
布图打印	检查布图打印中是否包含所有必要的图纸和图表，并确保其准确性和清晰度	

任务 4.2 创建装饰施工图任务工单二维码

任务 4.3 统计明细与可视化应用

任务描述

本节任务以创建统计明细和可视化应用为目标。具体内容包括统计明细的创建和可视化应用的实现。学习如何使用 BIM 软件进行建筑装饰工程的统计明细创建。了解如何利用 BIM 模型中的数据，如构件数量、材料用量等，进行统计分析和汇总。掌握如何根据设计要求和规范要求，生成相应的统计明细表格；学习如何使用 BIM 软件进行建筑装饰工程的可视化应用实现。了解如何利用 BIM 模型中的三维视图和动画功能，进行建筑模型的展示和演示。掌握如何根据设计要求和客户需求，制作出具有艺术性和实用性的可视化效果。通过本节任务的学习能够熟练运用 BIM 软件进行建筑装饰工程的统计明细创建和可视化应用。提高工程设计的效率和质量，同时能够直观地展示设计方案，提升与客户的沟通和合作能力。

知识准备

4.3.1 统计明细

4.3.1.1 明细表设置

使用明细表视图可以统计项目中的各类图元对象，生成各种各样的明细表。Revit 可以分别统计模型图元数量、材质、图纸列表、视图列表、注释块列表、装饰材料表、房间面积表等。在装饰阶段，最常用的统计表是装饰构件量统计、面积统计、装饰面层材料统计、卫生间瓷砖的统计、尺寸统计等。

除上述功能外，Revit 中还有专用的明细表视图编辑工具，可编辑表格样式或自动定位构件在图形中的位置，主要功能如图 4.3.1 所示。

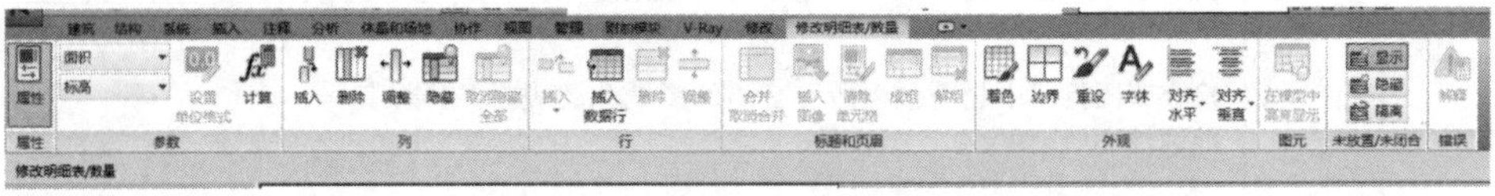

图 4.3.1 明细表视图编辑工具

第一，“属性”栏。可通过单击“属性”面板中的“属性”按钮，打开或关闭“属性”栏。

第二，表格标题名称。可修改表格名称及所统计内容。

第三，列标题。可修改统计字段，不同表格内容不同。

第四，设置单位格式。可设置选定列的单位格式。

第五，计算。为表格添加计算值，并修改选定列标题。

第六，插入。将列与相应的字段添加到表格。选择明细表正文中的一个单元格或列，单击“列”面板上的“插入”，即可打开“选择字段”对话框，其作用类似于“明细表属性”对话框的“字段”选项卡。添加新的明细表字段，并根据需要调整其顺序。

第七，删除。选择单元格，然后单击“删除列”或“删除行”按钮，则可删除单元格所在的列或行。

第八，调整列宽。选择单个或多个单元格，然后选择“调整列宽”图标，并在对话框中指定一个值，则可调整选定的列。如选择多个列，设置的尺寸值为所有选定列宽之和，则每列宽度将等间距分配。

第九，隐藏和取消隐藏。选择一个单元格或列，然后单击“隐藏列”按钮，则会隐藏相应的列。单击“取消隐藏全部”按钮可显示所有隐藏的列。

明细表可以根据项目的需要和标准进行设置。利用明细表的统计功能，可以统计项目中各图元对象的数量、材质、视图列表等信息。

4.3.1.2　构件量统计

Revit 在装饰工程中可通过“明细表/数量”来对构件量进行统计。根据项目中构件自有的特性直接提取信息，即可统计构件量。

第一，创建明细表。在“视图”→“明细表”下拉菜单中选择“明细表/数量”，在弹出的“新建明细表”对话框中勾选“照明设备”，单击“确定”按钮，如图 4.3.2 所示。

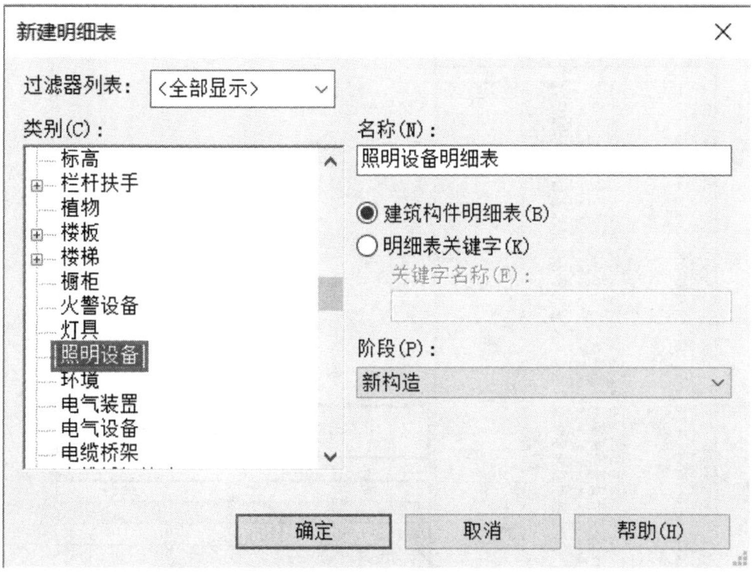

图 4.3.2　创建照明设备明细表

第二，在弹出的“明细表属性”对话框中，选择所需字段，并调整字段排列顺序，单击“确定”按钮，如图 4.3.3 所示。

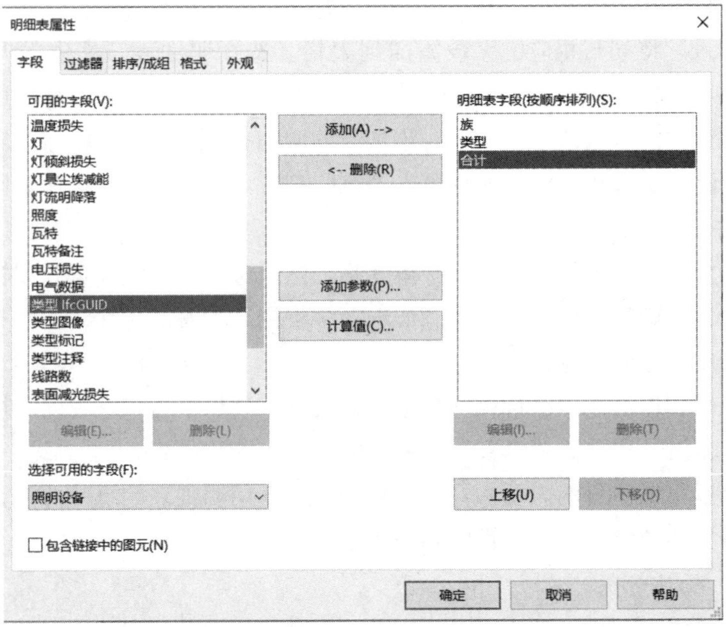

图 4.3.3　照明设备明细表属性设置

第三，生成“照明设备明细表”后，可在“属性”栏中单击“排序/成组”右侧的“编辑”。按“类型”升序，取消勾选“逐项列举每个实例”，勾选“总计”，即可完成照明设备明细的统计，如图 4.3.4 所示。

<照明设备明细表>

A	B	C
族	类型	合计
筒灯2	W180 x H55	1
筒灯2	W180 x H55	1
筒灯2	W180 x H55	1
筒灯2	W180 x H55	1
筒灯2	W180 x H55	1
筒灯2	W180 x H55	1
筒灯2	W180 x H55	1
筒灯2	W180 x H55	1
筒灯2	W180 x H55	1
筒灯2	W180 x H55	1
筒灯2	W180 x H55	1
筒灯2	W180 x H55	1
筒灯2	W180 x H55	1
筒灯2	W180 x H55	1
筒灯2	W180 x H55	1
筒灯2	W180 x H55	1
筒灯2	W180 x H55	1
筒灯2	W180 x H55	1
筒灯2	W180 x H55	1
筒灯2	W180 x H55	1
筒灯2	W180 x H55	1
筒灯2	W180 x H55	1
筒灯2	W180 x H55	1
筒灯2	W180 x H55	1
筒灯2	W180 x H55	1
筒灯2	W180 x H55	1
筒灯2	W180 x H55	1
筒灯2	W180 x H55	1
筒灯2	W180 x H55	1
筒灯2	W180 x H55	1

<照明设备明细表>

A	B	C
族	类型	合计
筒灯2	W180 x H55	30
总计：30		

图 4.3.4　照明设备明细表

4.3.1.3　尺寸统计

在装饰工程中有些构件需要统计其长度、宽度等，Revit 可通过“明细表/数量”进行统计。

第一，创建 40×40 方管。以“公制常规模型”为族样板新建族文件，进入前视图。执行“拉伸”命令，绘制 40×40 方管，如图 4.3.5 所示。

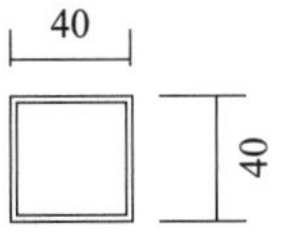

图 4.3.5 40×40 方管

进入楼层平面—参照标高视图，新建一个参照平面，将承载龙骨拉伸的两边锁在参照平面上，在参照平面与“中心（前/后）”参照平面之间添加尺寸标准，设定为“1200”。单击尺寸，新建一个名为“钢材长度”的共享实例参数。编辑共享参数的“参数组”名为“钢管参数”，“参数”名为“钢材长度”，如图 4.3.6 所示。

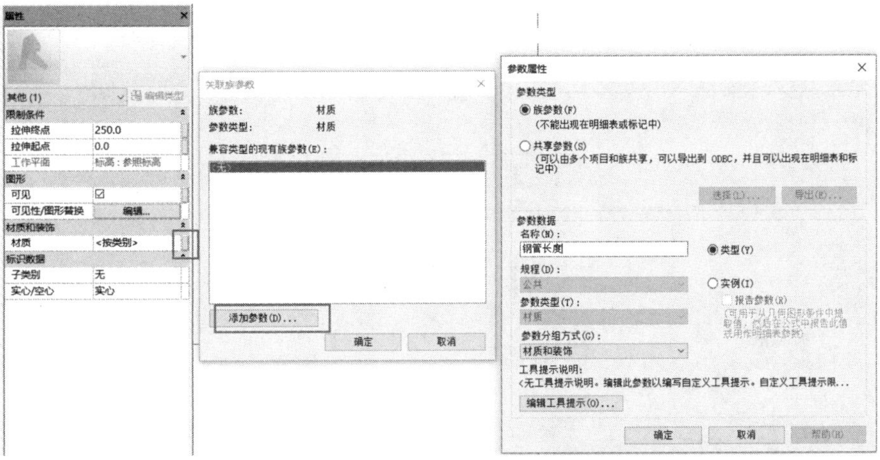

图 4.3.6 钢管长度参数设置

选择钢材模型，在“属性”栏中勾选“共享”，单击“保存”，将族保存为“钢管 . rfa”，如图 4.3.7 所示。

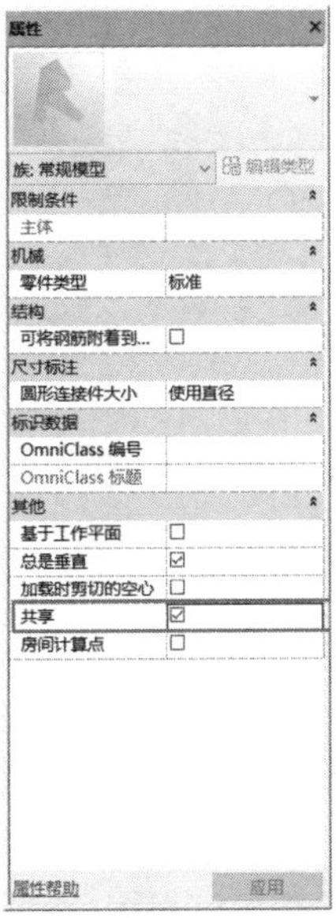

图 4.3.7 钢材模型属性设置

第二，创建参数化钢管。以“公制常规模型”与进入卫生间的门洞尺寸对应，载入“钢管 . rfa”文件，按照参照平面放置钢管并复制，间距 400mm。单击“保存”，将族保存为“参数化钢管 . rfa”。将“参数化钢管 . rfa”载入项目，放置于墙体合适的位置。

第三，创建明细表。单击“明细表/数量”，在弹出的“新建明细表”对话框中勾选“常规模型”，单击“确定”后，如图 4.3.8 所示；弹出“明细表属性”面板，勾选所需明细后，单击“确定”按钮，如图 4.3.9 所示。

在“明细表属性”列表框中选择“钢材长度”字段，在“格式”选项栏中选择字段格式为“计算总数”。单击“确定”按钮后，得到钢管长度统计明细表。

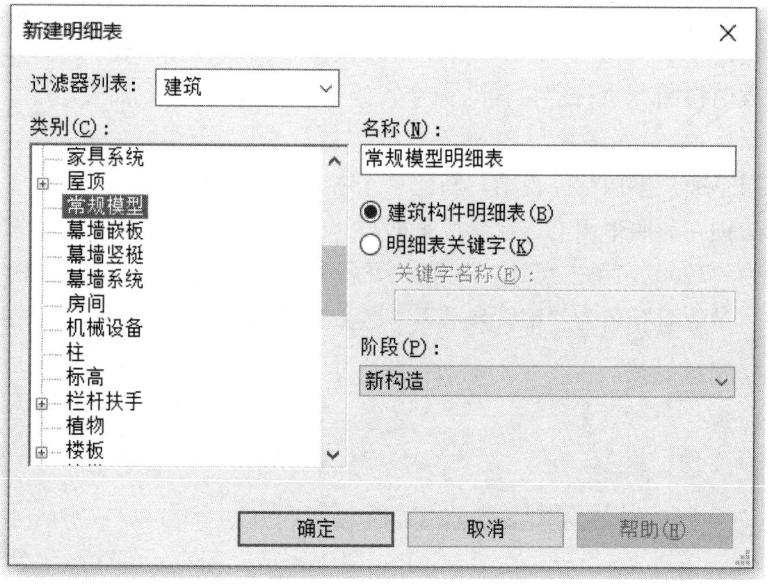

图 4.3.8　创建常规模型明细表

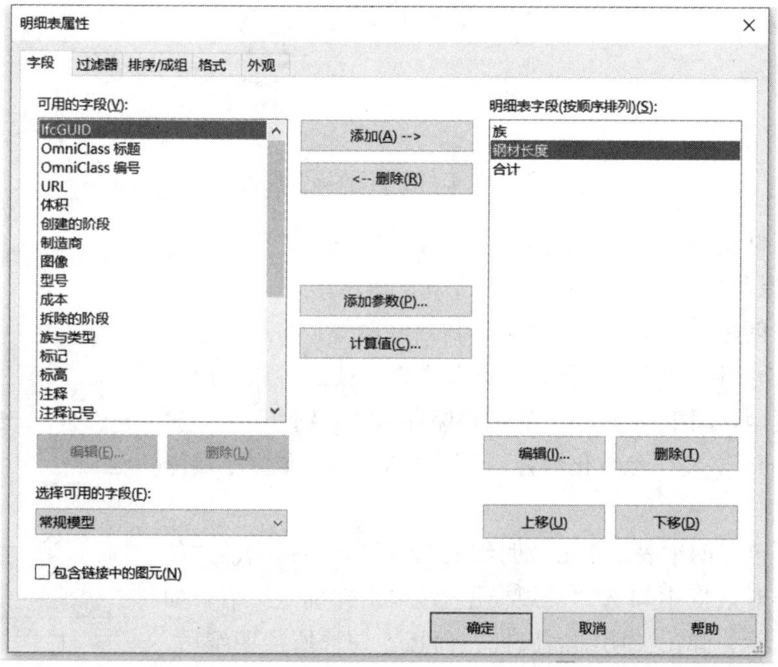

图 4.3.9　常规模型明细表属性设置

4.3.1.4　面积统计

第一，根据构件的特点选择合适的方法，例如：系统自带的楼板、天花板、墙体、幕墙、屋顶等构件。单个构件可以通过“属性”栏直接查询面积，如图 4.3.10 所示；通过明细表也可以提取多个构件，如图 4.3.11 所示。

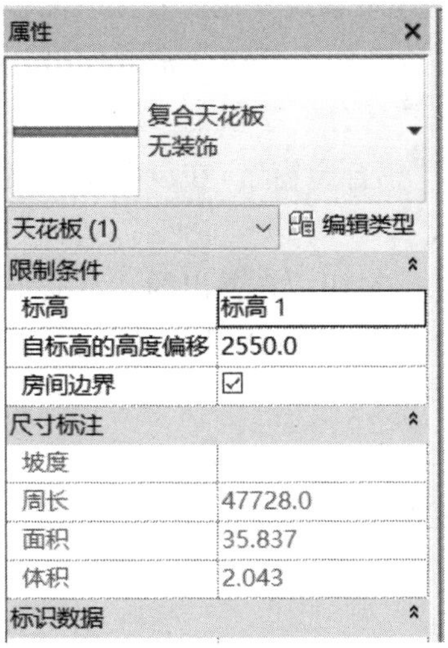

图 4.3.10　天花板属性参数

<B_楼板明细表>

A	B	C	D	E	F
族与类型	标高	周长（毫米）	体积（立方米）	面积（平方米）	说明
楼板: 常规	标高 1	58730	10.35	68.98	

图 4.3.11　楼板明细表

对于创建好的轮廓不规则的常规模型，可以通过明细表中的“材质提取”功能来实现。在“材质提取属性”对话框中“可用的字段，下选择“材质：面积”即可，如图 4.3.12所示。

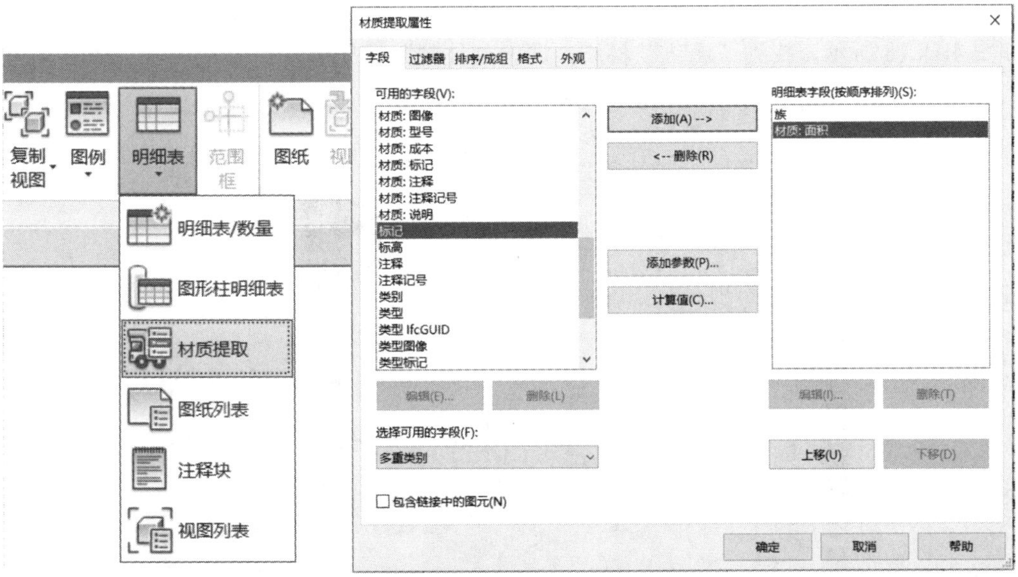

图 4.3.12　材质提取属性参数设置

第二，创建构件时自定义面积计算规则。在装饰装修工程中，一般门窗、幕墙玻璃的面积统计会用到此方法。因为玻璃的大小是需要随着门窗框及幕墙分格的规格来变化的，所以在创建玻璃族时，只要创建面积字段，将此字段的公式完善，公式中所用的参数能够实时变化，就可以达到提取面积的目的。

有时候项目中可能会有很多常规模型创建的构件，使用常规模型下的字段来提取面积，不容易将玻璃材料与非玻璃材料的数据分离，所以在创建玻璃或其他需要提取面积的族中要添加一个文字参数，将不同的常规模型区分开来。例如：玻璃的常规模型族中，“区分”字段的参数值设置为“中空玻璃”；型材族中，“区分”字段的参数值设置为“铝合金型材”；窗族中，“区分”字段的参数值设置为“铝合金窗”。在设置统计表样式时，就可以通过“过滤器”来区分类型。

在明细表中，单击“属性”栏中“字段”后面的“编辑”按钮，在弹出的“材质提取属性”对话框中，单击“添加计算参数”按钮，弹出“计算值”对话框，添加“面积”计算值，单击“确定”按钮。

切换至“格式”选项卡，在字段列表中选中“面积”字段，可以在右边修改其格式，并在最下方的列表中选择“计算总数”项，单击“确定”按钮后返回明细表视图。

4.3.2 可视化应用

“在建筑住宅可视化处理过程中，应根据整体施工要求强化 BIM 技术在其中的应用力度，将 BIM 技术的可视化特点表现出来，为建筑住宅可视化提供技术支持，用于促使建筑住宅施工良性可靠开展。”①

4.3.2.1 材质设置

1）添加材质信息

进入功能区→“管理”选项卡，单击“材质”按钮，打开“材质浏览器”对话框，如图 4.3.13 所示。找到“床垫”材质，调出“外观”选项卡。

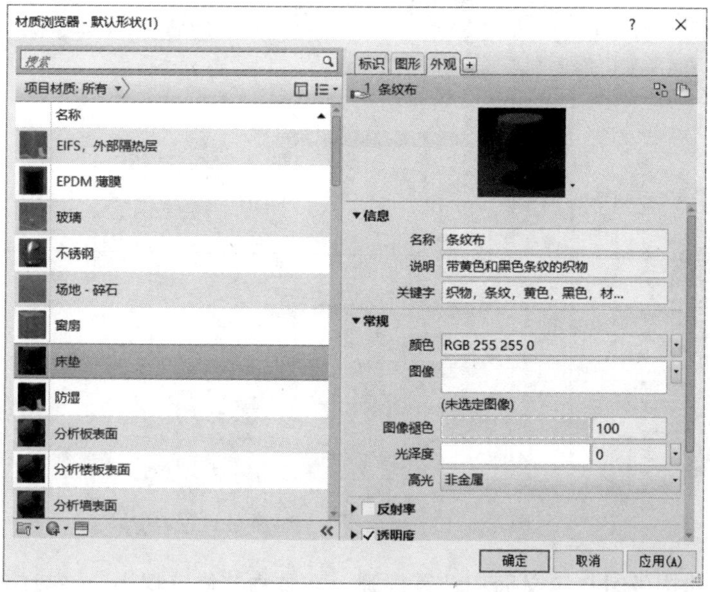

图 4.3.13　床垫属性功能参数

① 许平．基于 BIM 技术的建筑住宅可视化应用思考［J］．四川建材，2023，49（5）：158-160.

因为图中为床单材质，是一种织物材质，所以材质球选择了悬垂性织物做成了场景。根据需求可修改材质信息。例如，图中材质名称修改为“条纹布”；材质说明为“带黄色和黑色条纹的织物”；关键字设置为“织物，条纹，黄色，黑色，材质，常规”。

2）材质外观属性

外观资源的属性取决于渲染这些资源的渲染着色器。Revit 中提供了很多属性，如：陶瓷、混凝土、不透明、透明、砖石/CMU、金属、镜子、金属漆、墙漆、石料、水、木材等，并设置了此类属性特有的参数，便于快速创建材质。新建材质时，只能新建常规属性的材质；若想使用其他材质属性，需通过“资源浏览器”找到此类材质，替换至新建材质中。

（1）镜子属性在 Revit 中，新建材质后，在“资源浏览器”中选择“镜子属性”材质，替换至“外观”属性中，会发现“镜子属性”只可调节镜子的固有颜色及染色信息，如图 4.3.14 所示。

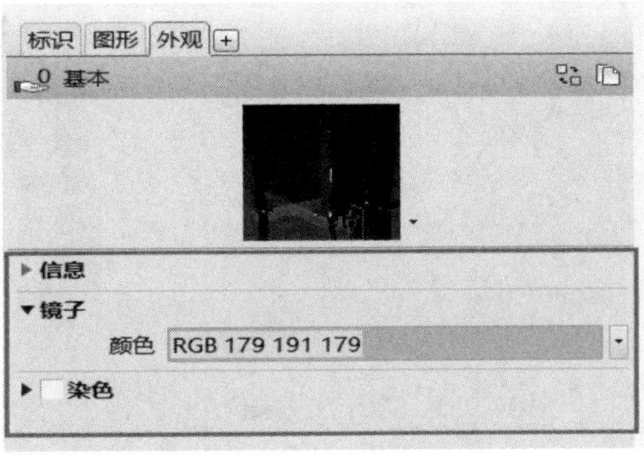

图 4.3.14 镜子属性功能参数

（2）常规材质属性。

第一，程序贴图。Revit 中提供了程序贴图，进一步增强了材质的真实感。右击图像，或用鼠标左键单击图像右边的下拉菜单，弹出“程序贴图”菜单。贴图共有 7 种，这些是程序中自带的贴图，有棋盘格、渐变等效果。对一些简单的材质，可以使用程序贴图进行制作，例如棋盘格程序贴图。选中棋盘格程序贴图，弹出“纹理编辑器”对话框。在该对话框中可以调整程序贴图的颜色、角度、位置、重复模式等。

第二，自定义贴图。程序贴图能够编辑生成的纹理只是极少部分，更多材质纹理制作应使用自定义贴图。双击图案，弹出“选择文件”对话框，可以选择 JPG 文件添加所需要的纹理效果，如图 4.3.15 所示。

与程序贴图弹出的纹理编辑器不同的是，自定义贴图无法指定贴图组成色彩。对于 JPG 格式的材质源文件，仅可以调节其图片亮度或反转图像色彩。如果对于材质贴图色彩不满意，建议去 Photoshop 软件修改好后再调入 Revit 中。

第三，“常规”选项。

颜色。单击“颜色”按钮，将会弹出“颜色”对话框。在对话框中，可以选择材质所需要的颜色。

图像。大部分材质不止由简单的颜色构成，还有一定的图案纹理。这些材质就需要使用到“图像”选项。

图像褪色。控制基本颜色与漫射图像之间的复合“图像褪色”可用于调整贴图显示的程度。将“图像褪色”值调低，贴图颜色变淡，同时颜色的值越强，适合一些只需要淡淡贴图纹理的材质，如图 4.3.16 所示。

光泽度。“光泽度”是用来控制材料表面漫反射—镜面反射属性的参数。“光泽度”

为 0 时为漫反射；“光泽度”为 100 时为镜面反射。本案例中制作的是床单的材质，是一种漫反射材质，所以保留光泽度为默认参数 0。

高光。可用于选择金属材质或非金属材质。本案例中为床单材质，保持默认“非金属”即可。

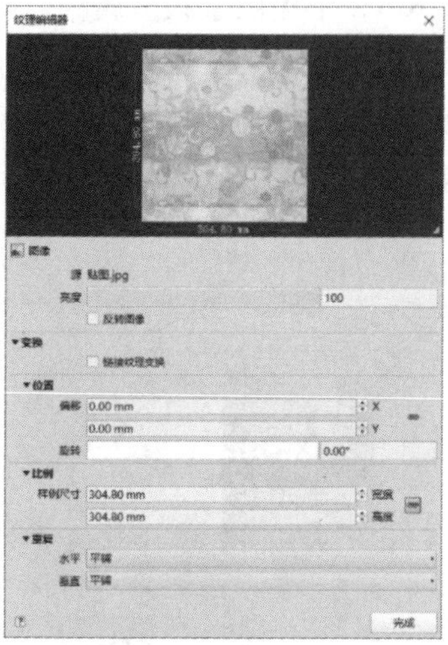

图 4.3.15　自定义贴图

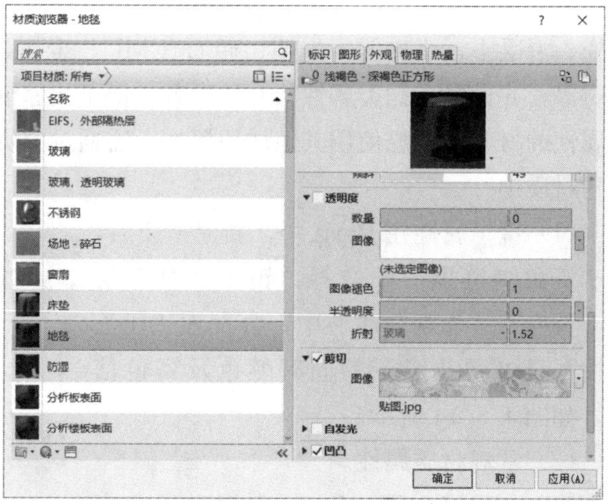

图 4.3.16　图像褪色

第四，反射率。物体本身反射光的强度，可以控制材质反射入相机的光线数量。最强反射就是镜子的效果。

第五，透明度。“透明度”选项可用于控制材料的透明度。“透明度”为 0 时材料不透明，“透明度”为 100 时材料完全透明。“透明度”同样可以使用贴图（包括程序贴图和自定义贴图）控制。透明度贴图是靠其中的黑、白、灰 3 种颜色来控制材质对应部位的透明度的。

第六，剪切。“剪切”选项可用于控制对应部分的材质开启情况。不同于透明度，剪切是一种类似完全透明的状态。如图 4.3.17 所示使用程序贴图“棋盘格模式”对材质进行贴图。

第七，自发光。一些自发光的材料（如灯具等），可以使用这种材质。本案例中不需要开启该材质。

第八，凹凸。凹凸贴图通道是材质中经常要使用的通道。凹凸通道中可以贴材质图控制材质的凹凸感，同样可以使用程序贴图，或者是自定义贴图。贴图中的白色代表凸起，黑色代表凹入，用这种方式通过图片控制材质凹凸，如图 4.3.18 所示。

第九，染色。如果对材质的色彩不满意，可以在此进行材质整体颜色的调整。但是这种做法不能只修改部分材质色彩。如果只是对部分色彩不满意，建议在 Photoshop 软件中调整到位后，再以自定义贴图的形式载入 Revit 中。

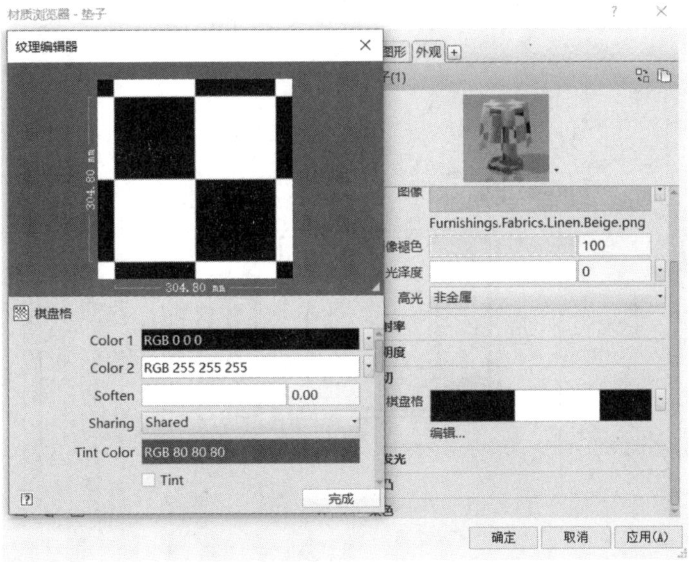

图 4.3.17　材质纹理编辑器（1）

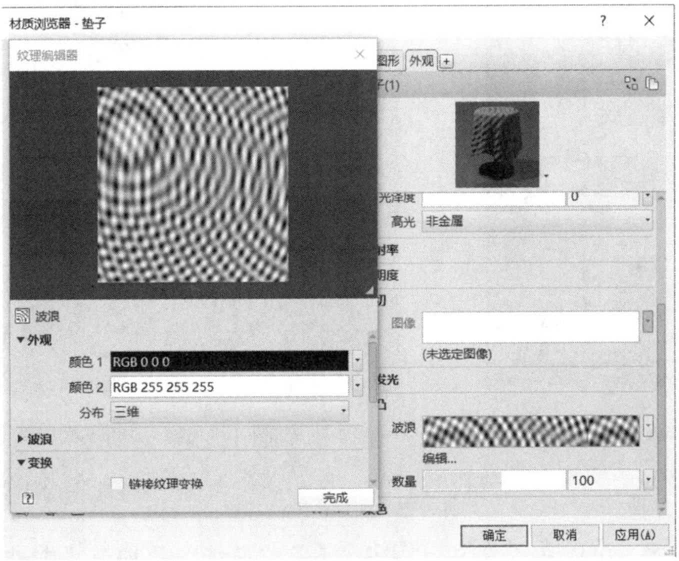

图 4.3.18　材质纹理编辑器（2）

4.3.2.2　渲染表现

1）创建渲染视图

打开给定的案例文件，在平面视图中创建相机，在“项目浏览器”中将生成的三维视图命名为“标准房间三维视图”，如图 4.3.19 所示。如果对创建的三维视图角度不满意，可以切换回原始地面面板。拖动相机，调整相机的角度和焦点，可以看到画面在改变，如图 4.3.20 和图 4.3.21 所示。在平面中，双击相机后，可以进入相机面板，调整相机高度以及其他参数。在“相机”对话框中，“视点高度”为视点的起始高度，“目标高度”为视点的终点高度。通过调整这两个值，可以改变相机的仰角高度。

图 4.3.19 材质纹理编辑器（3）

图 4.3.20 房间平面视图

图 4.3.21 房间三维视图

2）内置渲染器

（1）质量设置。可以从“绘图”“中”“高”“最佳”几种模式中进行选择。其中，“绘图”的渲染质量最差，但是渲染速度最快；“最佳”的渲染质量最高，但是渲染速度最慢，需要自行取舍。

一般来说，在调整渲染效果的过程中，质量设置为“绘图”模式，出正式图时采用“高”模式即可。

（2）输出设置。分辨率可以设置为“屏幕”或者“打印机”，“打印机”有不同的分辨率参数可以选择。通过分辨率的设置可以调整输出照片的尺寸。一般来说，打印出来的效果图需要达到 300DPI，所以勾选“打印机”，将参数设置为“300DPT”，如图 4.3.22所示。

一般来说，在调整渲染效果的过程中，输出设置为“屏幕分辨率”，出正式图时再将分辨率调成“打印机”（300DPI）即可。

（3）照明及背景设置。室内渲染模拟白天场景，照明方案共有 3 种情况：

①室内：仅日光。②室内：仅人造光。③室内：日光及人造光。其他默认照明方案适用于建筑项目，而不是室内项目。

背景有几种样式可供选择，如“天空：多云”“透明度”“图像”等。

第一，模拟“仅日光”场景。将照明方案调整至“室内：仅日光”。因为在日光情况下，窗外会被照亮，所以需要选择一种背景，如“天空，无云”。然后单击“渲染”面板最上方左侧的“渲染”，此时计算机将进行渲染计算。

如果画面显示过亮或者过暗，可以进行调整。单击“图像”下方的“调整曝光”按钮，弹出“曝光控制”对话框，如图 4.3.23 所示。

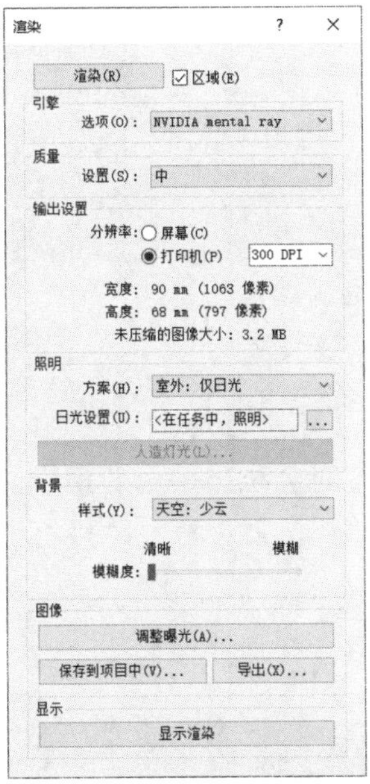

图 4.3.22　内置渲染器输出设置

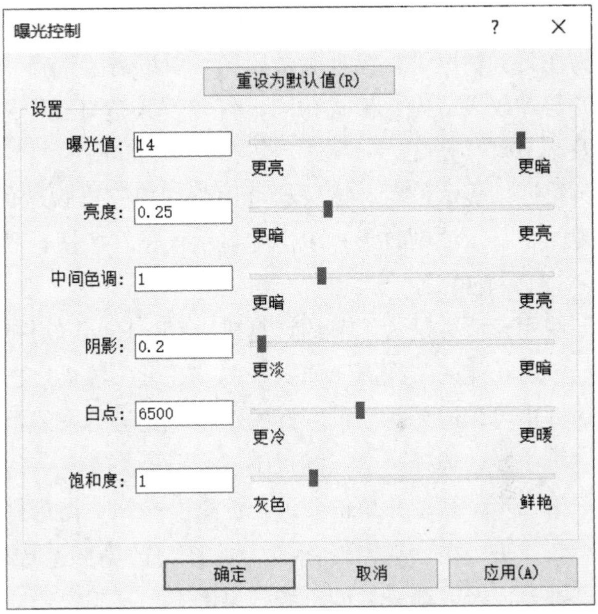

图 4.3.23　曝光控制编辑器

通过对“曝光值”“高亮显示”“阴影”等的调整，可以得到未开灯时的室内效果图。通过设置背景样式，可使渲染的效果图有不同的窗外背景。当背景样式设置为“透明度”时，可以将生成的 PNG 格式效果图在 Photoshop 软件中打开，合成更好的背景，效果图将更加真实，如图 4.3.24 所示。

第二，模拟“仅人造光”场景。将照明方案调整至“室内：仅人造光”。在无日光的情况下，窗外背景为黑色，无须选择背景。单击“渲染”按钮。

图中曝光过度，此时可单击“调整曝光”按钮，在弹出的“曝光调整”对话框中，通过对“曝光值”“高亮显示”“阴影”等的调整，可以得到无日光的室内效果图。

第三，模拟“日光及人造光”场景。将照明方案调整至“室内：日光及人造光”。

图 4.3.24　未开灯的室内效果图

因为在日光情况下，窗外会被照亮，所以需要选择一种背景，如“天空，无云”。

与“仅人造光”模式相同，打开“人造灯光”对话框，可以对人造灯光进行分组，以及调节灯具亮度。

第四，显示设置。该选项可用于切换三维视图的显示模式。单击“显示渲染”，三维视图将显示渲染效果；单击“显示模型”按钮，则显示模型效果。

3）云渲染

使用云渲染是为了节约计算机内存。Revit 软件就提供了这种选择。

单击功能区“视图”面板中的“在云中渲染”按钮，此时会跳出一个对话框。在此对话框中可以选择对已设置好的三维视图进行在线渲染。

第一步，选择一个三维视图进行渲染。

第二步，登录并单击“远程渲染”按钮，渲染好了之后会有邮件提醒。

第三步，在“视图”面板中选择“渲染照片库”，即可查看或者下载云渲染出的效果图。

4.3.2.3　*漫游动画*

制作漫游动画，首先需要找到并打开“项目浏览器”→“视图列表”→“楼层平面”→“原始地面”。只有切换到平面视图，才能添加漫游。单击“视图”面板—三维视图工具下拉列表，选择“漫游”，在平面中单击一系列的点，形成漫游路径，如图 4.3.25 所示。

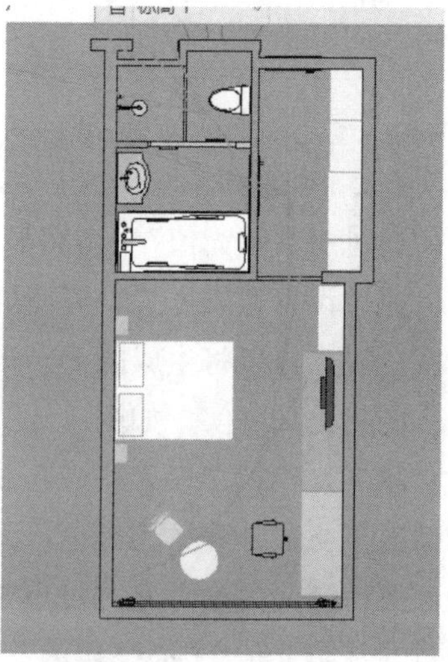

图 4.3.25　漫游路径

生成漫游路径后，在“项目浏览器”面板中可找到漫游视图，进入漫游视图，通过选中边框图点调节视图大小，得到合适的画面，如图 4.3.26 所示。

漫游路径制作完成之后，单击屏幕左上角“文件”

面板→“导出”，找到图像及动画，选中“漫游”，弹出对话框 如图 4.3.27 所示。单击“确定”按钮后弹出“保存”对话框，保存到需要的路径下，如图 4.3.28 所示。格式为 AVI 的漫游动画文件就制作出来了，如图 4.3.29 所示。

图 4.3.26　漫游视图

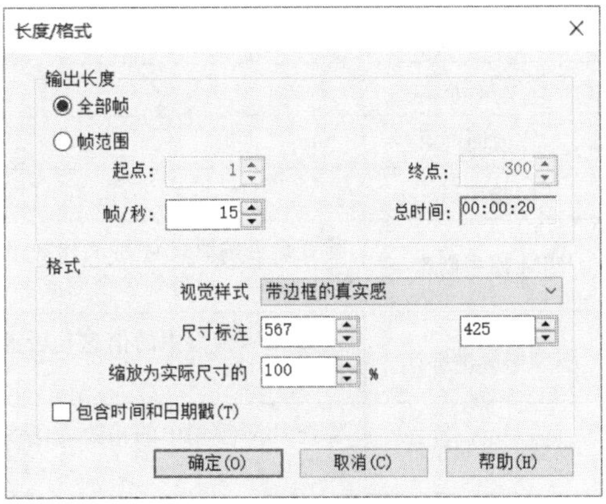

图 4.3.27　输出漫游动画

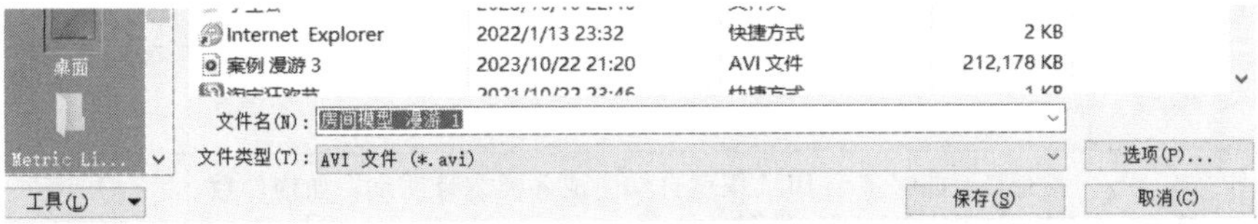

图 4.3.28　保存漫游动画

图 4.3.29　漫游动画

任务工单

任务 4.3　统计明细与可视化应用		
统计明细与可视化应用检验清单		
工作组名称		
成员及分工		
完成时间		
检验项目	检验标准	检验情况
BIM 模型创建	检查是否按照设计要求和规范创建了完整的 BIM 模型，包括建筑、结构、设备等多个专业	
模型信息准确性	检查 BIM 模型中的信息是否准确无误，包括构件的尺寸、材料、位置等	
模型信息完整性	检查 BIM 模型中的信息是否完整，包括构件的名称、类型、数量等	
模型信息一致性	检查 BIM 模型中的信息是否一致，包括构件的尺寸、材料、位置等在不同视图和图纸中的一致性	
模型信息更新	检查 BIM 模型中的信息是否能够及时更新，以反映设计和施工过程中的变化	
模型信息管理	检查是否建立了有效的 BIM 模型信息管理系统，以确保模型信息的存储、检索和共享	
统计明细生成	检查是否能够基于 BIM 模型自动生成各类统计明细，如构件数量、材料用量、工程量等	
统计明细准确性	检查生成的统计明细是否准确无误，与实际工程情况相符	
统计明细可视化	检查是否能够将统计明细以图表、报告等形式进行可视化展示，便于分析和决策	
可视化应用效果	检查可视化应用的效果是否符合预期，能否有效地支持工程设计、施工和管理过程	
可视化应用交互性	检查可视化应用是否具有良好的交互性，能够方便地查看和操作统计明细	
可视化应用兼容性	检查可视化应用是否兼容多种设备和浏览器，确保用户能够在不同的环境下使用	
可视化应用安全性	检查可视化应用是否具有足够的安全措施，保护用户的隐私和数据安全	
可视化应用维护	检查是否建立了有效的可视化应用维护机制，确保应用的持续运行和更新	
培训和支持	检查是否提供了针对 BIM 统计明细与可视化应用的培训和支持，帮助用户更好地使用和应用	

任务 4.3 统计明细与可视化应用任务工单二维码

模块5　建筑装饰工程BIM技术的协同与交付

任务5.1　建筑装饰项目BIM协同及平台管理

任务描述

通过了解建筑装饰项目BIM协同的基本概念、策划流程和协同工作文件管理。理解如何基于BIM技术的协同工作平台，各参与方可以在共享的数字模型中实时进行双向信息传递和交流，提高工程项目的管理效率和质量。

知识准备

5.1.1　建筑装饰项目BIM协同概述

5.1.1.1　BIM协同工作的主要意义

协同即协调两个或者两个以上的不同资源或者个体，协同一致地完成某一任务的过程或能力。BIM协同是在BIM应用过程中协调与合作。参与方各自之间的协调、协作形成拉动效应，推动项目BIM应用共同前进，协同的结果使各方获益，整体加强，共同发展。工程建设行业从CAD的二维图纸时代到BIM时代，协同工作方式方法发生了巨大变化。

CAD二维图纸时代的协同方式一般的流程如下：

各参与方将本专业信息以电子版和纸质文件形式发送给其他参与方，其他参与方将这些信息整合到本专业的工程文件中，然后将反馈资料提交给原始信息的发送方。最终在会签阶段，对各方的文件进行审核以确保满足相关要求。这些过程是单向的，分阶段进行，导致信息传递不及时有效。虽然一些信息化程度较高的企业利用内部局域网系统和文件服务器，采用参考链接文件的方式来保持过程文件的实时更新，但仍然存在单向传递的问题。例如，机电和土建等专业的反馈条件仍需要单独提供文件。

为了克服这些问题，引入基于BIM的协同工作流程可以显著改进协同方式。在BIM环境下，各参与方可以在一个共享的数字模型中协同工作，实现实时的双向信息传递和交流。不同专业之间的数据和信息可以无缝集成，避免了独立文件的传递和整合过程。这种协同方式可以有效提高沟通效率、减少错误和冲突，并促进更紧密的团队合作。

BIM 时代的协同方式是基于 BIM 技术创建三维可视化高仿真模型，各参与方的工作内容都以实际的形式存在于模型或平台上。各参与方在各阶段中的数据信息可输入模型中，所有参与方可根据权限和模型数据进行相应的工作任务，且模型可视化程度高，便于各参与方之间的沟通协调，同时也利于项目实施人员之间的技术交底和任务交接等，减少了项目实施中由于信息和沟通不畅导致的工程变更和工期延误等问题的发生，提高了项目实施管理效率，从而实现项目的可视化、参数化、动态化协同管理。另外，基于 BIM 技术的协同平台的利用，实现了各信息、人员的集成和协同，大幅提高了项目管理的效率。

装饰项目管理中涉及参与的专业、工种、工艺较多，各专业工种各自职责不同，但各自负责的工作内容之间却联系紧密，其最终的成果是各专业成果的综合。项目在实施过程中各参与方尤其是与机电各专业参与方的配合较多，这个特点决定了在装饰项目管理中必须密切地配合和协作。实际工程中，由于参与装饰项目的人员因专业分工或项目经验等各种因素的影响，经常出现因配合未到位而造成的工程返工，甚至工程无法实现而不得不变更设计和工程计划的情况，导致延误工期、浪费人力物力、增加成本。基于 BIM 的协同工作的意义在于，协同工作能够推进项目顺利进行，显著提高效率和效益，优化项目各相关专业承包方之间的协作方式和工作流程，并且协助工作人员现场管理，解决项目实际问题。

5.1.1.2 BIM 协同工作的策划流程

装饰项目要对项目协同的进行策划。经过策划，应用 BIM 技术协同工具，各方按照策划的标准和流程工作，项目各方之间的协同合作有利于各自任务内容的交接，避免不必要的工作重复或工作缺失而导致的项目整体进度延误甚至工程返工，对在各阶段进行信息数据协同具有重大意义。

一般基于 BIM 技术的各参与方协同应用主要工作包括基于协同平台的信息、职责管理和会议沟通协调等内容。每个装饰项目团队应该在项目尚未开始时就制定协同工作计划，建立协同工作机制。首先，提出协同工作目标；其次，确定符合自身团队特点的协同工作范围和形式以及协同工作流程；最后，建立支持协作过程的软硬件环境以及成果交付协作计划。

1）制定协同工作目标

（1）明确项目各方的 BIM 协同工作要求。确立协同工作目标的首要步骤是全面了解项目各方对 BIM 协同工作的要求。通过深入探讨，可以确定每个参与方在协同工作中的期望和关键需求。例如，建筑设计团队可能关注于设计的创意性和美观性，而施工团队则注重施工可行性和工程进度。这些要求的明确阐述有助于确保协同工作目标与各方的期望相一致，从而为协同工作的有序展开创造基础。

（2）制定专业领域 BIM 协同工作目标。在确立整体协同工作目标的基础上，应当针对各专业领域制定具体的 BIM 协同工作目标。每个专业领域在项目中扮演着独特的角色，其在协同工作中的贡献和重要性各不相同。例如，结构工程团队可能关注于模型的稳定性，而给排水工程团队则关心系统的效能。通过制定明确的专业目标，可以促进各领域之间的紧密协作，推动协同工作的高效进行。

（3）创造支持数据共享和协同工作的环境与条件。为了实现协同工作目标，必须构建一个促进数据共享和多样化协同工作方式的环境。这包括建立集成的 BIM 数据平台，为项目参与方提供实时数据共享和协作的机会。此外，应当考虑提供灵活的工作方式，如在线实时协作、远程协同等，以适应不同项目参与方的需求和工作习惯。

（4）明确项目参与方的职责分工和权限控制。在协同工作中，明确项目参与方的职责分工至关重要。为了确保工作有序推进，应明确每个参与方在协同工作中的具体职责和任务。同时，权限控制也是确保数据安全性的重要手段。通过为不同参与方设定数据访问和修改权限，可以有效防止信息泄露和误操作，维护项目数据的完整性和安全性。

通过以上步骤，建立协同工作的目标将变得更加清晰和有序。从满足各方要求、制定专业领域目标、创造支持性工作环境，到明确职责分工和权限控制，这些有序的前提条件将为协同工作的顺利开展提供稳固基础，从而推动项目取得卓越成果。

2）确定协同工作任务

（1）确定 BIM 协作任务的工作范围。在明确协作任务时，首先需要明确各项 BIM 协作任务的具体工作范围。其中，模型管理涵盖了诸多关键要素，如模型的完整性、准确性和一致性等。这涉及模型检测，确保模型数据的质量符合标准和需求。此外，版本发布也是重要环节，通过明确的发布机制，确保模型在不同阶段得以及时更新和传递，以促进跨专业间的有效协作。

（2）确定协作的时间节点和频率。协作的时间节点和频率的明确定义对于协同工作的有序进行至关重要。在项目周期中，诸如方案设计、初步设计、施工图设计、深化设计等不同阶段的交换数据和提资节点需要被准确定义。此外，明确发送人和接收人以及他们的职责，有助于确保信息在正确的时间传递到正确的人员，为跨部门和跨专业的协同提供支持。

（3）各环节的协同时间节点安排。在协同工作中，各个环节的协同时间节点安排尤为重要。通过明确规划，确保不同工作环节之间的衔接和协调。这包括确立交付数据的截止日期，协同会议的召开时间以及其他重要的时间节点。合理的时间安排有助于避免任务延误和信息断档，保障协同工作的无缝推进。

（4）确定协作的会议地点和议程，以及必要的组织者和参与者。协同工作不仅仅是数据交换，还需要有效的会议和讨论。为此，确定协作的会议地点和议程显得尤为重要。明确会议的地点，确保参与者可以方便地进行面对面的交流。此外，明确会议的议程，确保会议有针对性且高效率。同时，明确会议的组织者和参与者，保证协同会议的顺利召开和有效管理。

3）明确协同工作流程

工作流程作为企业内部任务完成的重要指导，涉及多部门、多岗位、多环节的协调与顺序工作。其有效性直接影响到任务的效率和效益。因此，科学严谨地设计和建立工作流程，并确保其得到执行控制和管理，显得至关重要。特别在项目 BIM 实施过程中，所有参与者必须清楚了解各自的工作任务和职责，并依据协同工作流程展开合作。因此，制定适切的协同工作流程显得尤为关键。

一个科学合理的工作流程不仅仅是任务顺序的排列，更是一个系统性的规划，能够确保各环节之间的协同和配合。在设计和建立工作流程时，首先需要详细考虑每个环节的具体职责和输出。这包括明确各部门和岗位在任务完成中的角色，并为每个环节设定明确的工作目标。通过建立清晰的任务分工和责任分配，可以避免工作冗余和信息丢失，提高工作效率和质量。

同时，工作流程的有效执行控制和管理也是确保任务顺利完成的关键。这需要建立相应的监控机制，以确保任务按时按质地完成。在项目 BIM 实施过程中，协同工作尤为重要。每个参与者都必须理解自己的具体工作任务和职责，并且在协同工作流程的指导下进行工作。这可以通过定期的协同会议、进度跟踪和信息共享来实现，确保各方始终保持高度的沟通和协作。

总之，制定科学严谨的工作流程对于提高任务效率、确保工作质量以及实现项目成功都具有重要意义。在项目 BIM 实施中，协同工作流程更是确保各参与者有序合作、信息流畅共享的关键保障。只有通过明确的工作流程，可以使复杂的任务变得有序高效，为企业和项目带来更大的价值和成就。

4）营造协作过程的软硬件环境

（1）软件的选择与配置。在确保满足项目需求的前提下，选定适应性强、功能强大的 BIM 软件是首要任务。这些软件不仅应当能够满足不同专业领域的要求，还应当具备良好的兼容性，以确保各参与方能够顺利共享和处理模型数据。同时，为了确保软件的稳定性和性能，还需要进行详尽的软件配置工作。

（2）对硬件进行充分优化。计算机和服务器等硬件设备的性能和存储容量必须能够胜任复杂的 BIM 模型处理和数据传输。高性能的硬件可以显著提高模型处理速度和渲染效果，从而为项目的顺利推进提供有力支持。同时，网络设备的稳定性也需要得到充分保障，以确保数据传输的流畅性。

在软硬件配置完成后，定期的软件检测变得至关重要。这有助于及时发现并解决潜在的软件问题，确保软件的稳定性和功能正常运行。此外，模型管理是另一个重要环节，通过有效的模型管理工具，可以实现模型的有序组织、归档和访问控制，从而维护模型数据的一致性和完整性。

（3）版本发布机制的建立。明确的版本发布流程可以确保项目不同阶段的模型得以精准发布和传递，为模型评审和协同工作提供有效支持。通过以上一系列有机衔接的工作内容，配置 BIM 协同的软硬件环境将为项目的协同合作提供坚实基础，进而提升 BIM 应用的整体效率和成果。

5）成果交付的协作计划

在 BIM 协同工作中，成果交付作为关键的协作过程显得尤为重要，尤其是涉及装饰专业，需要将模型跨足向业主、施工方等进行交付。模型的交付在整个信息交换中占据着核心地位，因此，在项目中应制定详尽的模型交付清单，并定期发布有关模型交付更新的信息。在这一协作过程中，着重需要考虑以下关键点：

（1）明确模型的发送人和接收人。在 BIM 协同工作中，成果交付被视为至关重要的协作过程，特别是在装饰专业中，模型需要进行跨单位交付，以满足业主、施工方等的需求。在这一交付过程中，首要任务是明确模型的发起人和接收方。明晰的发件人和收件人标识能够消除信息传递中的混淆，确保交付的模型信息准确无误地到达目标方。

（2）明确模型交付的频率。为确保协同工作的顺畅推进，项目需明确模型交付的频率。这涉及是一次性交付还是需要按照特定周期进行定期性交付。明确交付频率有助于各参与方预期和安排工作流程，确保协作不受不必要的延误。

（3）明确模型交付的时间范围。具体规定模型交付的开始和结束日期，或者设定满足特定条件件后的交付时间范围，都是项目成功的关键。明确的时间范围有助于参与方确立工作目标，确保交付进度的紧凑和协同工作的高效展开。

（4）明确模型交付的类型和文件格式。交付清单中需明确规定不同模型交付的类型以及应当采用的文件格式。确保交付模型类型和文件格式与各方需求相符，有助于避免不必要的问题和误解，保障信息的准确传递。

（5）明确模型创建的软件和版本号。为确保模型交付的顺利进行，需要明确标注模型创建所使用的软件工具，并注明所用软件的版本号。这有助于确保交付的模型在各方之间具备良好的可读性和兼容性，从而减少因软件版本不一致而引发的潜在问题。

5.1.1.3 BIM 协同工作的文件管理

BIM 协同工作的协同文件有一些具体规定需要按照下列规则来管理。

1）协同文件夹管理

装饰的总包项目应制定装饰装修工程 BIM 文件管理架构、具体的协同工作方式及其 BIM 技术应用的相关规定，满足工程项目各相关参与方进行信息模型的浏览、交流、协调、跟踪和应用。而作为专业分包就要遵守 BIM 应用牵头方制定的各项规定。

装饰工程 BIM 实施过程中，应基于“自上而下”的模型文件规则建立文件夹结构，使各相关参与方的信息模型文件层次分明，管理有序。协同文件夹由 BIM 总协调方在其中心服务器统一建立，用于存放所有相关专业协同工作时所用的过程及成果文件，各分包单位及个人原则上不能自行建立文件夹，分包单位如确有需要建立的，应及时与 BIM 总协调方协商一致。

2）本地文件夹维护

项目应按照协同文件夹结构建立对应的本地文件夹结构，中心服务器中的模型文件应与本地用户模型文件定期同步更新。本地文件夹副本应保存在用户备份盘上，不应保存在系统盘中。项目应对 BIM 实施过程中所形成的文字、数据、表格，遵循文件资料的形成规律，保持文件之间的有机联系，区分文件的不同价值，进行妥善存档、保管和运用。

3）权限设置

在文件管理工作中，应明确装饰装修工程 BIM 协同管理中各相关参与方的工作职责，并对各相关参与方进行权限管理，保证数据信息传输的准确性、时效性和一致性。基于 BIM 协同平台的协同工作任务，协同工作开始前就应对参与者的身份信息进行权限设定，设置登录密码，便于统一管理。

4）文件处理与跟踪

项目应规定专人及时对协同文件内容进行检查和审批，避免文件数据丢失或错误风险。当协同中发现文件存在错误时，应形成书面记录并进行跟踪处理。

5.1.2 建筑装饰项目 BIM 协同平台

在装饰项目的不同阶段，有不同的工作任务，每项任务有不同的参与方，都可以基于 BIM 以不同方式展开内容和流程不一样的协同工作。为了保证装饰项目各专业内和专业之间信息模型的无缝衔接和及时沟通，BIM 项目的工作任务需要在统一的平台上完成。这个平台可以是专门的平台软件，也可以利用 Windows 操作系统实现。其中 BIM 协同平台是工程项目所有相关方为进行基于 BIM 技术应用而进行交流、协调、记录、跟踪所搭建的工作平台，是可以在项目范围内进行实时交流、可以追踪信息的开放式平台。

5.1.2.1 BIM 协同平台的功能

装饰企业可根据工程实际需要搭建和利用工程 BIM 协同平台，协同平台应具有良好的适用性和兼容性及以下基本功能：

1）信息存储

装饰工程项目中各部门各专业设计人员协同工作的基础是建筑信息模型的共享与转换，这同时也是 BIM 技术实现的核心基础。所以，基于 BIM 技术的协同平台应具备良好的存储功能。目前在建筑行业，大部分建筑信息模型的存储形式仍为文件存储，这样的存储形式对于处理包含大量数据，且改动频繁的建筑信息模型效率十分低下，更难以对多个项目的工程信息进行集中存储。而在当前信息技术的应用中，以数据库存储技术的发展最为成熟、应用最为广泛。其数据库具有存储容量大、信息输入输出和查询效率高、易共享等优点。当前，非保密工程利用云存储技术也可以有效解决信息来源分散、传输速度延迟等问题，将多角色、多场景、多阶段的信息进行整合，保证信息的整体性和一致性。以上两种基于 BIM 平台的存储方法，可以解决上述当前 BIM 技术发展所存在的问题。

2）兼容不同专业软件

建筑业是包含多专业的综合行业，如建筑设计阶段，需要建筑、结构、暖通、电气、给排水、装饰、景观等多个专业的设计人员在一个模型上进行协同工作，这就需要用到大量的专业软件。随着项目的不断开展，BIM 应用不断拓展、深化，不断整合的过程。所以，BIM 平台需要兼容不同专业软件，保证 BIM 的信息来源的一致性和完整性。

3）集成终端应用

BIM 协同平台通过集成互联网＋技术、移动终端如手机、RFID、传感设备等信息收集设备收集信息，提高平台信息收集和共享能力，实现实时监控、智能感知、数据采集和高效协同，提升装饰项目管理水平。

4）进行人员管理

由于在建筑全生命周期有多个专业设计人员的参与，如何实施有效的管理是至关重要的。通过 BIM 平台可以对各个专业的设计人员进行合理的权限分配、对各个专业的建筑功能软件进行有效的管理、对设计流程及信息传输的时间和内容进行合理的分配，从而实现项目人员高效的管理和协作。

5）工作模块信息化

对装饰专业，BIM 协同平台工作模块应包括并不限于：项目模型库管理模块、族库管理模块、模型物料模块、样板管理模块、采购管理模块、统计分析模块、数据维护模块、工作权限模块、工程相关资料模块等。所有模块通过外部接口和数据接口进行信息的提取、查看、实时更新数据。同时，工作流程设定应合理而标准，操作人员能便于理解，利用其工作的过程快速、便捷、准确率高。

基于 BIM 协同平台的协同系统，给装饰工程的设计及施工过程提供了一个各项目参与方进行沟通与信息交流的渠道，保证模型文档、模型数据、模型操控、模型成果及其信息化功能得到有效应用，同时通过加强各项目参与方之间的联系，能够较好地解决传统建设工程施工中存在的部分缺陷。

5.1.2.2 BIM 协同平台的管理

1）职责管理

面对装饰项目工程分项工程多、工艺繁杂、工种多、专业图纸数量庞大的特点，利用 BIM 技术，将所有与项目相关信息集中到以模型为基础的协同平台上，依据图纸如实进行精细化建模，并赋予工程管理所需的各类信息，确保出现变更后，模型及时更新。同时为保证项目工程施工过程中 BIM 的有效性，对各参与单位在不同施工阶段的职责进行划分，让每个参与者明白自己在不同阶段应该承担的职责和完成的任务，与各参与单位进行有效配合，共同完成 BIM 的实施。

在对项目各参与方职责划分后，根据相应的职责，创建团队协作平台，项目组织中的 BIM 成员根据权限和组织架构加入协同平台，在平台上创建代办事项，创建任务并可以做任务分配，也可对每项任务创建一个卡片，包括：活动、附件、更新、沟通内容等信息。团队成员可以上传各自更新的模型，也可以随时浏览其他团队成员上传的模型，发表意见，进行更便捷的交流，并使用列表管理方式，有序组织模型的修改、协调，支持项目顺利进行。

2）信息管理

协同平台具有较强的模型信息存储能力，项目各参与方通过数据接口将各自的模型信息数据输入到协同平台中进行集中管理，一旦某个部位发生变化，与之相关联的工程量、施工工艺、施工进度、工艺搭接、采购单等相关信息都自动发生变化，且在协同平台上采用平台通知、短信、微信、邮件等方式统一告知各相关参与方，他们只需重新调取模型相关信息，便能轻松完成数据交互的工作，实现基于 BIM 协同平台的数据协同管理，如图 5.1.1 所示。

3）流程管理

项目实施过程中，每个参与者都应该清楚各自的计划和任务，还应了解项目模型整体建立的状况，协同人员的动态，提出问题及表达建议的途径，从而使项目参与方能够更好地安排工作与进度，实现与其他参与方的高效对接，避免发生失误。

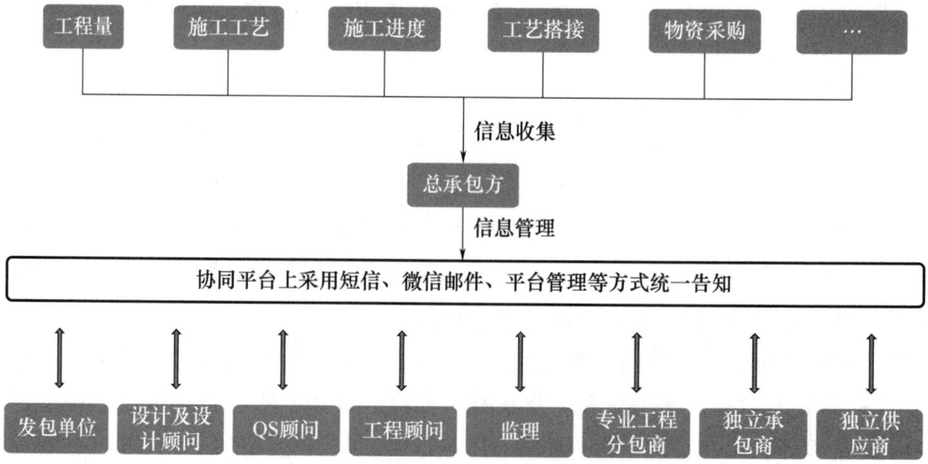

图 5.1.1　信息管理流程图

BIM 平台使来自上下游的建筑信息在 BIM 框架下得以高速运行，设计信息、施工信息、产品信息等会源源不断地反馈到 BIM 平台，这给各参与方提供了更多的决策机会，同时也改变了传统工作流程。BIM 平台的流程可以让每个项目参与者明确自己的工作任务的内容和范围、持续过程、先后顺序、协同工作的对象、协同人员以及相关职责等，同时，从平台可以了解整个项目与自己工作相关的其他参与者的进度和动态，模型建立的状况，提出的问题和建议，从而快速做出判断和决策，及时利用、提交和保存相关工作成果，避免因数据成果流动不畅而发生质量问题和工期延误。

理解练习

1. 单选题

(1) 为了制定协同工作目标，首要步骤是什么？

A. 制定专业领域 BIM 协同工作目标

B. 创造支持数据共享和协同工作的环境与条件

C. 明确项目各方的 BIM 协同工作要求

D. 明确项目参与方的职责分工和权限控制

扫码查看答案解析

(2) 为了确保数据安全性，需要进行什么措施？

A. 制定专业领域 BIM 协同工作目标

B. 创造支持数据共享和协同工作的环境与条件

C. 明确项目参与方的职责分工和权限控制

D. 明确项目各方的 BIM 协同工作要求

(3) BIM 协作任务的工作范围主要涉及以下哪个方面？

A. 模型的完整性、准确性和一致性　　B. 协作的时间节点和频率

C. 协同时间节点安排　　D. 协作的会议地点和议程

(4) 在协同工作中，明确定义协作的时间节点和频率的目的是：

A. 确保信息在正确的时间传递到正确的人员

B. 确保不同工作环节之间的衔接和协调

C. 方便参与者进行面对面的交流

D. 保障协同工作的无缝推进

(5) 在BIM协同工作中，成果交付被视为至关重要的协作过程，特别是在装饰专业中，模型需要进行跨单位交付，以满足业主、施工方等的需求。其中，模型交付的核心地位表明了以下观点之一是什么？

A. 模型交付在装饰专业中是非常重要的

B. 协同工作需要模型交付的支持

C. 成果交付需要满足业主和施工方的需求

D. 模型交付是BIM协同工作中的关键过程

2. 多选题

(1) 为什么设计和建立科学严谨的工作流程在项目BIM实施中尤为重要？

A. 可避免工作冗余和信息丢失　　B. 提高工作效率和质量

C. 实现项目成功　　D. 加强沟通和协作能力

(2) 工作流程的有效执行控制和管理如何确保项目任务顺利完成？

A. 建立相应的监控机制　　B. 协同会议、进度跟踪和信息共享

C. 确保任务按时按质地完成　　D. 提高工作效率和质量

(3) 在构建协作环境中，软件的选择和配置工作需要考虑以下哪些方面？

A. 软件的兼容性和适应性　　B. 软件的功能强大程度

C. 软件的价格和授权方式　　D. 软件的外观设计和用户友好性

(4) 在构建协作环境中，为了确保数据传输的流畅性，以下哪些要素需要得到充分保障？

A. 计算机和服务器硬件的性能和存储容量　　B. 网络设备的稳定性

C. 软件的稳定性和性能　　D. 显卡和显示器的性能

(5) BIM协同工作中的文件管理的原则有哪些？

A. 建立文件夹结构，使信息模型文件层次分明、管理有序

B. 由BIM总协调方统一建立协同文件夹

C. 分包单位可自行建立文件夹，无须与BIM总协调方协商

D. BIM实施过程中的文件不需要存档和保管

3. 思考题

(1) 为什么BIM协同工作方式可以改进传统的协同方式？

(2) 在装饰项目管理中，为什么必须密切地配合和协作？

(3) 为什么装饰项目需要进行协同工作的策划？

(4) BIM协同平台需要具备哪些功能来进行人员管理和协作？

任务工单

任务 5.1　建筑装饰项目 BIM 协同及平台管理	
建筑装饰项目 BIM 协同及平台管理清单	
工作组名称	
成员及分工	
完成时间	
设定项目	设定内容
协同办公模块	
数字化交付模块	
施工进度管理模块	
方案设计中的 BIM 应用管理	
施工现场 BIM 协同平台	
项目各方的协同管理	

任务 5.1 建筑装饰项目 BIM 协同及平台管理任务工单二维码

任务 5.2 建筑装饰工程设计与施工阶段的 BIM 协同

任务描述

通过了解建筑装饰工程施工阶段的协同工作，理解其重要性。基于 BIM 的装饰施工协同系统应包括信息获取、融合、处理、决策和计划实施等核心功能，并有多种协同类型，如施工组织模拟、设计变更管理和施工-加工一体化协同。这些协同工作可以提高效率、减少错误和返工、降低成本和提高质量。该项目由装饰项目部、现场 BIM 团队和预制构件加工厂参与，其中加工厂或现场 BIM 团队制作 BIM 模型，进行工艺模拟和优化，加工厂负责加工、运输和现场安装，项目 BIM 团队负责可视化交底。

知识准备

5.2.1 建筑装饰工程设计阶段的 BIM 协同

装饰工程的协同设计开始于项目装饰设计阶段，主要涉及业主、建筑设计方（含建筑设计各专业）、各专业分包方、监理、供应商等。在此阶段的协同重点是：装饰设计方充分了解业主的项目意图和要求，根据业主提出的外形、功能、成本和进度等相关的要求建立基本方案模型。初步设计阶段，此阶段包含对方案设计阶段协同工作的深化，对建筑物理性能分析，同时加入工程施工的成本、质量和工期的反馈意见；施工图设计阶段，此阶段协同重点是对施工图模型中的各专业间信息进行冲突检测，发现并解决潜在的问题。

传统装饰设计模式下，各专业独立设计，有些项目需要与其他设计单位协作，经常需要跨部门和跨专业，信息沟通以人为主，沟通较少或沟通不畅，通常装饰方案确定之后才能做机电方案设计，与业主、施工等的沟通也缺乏有效的可视化工具，往往造成设计周期长、设计错误、返工等问题。

基于 BIM 的装饰设计阶段协同是通过 BIM 软件和环境，以 BIM 数据交换为核心的协作方式，取代或部分取代了传统设计模式下低效的人工协同工作，使设计团队改变信息交流低效的传统方式，实现信息之间的多向传递。减轻了装饰设计人员的负担、缩短了设计周期，提高了设计效率、减少了设计错误，为 BIM 设计、施工应用奠定了基础。

5.2.1.1 设计阶段 BIM 协同的关键

1）协同网络环境

当前，设计协同通常使用的两种网络环境，一是局域网内设计协同，另一种是局域网之间的设计协同。基于 BIM 的装饰项目的协同设计一般需要在局域网络环境下，实现实时或定时操作。由于 BIM 模型文件比较大，一般建议是千兆局域网环境，对于异地协同的情况，由于互联网带宽限制，目前不易实现实时协同，因此需要采用在重要设计环节内，同步异地共享中央数据服务器的数据，实现“定时节点式”的设计协同。

2）协同工作方式

基于 BIM 的设计协同方法一般通过 BIM 相关软件和平台的协同功能来实现，如图 5.2.1所示。以 Revit 为例，通常采用“链接模型”方式创建各自的单专业模型，通过内部协同或外部协同与项目其他成员共享模型、相互参考。在不同设计环节尤其是施工图设计环节，对不同专业的模型进行整合，提前干涉并解决存在问题，防止在施工阶段出现返工和工期延误，例如基于 Revit 的模型整合，即是一种协同工作，但基于不同的软件功能具有不同的工作方法。

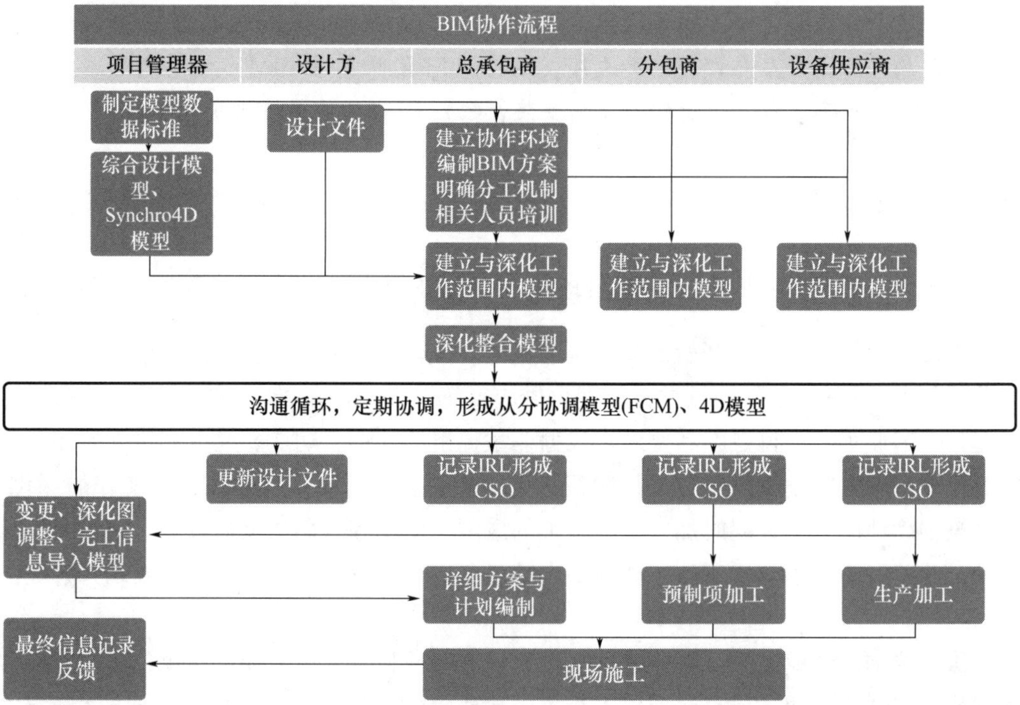

图 5.2.1　BIM 协作流程

装饰装修工程 BIM 协同工作方式可分为“中心文件”方式和“链接文件”方式，或者两种方式的混合协同工作。设计单位内部宜采用“中心文件”协同工作方式，与外部其他单位宜采用“链接文件”协同工作方式。在协同工程中，各相关参与方通过设计共享文件链接到本专业信息模型中，当发生冲突时应通知模型创建者，并应及时协调处理。

3）协同设计要素

BIM 装饰设计协同的顺利实现需要控制协同设计要素，协同设计要素有：设计协同方式、统一坐标、定制项目样板、统一建模标准、工作集划分和权限设置、模型数据和信息整合。这些规定越细致，对协同设计工作的协同程度提升幅度就越大，因此协同设计要素及软件操作要点在 BIM 协同设计方法中也是不可或缺的重要环节。

5.2.1.2　设计阶段 BIM 协同的类型

1）内部设计协同

装饰专业内部设计 BIM 协同指的是同专业设计师可以基于同一个项目模型和构件数据，共享、操作、参照、细化和提取数据。装饰专业从方案设计到施工图的设计过程中，会涉及不同的软件，需要软件之间进行转换和配合使用，因此需要通过统一的协同方式，在协同平台上进行数据传输，协作设计。

装饰专业内部设计的协同工作是基于数据的关键环节，涵盖了多个层面的协作。其中，装饰应用软件与 BIM 设计软件之间的协同、不同 BIM 设计软件之间的协同，以及 BIM 设计软件与出图软件之间的协同，都是确保设计高效进行的重要组成部分。

（1）装饰应用软件与 BIM 设计软件间的协同。在装饰专业的设计过程中，不同的软件可能被用于不同的设计任务。确保装饰应用软件与 BIM 设计软件之间的协同，有助于将不同设计元素有机地融合在一起。通过确立数据交换的准确标准和流程，可以实现装饰应用软件与 BIM 设计软件之间的无缝衔接，确保设计信息的一致性和完整性。

（2）BIM 设计软件之间的协同。BIM 设计过程可能涉及不同的 BIM 设计软件，而这些软件之间的协同是实现整体设计一致性的关键。通过建立数据交换桥梁和标准化的数据格式，不同的 BIM 设计软件可以实现数据的互通互用，确保各方的设计成果能够有机地结合在一起，形成完整的装饰设计方案。

（3）BIM 设计软件与出图软件间的协同。将 BIM 设计转化为最终的出图成果，涉及到 BIM 设计软件与出图软件之间的协同。确保这两类软件之间的数据传递和转换的准确性，能够保障设计信息在不同软件环境下的稳定流通。通过制定清晰的数据导出和导入规范，可以有效地将 BIM 设计数据无缝转换为出图所需的格式，从而支持装饰专业设计的顺利进行。

总体来说，装饰专业内部设计基于数据的协同是确保设计质量和效率的重要保障。通过装饰应用软件与 BIM 设计软件的协同、不同 BIM 设计软件之间的协同，以及 BIM 设计软件与出图软件之间的协同，可以实现设计信息的高效传递和整合，从而为装饰专业的成功设计提供坚实支持。

2）各专业间设计协同

各专业间的 BIM 协同指的是不同专业间，整合相关数据，查找专业间的冲突，在设计阶段解决专业间的冲突问题。装饰专业内部设计 BIM 协同工作期间，其他各专业的设计师可以基于统一的项目模型和构件数据，共享、操作、参照、细化和提取数据，在自己专业内部协同。在所有专业都经过了内部协同工作并通过内部审核后，共同进行各专业间的 BIM 协同。

实现专业间的设计协同需要各专业都具备 BIM 设计的能力，采用统一的数据格式，遵守统一的协同设计标准，项目所有专业团队组成高度协调的整体。在设计过程中，随时发现并及时解决与其他专业之间的冲突。当前，设计协作应用 BIM 的有效方法是阶段性重要环节节点的专业协调模式。这种模式需要规定设计过程的定时协同和连续协同，其中协同机制是关键：项目需要在制订装饰设计协同计划时，明确各参建单位层级和职责、协同工作组织方案，形成设计协同流程。

3）各环节设计协同

项目装饰专业的设计阶段可分为方案、初设、施工图三个主要环节。装饰设计阶段中的 BIM 协同主要是为了确保 BIM 模型数据的延续性和准确性，减少项目设计过程中的反复建模，减少因不同阶段的信息割裂导致的设计错误，提高团队的工作效率与准确率，提升设计产品质量。

根据装饰项目的特点，不同的装饰项目，设计阶段的 BIM 协同主要集中在方案和施工图设计阶段。装饰方案设计成果通过 BIM 模型可视化功能完成方案的评审及多方案比选（造型、材质、陈设、经济），需要与其他专业做初步的综合协调，满足方案概念表达的建模精度要求。装饰施工图设计成果主要用于设计阶段的深化，满足图纸报审要求、招投标要求并指导施工。此阶段需要进行专业间的综合协调，检查是否因为设计的错误造成无法施工的情况。因此，模型细度要求达到施工图的表达深度，还需要有明细表统计内容。

5.2.2 建筑装饰工程施工阶段的协同

装饰项目的施工阶段的施工协同，是指施工中与业主、建筑设计方、各专业设计方、各专业施工方、监理等各方协同工作，保证装饰施工中各类信息的流通与传递。装饰工程项目施工阶段具有非常明显的动态变化特征，对施工现场进度管理、工程量核算、质量、安全等管理要求较高，是一项典型的需要协同工作，不同工种、不同职责的施工参与方之间需要及时进行信息交流与共享。

对装饰工程的施工阶段进行高效的管理，需要对现场的原始信息（人、材、物、料等施工资源）进行实时采集与处理，并在此基础上进行决策与控制。而当前在装饰施工过程中不同施工参与方之间信息交换不畅，不仅阻碍了信息的共享，而且还导致了施工过程中的实时信息不能及时、准确、高效地交互与融合，最终导致工期延误和各种失误，增加工程成本。

要实现对装饰施工现场中各种管理活动的有效控制，其施工协同系统应该包括三部分功能：信息获取、信息处理与决策和计划实施。基于 BIM 的施工协同系统应包括：信息获取、信息融合、信息处理、施工决策、计划实施、系统应用接口等功能。在这些功能的基础上，针对不同施工参与方的业务需求进行定义和组合，就可以构建应用于整个项目的施工协同系统。其中，信息获取、信息处理与决策和计划执行是整个系统的核心组成部分。

当前，装饰工程施工阶段实现施工过程中的协同工作有效手段和方法，是及时收集现场实时信息，在信息融合的基础上，处理相关信息，强化施工中的信息集成与共享，并进行决策和计划执行，实行协同管理并实施有效的监管，提高各施工参与方之间信息交流和决策的效率。对于装饰施工阶段，基于流程的管理协同是重要研究内容。

5.2.2.1 施工阶段 BIM 协同的关键

1）协同网络环境

当前，基于 BIM 的装饰项目的施工的数据协同一般需要在局域网络环境下实现项目现场工程师对 BIM 模型等文件的实时或定时操作。当前，基于互联网的数据协同工作可以利用轻量化模型来实现，能明显提高显示速度，提升工作效率。另外，施工中的管理协同利用基于互联网的 BIM 协同平台，参与各方需在互联网环境进行基于流程的管理协同。

2）协同工作方式

在装饰项目设计阶段协同工作中用到的数据协同方式可以全部用在施工中。施工阶段基于流程的协同管理，不同的装饰行业业态依据信息化发展的不同，有不同的工作方式。常用的协同工作方式是首先是利用 BIM 协同平台，其次是利用企业已有的 OA 企业办公自动化系统、ERP 企业资源计划系统、PDM 产品数据管理系统、互联网家装系统、项目管理系统等进行协同，依赖完善和细致的流程来完成协同工作。

3）协同设计要素

在装饰工程深化设计中，继续沿用 BIM 设计协同控制的协同设计要素。装饰施工过程中需要对项目的施工各种要素进行协同管理。这些要素有：任务、合同、物料、进度、质量、成本、安全、人员等，同时，时间节点成为重要的要素之一。对于装饰项目，基于 BIM 的装饰施工协同工作主要可分为：装饰专业深化设计的 BIM 协同、施工阶段不同专业间的 BIM 协同以及实施各种管理任务的协同等。

5.2.2.2 施工阶段 BIM 协同的类型

1）施工深化设计协同

装饰工程的施工深化设计协同即在装饰工程的施工图设计模型基础上，装饰专业在进行与现场实际情况相结合的深化设计时，与其他参与方和其他专业的协同设计工作。与设计阶段施工图设计环节的协同类似。在装饰施工阶段，深化设计流程按先后分为以下工作任务：

（1）必须实时采集现场数据，将现场尺寸和施工条件纳入到深化设计的过程中。

（2）深化设计建模的每一参与方都需要建模并内部审核模型。

（3）模型审核工作是内部审核通过后，再由总包整合模型，之后再提交业主审核，直到通过审核为止。

深化设计阶段的协作单位主要有：业主、总包方、装饰分包方、机电分包方、设计方。在深化设计工作中，总包和业主按照合同约定起主导作用。

2）施工组织模拟协同

建筑装饰施工是一个高度动态的过程。装饰施工组织模拟通过将 BIM 与施工进度计划相配合，将空间信息与时间信息整合在一个可视的 4D 模型中，可以直观、精确地反映整个装饰工程的施工过程。施工组织模拟协同是指基于虚拟现实技术，在计算机平台上提供一个虚拟的可视化的三维环境，按照施工组织对工程项目的施工过程先模拟，然后根据模拟对施工顺序与施工方法进行调整与优化，从而得到相对最优的施工组织设计方案。

施工组织模拟主要发生在施工阶段，涉及业主、土建总包方（或装饰总包）和装饰分包和各专业分包，是施工阶段重要的协同工作之一。通过 BIM 可以对项目的重点或难点部分进行可建性模拟，按月、日、时进行施工组织的分析优化。对于一些重要的施工环节或采用新施工工艺的关键部位、施工现场平面布置等施工指导措施进行模拟和分析，以提高计划的可行性；也可以利用 BIM 技术结合施工组织计划进行预演以提高复杂装饰工程分项工程的可施工性。借助 BIM 对施工组织的模拟，项目管理方能够非常直观地了解整个施工安装环节的时间节点和安装工序，并清晰把握在安装过程中的难点和要点，施工方也可以进一步对原有施工组织设计进行优化和改善，以提高施工效率以及施工方案的安全性。

施工组织模拟主要分两个阶段：施工组织设计编制、施工组织模拟。在每个阶段，都要进行审核工作。其参与方包括业主、总包方和设计方。各分包专业在完成组织方案施工组织编制或其他工作时，通过总包方递交给业主方。业主对总包方提出的施工组织设计进行审核，审核 BIM 环境下工程项目各参与方协同机制设计通过的施工组织设计，业主在 BIM 模型中定义模拟节点和精度，由施工方完成施工方案模拟。

3）设计变更管理协同

变更管理是指在施工阶段由项目特定参与方提出的对施工方案等的变更。通过在变更过程中建立变更 BIM，可以有效验证变更方案的可行性，并可以评估变更可能带来的风险。施工过程 BIM 模型随设计变更的通过而即时更新，能减少设计师与业主、监理、承包商间的信息传输和交互时间，从而使索赔经济签证管理更有时效性，实现变更的动态控制和有序管理。另外，通过 BIM 模型计算变更工程量，可有效防范承包方随意变更，为变更结算提供数据依据。变更管理工作模式按照工程实际项目中变更从提出到完成的整体途径，设计各方的协同工作。变更流程划分为提出设计变更、论证设计变更、设计变更实施。变更管理包含的主要参与方有：施工总承包方（装饰总包）、业主和设计方。一般由总承包方提出变更申请，经 BIM 模型验证后，交业主和设计方共同评审。如果评审通过，设计方变更图纸，业主进行变更估算等工作。总包方在变更执行时更新 BIM 施工过程模型。

4）施工—加工一体化协同

装饰施工—加工一体化协同即装饰工程预制部品构件的设计、生产、加工、运输、安装的协同工作过程。

装饰工程中有许多异形构件，在加工过程中容易出错并造成损失。BIM 三维技术能够解决这一方面的问题。通过 BIM 模型与现场、预制构件加工厂建造生产系统的结合，实现建筑施工流程的自动化，通过三维图形直接与加工厂机械连接，导出相关参数模型，机械可根据模型图直接生产出参数化的构件和异形构件。通过三维模型的坐标系统控制现场放样和校核，把加工厂生产出来的参数化构件和异形构件通过三维技术的控制实现安装，全程实现无缝对接。这一生产系统能够快速安装，显著提高施工效率，实现协同工作。

装饰施工—加工一体化的工作内容分为三段，分别是：深化设计建模（预制构件加工建模）、加工图审核、加工安装。

参与单位分别是：装饰项目部、现场 BIM 团队、预制构件加工厂。预制构件加工

BIM 模型按合同约定一般由预制构件加工厂或现场 BIM 团队制作。模型通过深化设计的审核之后，要进行施工工艺即预制构件安装的模拟，并及时与加工厂沟通，发现问题及时优化并提交项目部审核。审核通过后，导出加工图和料单，进入第三个环节即加工安装。由加工厂负责加工，运输和现场安装。项目 BIM 团队负责可视化交底。

理解练习

1. 单选题

（1）BIM 协同设计通常需要在哪种网络环境下实现实时或定时操作？

A. 局域网内设计协同　　B. 局域网之间的设计协同

C. 广域网内设计协同　　D. 云平台上的设计协同

扫码查看答案解析

（2）在 BIM 装饰装修工程的协同工作方式中，设计单位内部通常采用哪种协同工作方式？

A. 中心文件方式　　B. 链接文件方式

C. 混合协同工作方式　　D. 外部协同工作方式

（3）装饰工程施工阶段的协同是指什么？

A. 施工中与各方协同工作，保证信息流通与传递

B. 实时采集与处理原始信息，进行决策与控制

C. 不同施工参与方之间信息交换割裂不畅

D. 增加工程成本，导致工期延误和各种失误

（4）基于 BIM 的施工协同系统应该包括哪些功能？

A. 信息获取、信息处理与决策和计划实施

B. 施工决策、计划实施、系统应用接口

C. 信息融合、施工决策、计划实施

D. 信息获取、信息融合、信息处理、系统应用接口

2. 多选题

（1）装饰专业内部设计的协同工作涵盖了以下哪些层面的协作？

A. 装饰应用软件与 BIM 设计软件之间的协同

B. 不同 BIM 设计软件之间的协同

C. BIM 设计软件与出图软件之间的协同

D. 装饰专业与其他专业之间的协同

（2）在装饰专业的设计过程中，为了确保设计信息一致性和完整性，需要实现以下哪些软件之间的协同？

A. 装饰应用软件与 BIM 设计软件之间的协同

B. 不同 BIM 设计软件之间的协同

C. BIM 设计软件与出图软件之间的协同

D. 装饰专业与结构设计软件之间的协同

（3）实现专业间的设计协同需要满足以下哪些条件？

A. 各专业具备 BIM 设计能力　　B. 采用统一的数据格式

C. 遵守统一的协同设计标准　　D. 项目所有专业团队不需要协调

（4）装饰项目的 BIM 协同主要集中在哪两个设计阶段？

A. 方案设计阶段　　B. 初设设计阶段

C. 安装调试阶段　　D. 竣工验收阶段

3. 思考题

（1）建筑装饰工程设计阶段的 BIM 协同的重点是什么？

（2）施工阶段基于流程的协同管理可以利用哪些现有系统进行协同工作？

（3）装饰施工阶段需要对哪些要素进行协同管理？

（4）装饰施工—加工一体化是指什么？

（5）BIM 三维技术在装饰施工中有什么作用？

任务工单

任务 5.2　建筑装饰工程设计与施工阶段的 BIM 协同	
设计与施工阶段的 BIM 协同清单	
工作组名称	
成员及分工	
完成时间	
设定项目	设定具体内容
装饰装修工程 BIM 设计协同标准	
模型建立与碰撞检查	
管线综合与优化调整	
施工图设计与应用	
历程规划与 4D 进度规划	

任务 5.2 建筑装饰工程设计与施工阶段的 BIM 协同任务工单二维码

任务 5.3 建筑装饰工程 BIM 交付的相关事项

任务描述

了解建筑装饰工程 BIM 交付的相关事项，包括交付物的概念界定、类型、流程和归档。根据资料显示，BIM 装饰工程交付要求包括方案设计、初步设计、施工图设计、施工深化设计、施工过程、竣工和运维等阶段的交付物清单和交付要求。每个阶段都有相应的交付物和要求，如二维方案图、可视化成果和量化统计成果等。

知识准备

5.3.1 交付物

5.3.1.1 交付物的概念界定

交付物亦称为交付成果或可交付成果，是项目管理中的阶段或最终交付物，是达成项目阶段或最终目标而完成的产品、成果或服务。

装饰 BIM 交付物是装饰装修工程交付成果中的一部分，主要是指运用 BIM 技术协助项目实施与管理，由责任方向业主或雇主交付的基于装饰 BIM 模型的成果，包括但不限于各阶段信息模型、基于信息模型形成的各类视图、分析表格、说明文件、辅助多媒体文件等。交付的成果根据不同的主体方，交付的依据也有所区别。

第一，满足业主项目要求，并以商业合同为依据生成的 BIM 交付物。

第二，满足政府审批管理要求，并以政府审批报建为依据形成的 BIM 交付物。

第三，满足企业专业知识资产形成的要求，并以企业内部管理要求为依据形成的 BIM 交付物。

5.3.1.2 交付物的主要类型

1）建筑装饰信息模型

建筑装饰信息模型是装饰项目实施过程中，形成的各种基于任务的装饰专业信息模型。从时间维度分，它有各阶段的装饰工程信息模型，如方案设计模型、初步设计模型、施工图设计模型、施工深化设计模型、施工过程模型、竣工模型、运维模型等；从专业维度分，它有本专业的室内外模型、幕墙模型和用于多专业协调的整合模型；从形式维度分，它有用于创建编辑的模型和用于浏览或管理的轻量化模型。从任务维度分，它有用于特定任务的模型，如算量模型、进度模型等。

2）BIM 碰撞检查报告

碰撞检查报告指的是基于碰撞检查结果生成的报告，包括碰撞冲突的部位、冲突的构件说明，以及问题解决之前与解决之后的方案对比。装饰工程的碰撞检查主要集中在装饰构件和机电管线交接的部位，通过 BIM 工具软件进行碰撞检查，进行房间的净空优化以及机电末端点位组织优化等工作。

3）BIM 性能分析成果

基于 BIM 的性能分析成果指的是，将 BIM 模型导入到仿真软件进行建筑性能分析；基于仿真结果，生成建筑性能分析报告，用于方案的优化和决策，以提高装饰工程项目的性能、质量、安全和合理性。

装饰工程仿真分析主要集中在重点空间和复杂节点等部位，根据项目的需求进行绿色性能分析、安全疏散分析、消防性能分析、结构性能分析等各项建筑性能分析。

4）BIM 量化统计成果

基于 BIM 的量化统计主要指的是利用建筑信息模型，提取装饰材料、构件、部品、配件信息，形成工程量清单。基于 BIM 的量化统计成果可以辅助进行技术经济指标测算；并能在模型修改过程中，发挥关联修改作用，实现精确快速统计。基于 BIM 的量化统计成果还包括房间装饰物料清单、面积明细表等。

5）BIM 可视化成果

（1）三维视图。从 BIM 模型中生成的项目重点部位的三维透视图、轴测图、剖切图等展示图片，可用于验证和表现建筑装饰设计理念。

（2）效果图。从 BIM 模型中直接生成的渲染效果图，或将 BIM 模型在专业的渲染软件中处理得到的渲染效果图。

（3）漫游动画。从 BIM 模型中直接生成的漫游动画，或将 BIM 模型导入到专业的可视化软件制作的高度逼真的动画效果。通过整合 BIM 模型和虚拟现实技术，对设计方案进行虚拟现实展示，用于项目重点位置的空间效果评估。成果形式主要为视频或 AR、VR 文件。

（4）模拟视频。模拟视频主要指通过仿真软件对装饰工程项目中需要模拟的部分进行仿真形成的视频文件，如疏散模拟、施工进度模拟、施工工艺模拟等形成的视频。

（5）三维激光扫描数据。三维激光扫描是一种新型的空间测量方式，多用于造型复杂的项目。三维激光扫描数据采集后需要做数据处理，如点云生成、数据拼接、数据过滤、压缩以及特征提取等。

6）BIM 工程图纸

以 BIM 为基础的工程图纸是指通过从 BIM 模型中生成或导出的二维视图，这些视图能够满足出图所需的深度标准，形成的工程图纸。这种类型的工程图纸与传统基于二维 CAD 的工程图纸类似，能够直接用于引导装饰工程的设计、加工、施工和审查。

基于 BIM 的工程图纸通常涵盖多个方面，包括但不限于：①平面布置图，用于展示不同区域的布局安排；②天花布置图，描述天花板结构和设计；③立面图，展示建筑物外立面的设计；④剖面图，揭示建筑物内部结构和构造；⑤节点详图，详细呈现构造节点的设计；⑥加工图，用于指导构件的加工和制作等。

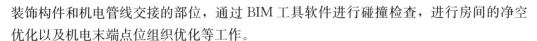

这些基于 BIM 的工程图纸为装饰工程提供了清晰的指导，能够在整个设计、施工和审查的过程中发挥重要作用。它们不仅能够提高工作效率，还能够减少误差和沟通问

题，从而实现更高质量的装饰工程成果。

7）BIM 实施策划书

BIM 实施策划书作为项目 BIM 实施的主要指导文件，具有纲领性作用。在项目启动阶段，业主有必要要求设计和施工团队根据项目的 BIM 方针，制定详细的 BIM 实施计划，并将其置于重要的交付项目之中。这种做法有助于更加高效地实现 BIM 方针中规定的目标。

在项目初期，BIM 实施策划书扮演着重要角色。业主需要明确要求项目的设计和施工方团队，依据业主为该项目设定的 BIM 方针，提出细致的 BIM 实施计划。此计划的制定应被列为重要的交付项目之一，以确保能够更有效地达成预设的 BIM 方针目标。

BIM 实施策划书的制定具有重要意义：①确保了整个团队对于 BIM 方针的清晰理解和共识；②通过制定具体的 BIM 实施计划，团队能够更好地规划每个阶段的工作和任务，以确保项目的顺利推进。此外，将 BIM 实施计划置于重要交付项目之中，强调了该计划在实现 BIM 方针目标方面的关键性作用。

总之，BIM 实施策划书是项目 BIM 实施的重要文件，其制定需要团队的紧密合作，能够帮助确保 BIM 方针目标的顺利实现。

5.3.1.3　交付物的数据格式

基于 BIM 交付的目的、对象、后续用途的不同，不同类型的模型应规定其适合的数据格式，并在保证数据的完整、一致、关联、通用、可重用、轻量化等方面寻求合理的方式。

1）基于商业合同的设计交付物数据格式

建筑信息模型的交付目的，主要是作为完整的数据资源，供建筑全生命周期的不同阶段使用。为保证数据的完整性，应保持原有的数据格式，尽量避免数据转换造成的数据损失，可采用 BIM 建模软件的专有数据格式（如 AutodeskRevit 的 RVT、RFT 等格式）。同时，为了在设计交付中便于浏览、查询、综合应用，也应考虑提供其他几种通用的、轻量化的数据格式（如 NWD、IFC、DWF 等）。基于建筑信息模型所产生的其他各应用类型的交付物，一般都是最终的交付成果，强调数据格式的通用性，建议这类交付成果可提供标准的数据格式（如 PDF、DWF、AVI、WMV、FLV 等）。

2）基于政府审批报件的设计交付物数据格式

这类设计交付物，主要用于政府行政管理部门对具体工程项目设计数据的审查和存档，应更多考虑其数据格式的通用性及轻量化要求。对于建筑信息模型及基于建筑信息模型的其他各类应用的交付物，建议提供标准的数据格式（如 IFC、DWF、PDF、AVI、WMV、FLV 等）。

3）基于企业内部管理要求的设计交付物数据格式

企业内部交付的建筑信息模型，主要用于具体工程项目最终交付数据的审查和存档，以及通过项目形成标准模型、标准构件等具有重用价值的企业模型资源。对于企业内部要求提交的模型资源的交付格式，重点考虑模型的可重用价值，提交应用中所使用 BIM 建模软件的专有数据格式、企业主流 BIM 软件专有数据格式以及可供浏览查询的通用轻量化数据格式。装饰工程 BIM 交付物应尽量提供原始模型文件格式，对于同类文件格式应使用统一的版本。

5.3.2　建筑装饰工程 BIM 交付流程

装饰 BIM 成果交付是项目管理的重要环节。交付各方需要明确各方职责，交付需要按既定的交付流程进行。规范化的交付程序有助于交付的顺利完成。

5.3.2.1　交付责任划分

装饰工程各参与方应根据合同约定的 BIM 成果交付标准，按时间节点要求提交成果，并保证交付的 BIM 成果符合相关合同范围及相关标准规定。

第一，装饰工程项目合同中应对 BIM 成果交付标准进行约定。BIM 总协调方应向各参与方进行 BIM 任务交底，明确本项目 BIM 实施的目标及成果交付要求。

第二，分包根据合同要求和业主以及总包要求，整理交付内容，提出交付申请。进行 BIM 成果共享或交付前，项目 BIM 负责人应对 BIM 成果进行检查确认，保证其符合合同约定的要求。

第三，总包组织协调业主、运营方与分包方实施交付。BIM 总协调方应协助业主对各参与方提交共享或交付的模型成果及 BIM 应用成果进行检查确认，保证其符合相关标准和规定。

第四，业主、运营方核查交付内容，直至满足要求。

5.3.2.2　交付与变更流程

BIM 成果交付程序包括交付流程和变更流程，交付流程用于质量保证，变更流程用于整体协调。

1）交付流程

交付流程宜按以下节点顺序进行：

（1）发布前进行交付内容的质量验证。

（2）发布交付物并指定接收对象。

（3）接收方接收交付物并进行质量确认。

（4）对于存在质量问题的交付物，接收方记录并反馈。

（5）发布方确认、修改并再次发布。

（6）接收方确认修改后的内容并确认接收。

2）变更流程

变更流程宜按以下节点顺序进行：

（1）变更发起方判断变更类型，明确变更要求并发起变更。

（2）变更管理方判断变更是否成立及影响范围，并选定变更的执行方。

（3）执行方确认变更要求后执行变更，并向变更影响范围内各方作变更后的质量确认，质量确认过程可按照交付流程进行。

（4）影响范围内各方确认变更执行方的变更内容，并根据确认的变更内容调整己方已交付内容。

(5) 变更管理方确认变更执行并指导变更实施。

5.3.2.3　质量记录与审查结果归档

1) 质量记录

装饰工程项目 BIM 交付，除了模型相关的交付物外，交付过程中的验收交付申请书、验收单、变更申请评审记录等质量记录文件也需要交付存档。

(1) 验收交付申请书。BIM 实施方根据项目进展情况和合同要求确定提请交付时机，提请交付时应向主管部门提交“验收交付申请书”，申请书应包括七项内容：①项目说明；②验收交付时间；③验收交付地点；④验收交付内容；⑤验收交付步骤；⑥参加人员；⑦验收交付方式。

交付清单作为验收交付计划的附件，在交付清单中清楚无疑义地规定交付的每一项内容的名称、内容、依据、格式等内容。如系按合同的项目，交付申请单的内容应不与合同中的规定违背。

(2) 验收单。内部验收单与外部验收单作为验收交付计划的附件，在交付清单中注明验收内容及采取的方法、验收结论、验收后提出的改进建议以及验收依据清单。

(3) 变更要求评审记录。变更要求评审记录作为验收交付计划的附件，在变更要求评审记录中注明要评审的理由、评审意见和建议、评审结论等。

2) 审查结果归档

(1) 审查结果意见。根据检查的内容，需要将最终的检查结果意见形成规范的格式文件并归档。审查结果中，应该以截图形式辅助说明模型（成果）中存在的问题，同时应准确描述模型（成果）问题的位置。

(2) 结果提交。形成的模型（成果）审核报告，应该转换为规定文件格式，统一由 BIM 总协调方提交业主，同时抄送给各参与方。

(3) 结果存档。模型（成果）审核文件，应该作为该项目的成果文件进行存档，由 BIM 总协调方整理保存，上传至项目管理平台归档。

5.3.3　建筑装饰工程 BIM 成果交付要求

BIM 成果交付是指 BIM 实施方在指定时间点递交符合合同或者各方约定的 BIM 交付物的行为。

5.3.3.1　交付总体要求

1) 管理要求

在项目 BIM 实施前期准备阶段，BIM 总协调单位方应根据项目 BIM 实施目标，制定项目 BIM 模型的应用实施方案并规定各阶段 BIM 应用成果交付标准，交予业主。

在项目各阶段实施前，BIM 总协调方应向各参与方进行 BIM 技术交底，明确本项目 BIM 实施目标及成果交付要求。

项目各参与方在 BIM 工作实施前，应根据 BIM 总协调方的项目 BIM 模型与应用实施方案，制定本单位在合同范围内所定的 BIM 模型及分类资料的交付计划。

项目各参与方提交 BIM 成果的同时，应同时提交由该单位 BIM 负责人签发的 BIM

成果交付函件、签收单等。

2）成果一致性要求

各参与方应按规定选用项目 BIM 实施软件，并按规定提交统一格式的成果文件（数据），以保证最终 BIM 模型数据的正确性及完整性。

项目 BIM 应用在实施过程中，每个阶段提交的 BIM 模型成果，应与同期项目的实施进度保持同步。

交付物中的信息表格内容应与 BIM 模型中的信息一致。交付物中的各类信息表格，如工程统计表等，应根据 BIM 模型中的信息来生成，并能转化成为通用的文件格式以便后续使用。

3）提交进度要求

各阶段项目各参与方的 BIM 模型及应用成果应根据项目实施阶段节点进行交付。项目各参与方根据 BIM 总协调方复查意见完成 BIM 模型的修改和整理后，应在规定的时间内重新提交成果。

4）知识产权要求

装饰工程 BIM 成果的知识产权应受项目各参与方的合同条款保护。在项目实施过程中，未经允许不可以向第三方公开或发布相关信息资料。

装饰工程 BIM 成果的知识产权主要涉及是否移交原始模型、参数化构件库、模型的格式以及业主及项目团队对于这些模型使用权限等问题。知识产权相关事项可结合招标契约，并以附件的形式，说明相关问题以及解决方案。

5.3.3.2　信息模型交付要求

1）模型细度要求

交付物中 BIM 模型应满足各专业模型等级精度。不同专业、不同阶段的模型精度要求不一，BIM 模型细度应遵循“适度”原则，包括模型表达复杂程度、模型信息含量和模型构件表现范围。

交付物中 BIM 模型和与之对应的信息表格和相关文件共同表达的内容深度，应符合现行国家标准和装饰协会标准的要求。

建筑信息模型和构件的形状和尺寸及构件之间的位置关系准确无误，并且可根据项目实施进度深化及补充，最终反映实际施工成果。

具体项目的模型细度要求应当根据项目实施的实际要求而定。例如：对于建筑物的内墙饰面，在方案设计模型细度就能满足其设计表达要求时，不应机械地根据上述模型细度等级的定义，为其指定施工图设计细度等级的建模要求。

2）模型成果清理要求

模型交付前应做好清理工作，具体要求有：

（1）清理无用、冗余的模型族及信息。

（2）清理导入、链接的作为建模参考的 CAD 图。

（3）清理无用的视口、明细表图例纸等。

（4）清理无用、冗余的项目共享参数。

(5) 清理无用的链接模型、视图。

(6) 清理无用的视图样板、标注式过滤器设置等。

3) 模型轻量化要求

模型轻量化有两层意思：一是模型的轻量化处理，二是轻量化模型。

模型的轻量化处理就是压缩模型文件的大小以及删除不需要交付的信息。模型轻量化处理主要包含两个方面：一是清理外部链接文件，二是清理内部族构件、模板等文件。

轻量化模型是模型转化为轻量化格式（如 WebGL 格式的模型）的 BIM 浏览模型。轻量化模型应在模型清理之后转换，其文件名称、文件夹结构与模型文件一致。

轻量化模型文件体量小，对计算机配置要求不高，可以用于模型审查、批注、浏览漫游、测量打印等，但不能修改。BIM 浏览模型不仅可以满足校对审核过程和项目协调的需要，同时还可以保证原始模型的数据安全。

5.3.3.3 碰撞检查报告交付要求

当碰撞检查报告作为交付物时，应包含下列内容：

第一，项目工程阶段。

第二，被检测模型的细度。

第三，碰撞检查操作人员、使用的软件及其版本、检测版本和检测日期。

第四，碰撞检查范围。

第五，碰撞检查规则和容错程度。

第六，交付物碰撞检查结果。交付碰撞结果需要有碰撞发生点的截图和说明，需要一并提交碰撞修改后的检查成果。对于未解决的碰撞发生点，交付方应说明未解决的理由。

5.3.3.4 BIM 性能分析交付要求

基于 BIM 性能分析交付物应包含性能分析方案、性能分析计算书，其中性能分析计算书中应包括 BIM 性能分析模型的创建方式、参数的选择和设定、分析软件的环境部署、软件分析结果、结果修订等内容。

室内装饰工程和幕墙工程的绿色性能分析要素应包括：①地理位置、气候条件、光环境、风环境、声环境等参数内容；②消防性能分析要素应包括：火灾场景、烟气流动、人员疏散、结构耐火性等参数内容；③结构性能分析应包括：抗风等级、抗震等级、材料属性等参数内容。

BIM 性能分析应与项目各阶段的设计任务紧密关联，性能分析应与设计各阶段模型同步。性能分析宜基于模型数据开展，可以是模型数据的格式转换或信息导出，应避免在性能分析中另建模型；BIM 性能分析的参数设定应符合性能分析所要求的内容。

5.3.3.5 BIM 可视化成果交付要求

基于 BIM 的可视化成果交付应提交基于 BIM 模型的表示真实尺寸的可视化展示模型，及其生成的室内外效果图、场景漫游、交互式实时漫游虚拟现实系统、展示和模拟视频文件等成果。装饰工程对可视化成果的效果要求较高，需要展示模型能通过真实的材质、色彩、光环境，必要的场景配置表达真实可信的场景，能高效地传达设计意图。

5.3.3.6 BIM 量化统计成果交付要求

当工程量清单作为交付物时，工程量原始数据应全部由此项目建筑工程信息模型导出。清单内所包含的非项目建筑工程信息模型导出的数据应注明“非 BIM 导出数据”。

BIM 量化统计应采用针对模型数据分类统计的方法，不直接使用和计价相关的工程量计算规范、方法。量化统计的数据应直接从模型中提取。量化统计对象宜包括：装饰构件、幕墙等。

BIM 构件应根据工程算量和造价需求设置符合清单定额规范分类的相关属性。各阶段的模型应能满足辅助估算、概算、预算、结算、决算的计算及校对要求。

5.3.3.7 BIM 工程图纸交付要求

对于现阶段 BIM 技术下，模型生成的二维视图不能完全符合现有的二维制图标准，但应根据 BIM 技术的优势和特点，确定合理的 BIM 模型二维视图成果交付要求。BIM 模型生成二维视图的重点，应放在二维绘制难度较大的立面图、剖面图等方面，以便更准确地表达设计意图，有效解决二维设计模式下存在的问题，体现 BIM 技术的价值。

第一，模型制图应基于模型及其对应的视图内容，图纸的发布内容应与模型版本相一致。

第二，模型制图采用的文字、线型、线宽、符号、图例、标注等，应符合国家相关标准。

第三，图纸发布时宜附相关模型及模型说明文件，对于设计内容不易通过图纸清晰表达的情况宜在图纸上添加模型截图。

第四，图纸发布后，图纸的修改内容应及时反馈到模型中，并基于修改的模型进行后续的模型制图和发布。

第五，当模型工程视图或表格作为交付物时，应由项目建筑工程信息模型全部导出或导出基础成果，否则应注明“非 BIM 导出成果”。

5.3.3.8 BIM 实施计划交付要求

BIM 项目执行计划内容应包括：项目的 BIM 执行范围、所有 BIM 应用项目的工作流程、各专业信息交换标准、交付内容细节及时程以及项目所需的设备等。BIM 项目执行计划书应包含（但不受限）的项目有：BIM 项目执行计划概要、模型质量验收作业流程、项目信息、软硬设备需求、项目主要联络人、建模标准、BIM 目标、BIM 执行工作流、人事配置与职责、BIM 信息交换、BIM 与设施信息整合要求、项目交付标准、协同作业流程以及交付策略与契约内容。

5.3.4 建筑装饰工程各环节 BIM 交付

5.3.4.1 方案设计的 BIM 交付

方案设计的 BIM 交付由设计方向业主或总包交付装饰方案设计模型附属成果，辅助方案决策，为下一步深化工作提供基础。交付内容与交付要求见表 5.3.1①。

表 5.3.1　方案设计 BIM 交付基本要求

交付物清单	交付要求
基于 BIM 的二维方案图	由 BIM 模型直接生成的二维视图，应包括主要楼层和部位的平面图、天花平面图、立面图和剖面图等，保持图纸间、图纸与 BIM 模型间的数据关联性，达到方案图交付内容要求。 应符合现行的《建筑工程设计文件编制深度规定》所要求的方案设计深度；应符合现行的制图规范
基于 BIM 的可视化成果	展示内容应能表现工程主要或特殊部位的设计手法和效果，注重真实性
基于 BIM 的量化统计成果	此环节量化统计成果主要为工程量统计清单，为方案经济性比对和项目概算提供支撑

5.3.4.2　初步设计的 BIM 交付

初步设计的 BIM 交付由设计方向业主交付装饰初步设计模型及其特殊空间的性能分析成果，辅助设计优化和决策，为下一步深化工作提供基础。交付内容与交付要求见表 5.3.2。

表 5.3.2　初步设计 BIM 交付基本要求

交付物清单	交付要求
装饰初步设计模型	应与《建筑工程设计文件编制深度规定》所要求的初步设计深度相对应。模型构件仅需表现对应建筑实体的基本形状及总体尺寸，无须表现细节特征及内部组成；构件所包含的信息应包括面积、高度，体积等基本信息，并可加入必要的语义信息
基于 BIM 的性能分析成果	根据项目的需要，对于特殊空间，应基于 BIM 模型进行仿真分析，提供必要的初级性能分析报告。如对于演播厅，一般会提供声学性能分析和报告
基于 BIM 的量化统计成果	此环节量化统计成果主要为物料选用统计表，为施工图设计工作提供支撑

5.3.4.3　施工图设计的 BIM 交付

施工图设计的 BIM 交付由设计方向业主交付施工图设计 BIM 模型及其附属成果，为下一步施工图深化设计工作进行指定和细化。交付内容与交付要求见表 5.3.3。

表 5.3.3　施工图设计 BIM 交付基本要求

交付物清单	交付要求
装饰施工图设计模型	应与《建筑工程设计文件编制深度规定》所要求的施工图设计深度相对应。模型构件应表现对应的建筑实体的详细几何特征及精确尺寸，应表现必要的细部特征及内部组成；构件应包含在项目后续阶段（如施工算量、材料统计、造价分析等应用）需要使用的详细信息，包括：构件的规格类型参数、主要技术指标、主要性能参数及技术要求等

① 本节表格引自：BIM 技术人才培养项目辅导教材编委会 . BIM 装饰专业基础知识［M］. 北京：中国建筑工业出版社，2018：242-245.

续表

交付物清单	交付要求
BIM 综合协调模型	应提供综合协调模型，重点用于进行专业间的综合协调，及检查是否存在因为设计错误造成无法施工的情况
BIM 浏览模型	与方案设计阶段类似，应提供由 BIM 设计模型创建的带有必要工程数据信息的 BIM 浏览模型
基于 BIM 的性能分析成果	应提供项目需要分性能分析模型及生成的分析报告
基于 BIM 的可视化成果	应提交基于 BIM 设计模型的表示真实尺寸的可视化展示模型，及其创建的室内外效果图、场景漫游、交互式实时漫游虚拟现实系统、对应的展示视频文件等可视化成果
基于 BIM 的工程图纸	在经过碰撞检查和设计修改，消除了相应错误以后，根据需要通过 BIM 模型生成或更新所需的二维视图，如平面布置图、地面铺装图、天花布置图、立面图、剖面图、详图、索引图等。对于最终的交付图纸，可将视图导出到二维环境中再进行图面处理，其中局部详图等可不作为 BIM 的交付物，在二维环境中直接绘制。 应符合现行的《建筑工程设计文件编制深度规定》所要求的施工图设计深度；应符合现行的制图规范
基于 BIM 的量化统计成果	此环节主要为工程量统计清单，为项目预算提供支撑数据

5.3.4.4　施工深化设计的 BIM 交付

施工深化设计的 BIM 交付由深化设计团队向业主或总包交付施工深化设计 BIM 模型及其附属成果，为下一步施工工作进行指导。交付内容与交付要求见表 5.3.4。

表 5.3.4　施工深化设计阶段 B1M 交付基本要求

交付物清单	交付要求
装饰深化设计模型	与施工深化设计需求对应。模型应包含加工、安装所需要的详细信息，以满足施工现场的信息沟通和协调，为施工专业协调和技术交底提供支持，为工程采购提供支持
碰撞检查报告	报告中应详细记录调整前各专业模型之间的冲突和碰撞，记录冲突检测及管线综合的基本原则，并提供冲突和碰撞的解决方案，对空间冲突、管线综合优化前后进行对比说明。其中，优化后的管线排布平面图和剖面图，应当反映精确竖向标高标注。 报告应以建筑竖向净空优化为基本原则，对管线排布优化前后进行对比说明。优化后的机电管线排布平面图和剖面图，应当反映精确竖向标高标注
基于 BIM 的工程图纸	平面布置图、地面铺装图、天花布置图、立面图、剖面图、饰面排板图、详图、材料加工清单与加工图、索引图应当清晰表达深化后模型的内容，满足施工条件，并符合政府、行业规范及合同的要求
基于 BIM 的可视化成果	包含能指导施工的施工方案模拟和重点部位的施工工艺模拟
基于 BIM 的量化统计成果	此环节主要为工程量统计清单，为项目预算提供支撑数据；应能为物料采购提供支撑数据

5.3.4.5 施工过程的 BIM 交付

施工过程的 BIM 交付由施工方 BIM 团队向总包交付施工过程 BIM 模型及其附属成果，为施工管理提供指导，为竣工交付作准备。交付内容与交付要求见表 5.3.5。

表 5.3.5 施工过程 BIM 交付基本要求

交付物清单	交付要求
装饰施工 BIM 模型	与施工过程管理需求对应。模型应包含施工临时设施、辅助结构、施工机械、进度、造价、质量安全、绿色环保等信息，以满足施工进度、成本、质量安全、绿色环保管理的需求
基于 BIM 的可视化成果	包含能指导施工的施工进度模拟和重点部位的施工工艺模拟
基于 BIM 的量化统计成果	此环节主要为工程量统计清单，为业主向施工单位，或总包单位向分包单位阶段性付款提供支撑数据；应能辅助施工单位合理安排工程资金计划和配套资源计划

5.3.4.6 竣工的 BIM 交付

竣工的 BIM 交付由施工方向业主交付竣工模型和基于竣工模型的附属成果，为工程移交服务，为运维模型提供基础。交付内容与交付要求见表 5.3.6。

表 5.3.6 竣工 BIM 交付基本要求

交付物清单	交付要求
装饰竣工 BIM 模型	与工程竣工验收需求对应。模型应包含（或链接）相应分部、分项工程的竣工验收资料。竣工模型应准确表达建筑构件的几何信息、非几何信息、构件属性信息等，应保证模型与工程实体的一致性
BIM 竣工模型说明书	BIM 竣工模型说明书是针对交付的 BIM 竣工模型而编制的解释性图文资料，应包含 BIM 竣工模型系统简介、BIM 竣工模型交付标准、信息深度交付标准、模型交付格式、模型查阅与修改方法等内容

5.3.4.7 运维的 BIM 交付

运维的 BIM 交付由施工方 BIM 团队向业主或运维团队交付运维模型及其附属成果，为运维提供三维可视化和信息调度提供基础。交付内容与交付要求见表 5.3.7。

表 5.3.7 运维 BIM 交付基本要求

交付物清单	交付要求
装饰运维 BIM 模型	模型应做相应的组织和调整，来匹配运维管理需求，如空间管理、设备管理、应急管理等。模型应可包含（或链接）持续增长的运维信息，作为运维效果评估分析的基础资料
装饰运维模型说明书	应随同运维 BIM 模型，提供运维模型说明书

理解练习

1. 单选题

（1）交付物的定义中，以下哪个选项是正确的描述？

A. 交付物是项目管理中实现项目目标而完成的产品、成果或服务

B. 交付物是装饰装修工程中的一部分，包括装饰 BIM 交付物等

C. 交付物是指在政府审批报建过程中形成的 BIM 交付物

D. 交付物是企业内部管理要求的一部分，包括企业知识资产形成的 BIM 交付物

扫码查看答案解析

（2）BIM 工程图纸是指从 BIM 模型中生成或导出的二维视图，旨在满足出图所需的深度标准，并用于引导装饰工程的设计、加工、施工和审查。这种工程图纸可以与传统基于二维 CAD 的工程图纸直接使用，以下哪个不是基于 BIM 的工程图纸类型？

A. 平面布置图　　B. 立面图

C. 三维施工图　　D. 剖面图

（3）基于商业合同的设计交付物数据格式的目的是什么？

A. 提供完整的数据资源　　B. 简化数据转换过程

C. 方便浏览和查询　　D. 降低数据的重复使用

（4）什么格式适合基于政府审批报件的设计交付物？

A. 专有数据格式　　B. 通用轻量化数据格式

C. 标准数据格式　　D. 无格式要求

（5）企业内部管理要求的设计交付物数据格式应重点考虑什么？

A. 数据格式的通用性和轻量化要求

B. 可重用价值

C. 提交应用中所使用的 BIM 建模软件的专有数据格式

D. 提供原始模型文件格式

2. 多选题

（1）BIM 可视化成果主要包括哪些形式？

A. 三维视图　　B. 效果图

C. 漫游动画　　D. 模拟视频

E. 三维激光扫描数据

（2）BIM 实施策划书的主要作用是什么？

A. 指导项目的 BIM 实施计划的制定

B. 确保整个团队对于 BIM 方针的清晰理解和共识

C. 检查设计和施工团队是否按照 BIM 方针执行

D. 评估项目中 BIM 实施的效果

（3）项目 BIM 实施前，BIM 总协调单位应制定的内容包括什么？

A. 项目 BIM 模型的应用实施方案

B. 各阶段 BIM 应用成果交付标准

C. 各参与方的 BIM 模型提交计划

D. 由业主签发的 BIM 成果交付函件、签收单等

3. 思考题

（1）验收交付申请书应包括哪些内容?

（2）验收单的作用是什么? 变更要求评审记录应该包含哪些内容?

（3）审查结果的意见应以什么形式呈现? 审查结果应该如何提交?

（4）模型（成果）审核文件应该如何存档?

（5）模型轻量化的两个方面分别是什么? 轻量化模型与原始模型相比有何优势?

任务工单

任务 5.3　建筑装饰工程 BIM 交付的相关事项	
建筑装饰工程 BIM 交付的相关事项清单	
工作组名称	
成员及分工	
完成时间	
设定事项	事项具体内容
施工阶段 BIM 实施方案	（包括施工阶段的 BIM 应用目标、范围、内容、组织、人员、资源、进度和质量控制等方面的详细计划）
施工阶段 BIM 实施计划	（明确各个阶段的施工任务、BIM 应用要求和标准等）
施工阶段 BIM 技术标准	（包括模型构建、数据管理和应用等方面的技术规定）
施工重难点专题报告	（施工过程中的重点和难点进行详细的分析和解决方案）
全专业深化设计 BIM 模型	（在各专业深化设计阶段建立的 BIM 模型）
全专业碰撞检查及管线综合分析报告	（各专业的设计成果进行碰撞检查和管线综合分析，并提出相应的优化建议）
阶段性施工作业模型及演示动画	（达到展示施工进度和效果）
BIM 交付物	（最终的各专业 BIM 设计模型合集）

任务 5.3 建筑装饰工程 BIM 交付的相关事项任务工单二维码

参考文献

[1] BIM技术人才培养项目辅导教材编委会.BIM装饰专业基础知识［M］. 北京：中国建筑工业出版社，2018.

[2] 曾维真. 建筑装饰装修工程施工BIM技术的应用分析［J］. 建筑与装饰，2023（3）：163-165.

[3] 常康，涂斌，单国庆，等.BIM三维可视化交底技术在工程施工中的应用研究［J］. 价值工程，2023，42（20）：48-50.

[4] 陈亮. 基于BIM的建筑室内软装饰工程施工技术研究［J］. 北方建筑，2022，7（1）：51-54.

[5] 丁熠，潘在怡，郭红领. 集成BIM的建筑项目设计模式与流程研究［J］. 工程管理学报，2023，37（2）：122-127.

[6] 董建英. 基于BIM技术的建筑与装饰工程造价控制策略研究［J］. 中国建筑装饰装修，2022（13）：63-65.

[7] 杜荣凯. 房屋建筑工程中BIM管理理念应用分析［J］. 中国住宅设施，2023（5）：61-63.

[8] 冯瑾.BIM在建筑装饰工程中的应用探究［J］. 中国建筑装饰装修，2022（4）：38-39.

[9] 高博. 单元装配式超高轻钢龙骨隔墙一体安装施工技术［J］. 建筑施工，2023，45（3）：538-541.

[10] 工业和信息化部教育与考试中心编. 装饰BIM应用工程师教程［M］. 北京：机械工业出版社，2019.

[11] 郭景，王晖，郭志坚，等.BIM与3D打印技术在建筑装饰工程中的应用［J］. 施工技术，2018，47（2）：120-122.

[12] 何庆，荆传玉，高天赐，等. 基于IFC标准扩展的铁路轨道结构BIM模型构建研究［J］. 图学学报，2023，44（2）：357-367.

[13] 胡嵩炜，汪德江. 大型项目BIM模型构建协同工作的实现［J］. 四川建筑科学研究，2015，41（3）：247-248.

[14] 黄治. 装饰工程BIM建模与应用课程教学思考［J］. 广东蚕业，2018，52（7）：77-78.

[15] 李杰. 建筑装饰工程BIM技术应用分析［J］. 环球市场，2018（16）：263.

[16] 李智璞，邹云龙，焦亮，等. 基于BIM的进度管理平台研究［J］. 中国水运（下半月），2023，23（3）：136-137，140.

[17] 刘波璇. 探究建筑装饰工程BIM技术的应用［J］. 居业，2022（10）：195-197.

[18] 刘世豪. 探究BIM技术在建筑工程管理中的应用［J］. 居舍，2020（32）：67-68.

[19] 刘天泽，赵健淇，陈美琳，等. 浅析基于广联达BIM5D平台的模型整合以及相关应用［J］. 数码世界，2020（5）：37.

[20] 刘莹. 建筑装饰工程BIM技术应用探讨［J］. 装饰装修天地，2020（11）：8.

[21] 罗兰，彭中要. 公共建筑装饰工程BIM技术应用流程研究［J］. 土木建筑工程信息技术，2017，9（4）：31-36.

[22] 罗兰，彭中要. 应用BIM技术制定装饰工程投标方案的方法研究［J］. 建筑经济，2016，37（5）：39-42.

［23］罗兰，赵静雅．装饰工程BIM应用流程初探：基于Revit的装饰模型建立和应用流程［J］．土木建筑工程信息技术，2013，5（6）：81-88.

［24］罗兰，钟凡．基于SketchUp的装饰工程BIM技术应用研究［J］．土木建筑工程信息技术，2015，7（2）：37-42.

［25］罗兰．基于Revit的装饰工程BIM应用阻碍研究［J］．土木建筑工程信息技术，2015，7（5）：68-73.

［26］罗兰．装饰工程BIM模型的审核研究［J］．土木建筑工程信息技术，2016，8（2）：60-65.

［27］倪来夷，潘弘洋，段夏添，等．基于序列图像的古建BIM模型构建［J］．江西科学，2021，39（4）：701-704.

［28］牛贺顺．基于BIM模型的建筑施工阶段质量管理研究［J］．陶瓷，2023（4）：134-137.

［29］欧阳业伟．基于BIM的装饰工程量计算研究［J］．建筑经济，2018，39（4）：40-44.

［30］瞿昱．建筑装饰工程BIM竣工交付应用研究［J］．中国高新科技，2021（3）：70-71.

［31］宋永朋，张艳．绿色建筑与BIM技术的高效整合及应用研究［J］．智能建筑与智慧城市，2022（3）：118-120.

［32］孙吉忠，胡光亚．浅述建筑装饰工程BIM技术的应用［J］．电脑爱好者（普及版，电子刊），2020（1）：1954-1955.

［33］王国良．公共建筑装饰工程BIM技术应用流程分析［J］．中国房地产业，2018（13）：172.

［34］王丽丽，杨威．建筑装饰工程中BIM技术的运用［J］．陶瓷，2022（5）：107-109.

［35］王莉莉．通过分部分项规则实现传统城建档案与BIM模型整合的研究探讨［A］．中国档案学会档案学基础理论学术委员会2018年学术年会论文集［C］．2018：132.

［36］王瑞珍．BIM与BIM技术应用［J］．四川水泥，2019（6）：146.

［37］王巍巍．BIM技术在建筑装饰装修设计实践中的应用研究［J］．中国建筑装饰装修，2023（12）：58-60.

［38］王兴虎，董密，陈才羽，等．建筑装饰工程中BIM技术的应用［J］．中国建筑装饰装修，2023（12）：61-63.

［39］王艺瑶．BIM技术的应用［J］．江西建材，2012（5）：18-19.

［40］王自超．基于BIM的三维设计交底和施工工序仿真技术［J］．铁路技术创新，2022（1）：104-111.

［41］向卫国，王富章，赵鲁东，等．桩基工程BIM智能化建模及数据提取方法［J］．铁道建筑，2020，60（3）：77-81.

［42］许平．基于BIM技术的建筑住宅可视化应用思考［J］．四川建材，2023，49（5）：158-160.

［43］杨佳佳．BIM技术在建筑装饰设计中的应用探索［J］．美术大观，2016（11）：122.

［44］杨进．装饰工程BIM技术应用分析［J］．建筑与装饰，2018（16）：161-162.

［45］叶黄嘉．BIM技术在建筑工程施工质量管理中的实践研究［J］．江西建材，2023（2）：293-295.

［46］张洋．探讨BIM技术在建筑装饰装修工程中的应用［J］．建材发展导向，2023，21（13）：156-159.

［47］赵伟来．BIM技术在建筑工程进度管理中的应用研究［J］．砖瓦，2023（6）：130-132.

［48］赵文静．基于BIM技术的建筑工程质量管理机制研究［J］．中国建筑金属结构，2023，22（6）：181-183.

［49］赵小娟．基于BIM技术的建筑装饰工程造价控制研究［J］．建材发展导向（上），2022，20

(3)：103-105.
[50] 赵学强．公共建筑装饰工程BIM技术应用流程研究［J］．建材发展导向（上），2021，19（7）：75-76.
[51] 赵志刚．建筑装饰工程中BIM技术应用关键点的探究［J］．砖瓦世界，2023（9）：46-48.
[52] 郑开峰，罗兰．建筑装饰工程BIM竣工交付研究［J］．土木建筑工程信息技术，2020，12（5）：26-34.
[53] 郑瑞柱．水利工程BIM模型构建方法及应用［J］．珠江水运，2019（9）：70-71.
[54] 周喻．建筑装饰工程中BIM技术应用关键点的分析［J］．建材发展导向（上），2022，20（10）：121-123.